Helmut Pinter

Labyrinthfische

Hechtköpfe und Schlangenkopffische

62 Farbfotos
24 Zeichnungen
14 Verbreitungskarten

Verlag Eugen Ulmer Stuttgart

Fachliche Beratung: Dr. Jürgen Lange, Berlin

CIP-Kurztitelaufnahme der Deutschen Bibliothek

Pinter, Helmut
Labyrinthfische – Hechtköpfe und Schlangenkopffische/
Helmut Pinter. – Stuttgart: Ulmer 1984.
ISBN 3-8001-7093-0

Wollgrasweg 41, 7000 Stuttgart 70 (Hohenheim)
Printed in Germany
Einbandgestaltung: A. Krugmann
mit einem Foto (Kreuzungstier aus der Kombination
Makropodus opercularis × *Makropodus concolor*)
von Helmut Pinter
Satz: Orzech-fotosatz, Tübingen
Druck: Sulzberg-Druck GmbH, Sulzberg im Allgäu

Vorwort

Unter den exotischen Fischen, die heute unsere Aquarien bevölkern, sind die Labyrinthfische nur durch eine kleinere Anzahl von Arten vertreten. Die Rolle jedoch, welche sie bei der Verbreitung und Entwicklung der Aquarienliebhaberei gespielt haben, wird wohl von keiner anderen Fischgruppe übertroffen werden. Ohne Übertreibung kann man sagen, daß während der letzten Jahrzehnte des vorigen Jahrhunderts die noch junge Aquarienliebhaberei von der Einfuhr der ersten Labyrinthfische maßgeblich beeinflußt wurde. Das ist verständlich, denn es sind prächtige Fische, und dazu noch mit einer interessanten und leicht zu beobachtenden Brutpflege. Daß Labyrinthfische unter den damaligen Importen besonders zahlreich vertreten waren, hängt mit ihrem Luftaufnahmeorgan – dem Labyrinth – zusammen, mit dessen Hilfe sie die lange Schiffsreise besser überstanden als andere Fische. Ihre vorzügliche Eignung als Aquarienfische zeigt sich auch daran, daß heute noch die meisten der schon frühzeitig eingeführten Labyrinthfische zum „eisernen Bestand" der Aquarienbewohner zählen.

Im vorliegenden Buch wird versucht, die Labyrinthfische so vielseitig wie möglich darzustellen und einen kurzen Überblick über die Schlangenkopffische zu geben. Bei den Angaben, die die Systematik und die geographische Verbreitung einzelner Arten betreffen, müssen zwangsweise manche Fragen offen bleiben. Einzelne Arten befinden sich offensichtlich in einem so fließenden evolutionären Prozeß, daß eine exakte Artenabgrenzung äußerst schwierig ist. Bei der Darstellung der Verbreitungsgebiete gibt es spezielle Probleme, die mit der Struktur des südostasiatischen Raumes zusammenhängen. Dieser Raum zählt mit zu den am dichtesten besiedelten Gebieten unserer Erde. Vielerorts sind dort schon seit langer Zeit die Gewässer, in denen die Labyrinthfische leben, den verschiedensten Eingriffen ausgesetzt. Auch ichthyologische Faunenverfälschungen kommen hier durch ausgesetzte Fische wahrscheinlich häufiger als anderswo vor. Hinzu kommt, daß ein großer Teil des südostasiatischen Raumes – der ja Länder wie Vietnam, Kampuchea, Burma und einen Teil Chinas einschließt – schon seit Jahrzehnten kaum mehr oder überhaupt nicht zugänglich ist. Eine Überprüfung älterer Angaben ist daher oft nicht möglich.

Der wertvollen Hilfe verschiedener Labyrinthfischfreunde ist es zu verdanken, daß trotz solcher Schwierigkeiten ein umfassender Überblick, auch was die Abbildungen betrifft, gegeben werden kann. Der Dank des Verfassers gilt hier vor allem Dr. Walter Foersch (München), der viele wichtige Hinweise gab und maßgeblich zur Illustration des Buches beitrug. Weiterhin danke ich Dr. Jürgen Lange (Berlin) für die freundliche Durchsicht des Manuskriptes und Herrn Dietrich Schaller (München), dessen eingehender Kenntnis des südostasiatischen Raumes ich wertvolle Angaben über die Verbreitung mancher Arten verdanke, sowie den Herren Jörg Hess (Basel),

Lothar Seegers (Köln) und Sune Holm (Stockholm), die mir freundlicherweise Fotos zur Verfügung stellten. Nicht zuletzt gilt mein Dank dem Verlag für die großzügige Ausstattung, die es ermöglichte, die meisten der behandelten Fische im Farbbild vorzustellen.

Möge dieses Buch dazu beitragen, unseren Labyrinthfischen alte Freunde zu erhalten und neue zu gewinnen, denn sie verdienen es, daß man sich mit ihnen beschäftigt.

Stockholm, Frühjahr 1984 Helmut Pinter

Inhaltsverzeichnis

Einleitung

Fische mit zusätzlichen Atmungsorganen

Süßwasserfische leben in manchen Klimazonen auch in Gewässern, deren Sauerstoffgehalt, zeitweise oder ständig, so niedrig ist, daß allein über die Kiemen der Sauerstoffbedarf des Fischorganismus nicht gedeckt werden kann. Abgesehen von Lungenfischen, Flösselhechten und Flösselaalen, die Luft entweder über die Lungen bzw. eine lungenartige Schwimmblase aufnehmen, gibt es Fische, die in ausgesprochen sauerstoffarmen Gewässern heimisch geworden sind und dafür zusätzliche Atmungsorgane entwickelt haben. Diese zusätzlichen (akzessorischen) Luftaufnahmeorgane unterstützen die Tätigkeit der Kiemen und können deren Funktion für kürzere oder längere Perioden sogar vollständig ersetzen. Während die Kiemen den im Wasser gelösten Sauerstoff aufnehmen, wird von den Fischen mit zusätzlichen Atmungsorganen zunächst Luft an der Wasseroberfläche aufgenommen. Der darin enthaltene Sauerstoff wird anschließend von den zusätzlichen Atmungsorganen absorbiert und dem Organismus zugeführt. Solche zusätzlichen Atmungsorgane sind bei manchen Fischen die Schleimhäute von Mundhöhle, Darm oder Schwimmblase. Sehr leistungsfähig sind hier die sackkförmigen Erweiterungen der Kiemenhöhlen mit ihren großen, zur Sauerstoffaufnahme geeigneten Hautflächen, die man bei den Welsen der Gattung *Clarias* findet. Mit diesen zusätzlichen Atmungsorganen können sich diese Fische bei feuchter Witterung auch längere Strecken über Land fortbewegen. Besonders wirkungsvoll ist die zusätzliche Sauerstoffversorgung bei Fischen, deren Darm mit der Schwimmblase in Verbindung steht. die stark durchblutete Haut der Schwimmblase ist in der Lage, große Mengen Sauerstoff schnell aus der Luft aufzunehmen, die ihr über den Darm zugeführt wird. Diese Form der zusätzlichen Atmung findet man nicht nur bei exotischen Gattungen wie *Erythrinus* und *Gymnarchus,* sondern auch bei Arten aus der gemäßigten Klimazone wie dem Schlammfisch (*Amia calva*) und den Hundsfischen der Gattung *Umbra.*

Zusätzliche Atmungsorgane werden in der Regel auch dann eingesetzt, wenn die Sauerstoffsättigung normal ist. Entwicklungsmäßig sind diese Organe nämlich Hand in Hand mit einer Zurückbildung der Kiemenatmung entstanden, so daß diese Fische ihren Sauerstoffbedarf meist gar nicht mehr ausschließlich über die Kiemen decken können. Panzerwelse (*Corydoras*) z. B. schöpfen regelmäßig Luft an der Oberfläche, ganz unabhängig davon, ob sie sich in einem sauerstoffarmen oder in einem sauerstoffreichen Wasser befinden. Viele Fischarten, die über zusätzliche Atmungsorgane verfügen, gehen nach kürzerer oder längerer Zeit ein, wenn man sie daran hindert, die Oberfläche zu erreichen. Im einzelnen ist dies jedoch erst bei wenigen Arten eingehend untersucht worden, und es gibt hier auch Ausnahmen, d. h. Fische, die sich nur im Notfall ihrer zusätzlichen Atmungsorgane bedienen. Eine besonders einheitliche Gruppe von Fischen mit einer ausgewogenen zusätzlichen Atmung stellen die Labyrinthfische (Anabantoidei) dar, die mit zahlreichen Arten weit über Südostasien und Afrika verbreitet sind.

Was ist ein Labyrinthfisch?

Bevor wir näher auf die Eigenheiten der Labyrinthfische eingehen, ist es notwendig, eine sprachliche „Doppelbezeichnung" zu erklären. Ein Labyrinth haben fast alle Wirbeltiere, denn als „Labyrinth" bezeichnet man das als Gleichgewichtsorgan dienende Innenohr, mit dem nicht nur Säuger und Vögel, sondern auch alle Knochenfische ausgerüstet sind. Mit dem ebenfalls als „Labyrinth" bezeichneten Luftaufnahmeorgan der Labyrinthfische hat dieses Gleichgewichtsorgan nichts zu tun.
Das zusätzliche Atmungsorgan der Labyrinthfische befindet sich in der nach oben- und hinten erweiterten Kiemenhöhle, die mit atmosphärischer Luft gefüllt ist. Der Kiemendeckel ist teilweise mit dem ersten Kiemenbogen verbunden, und erster und zweiter Kiemenbogen sind so miteinander verwachsen, daß zwischen Mund- und Kiemenhöhle einerseits und der Labyrinthhöhle andererseits nur in der Mitte eine Verbindung offen bleibt. Bereits im frühen Jungfischstadium bildet sich vom obersten Knochen des ersten Kiemenbogens ausgehend ein nach oben gerichteter Fortsatz. Im Verlauf der weiteren Entwicklung wächst dieser Fortsatz in die Labyrinthhöhle hinein und endet in dem aus zahlreichen stark durchbluteten Lamellen bestehenden Labyrinthorgan, das sich also erst allmählich entwickelt. Junge Labyrinthfische atmen zunächst ausschließlich über ihre Kiemen. Wie neuere Untersuchungen (Peters, 1978) gezeigt haben, erfolgt die Luftaufnahme von der Oberfläche nicht bei allen Arten gleich. Bei den *Ctenopoma*-Arten z. B. wird die verbrauchte Luft duch das Einströmen von Wasser durch die geöffneten Kiemendeckel zum Mund herausgedrückt. So wird die Labyrinthhöhle mit Wasser gefüllt, bevor der Fisch neue Luft aufnimmt. Bei dem nahe verwandten indischen Kletterfisch (*Anabas testudineus*) wird kein Wasser in die Labyrinthhöhle aufgenommen. Bei dieser Art drückt die über das Maul aufgenommene Frischluft die verbrauchte Luft durch die geöffneten Kiemendeckel hinaus. Daß diese beiden Formen der Luftaufnahme auch bei den häufiger im Aquarium gehaltenen Arten vorkommen, kann jeder Aquarienfreund beobachten. In der Labyrinthhöhle erfolgt die Sauerstoffaufnahme über die zahlreichen Kapillaren in der faltenreichen Haut des Labyrinthorganes.

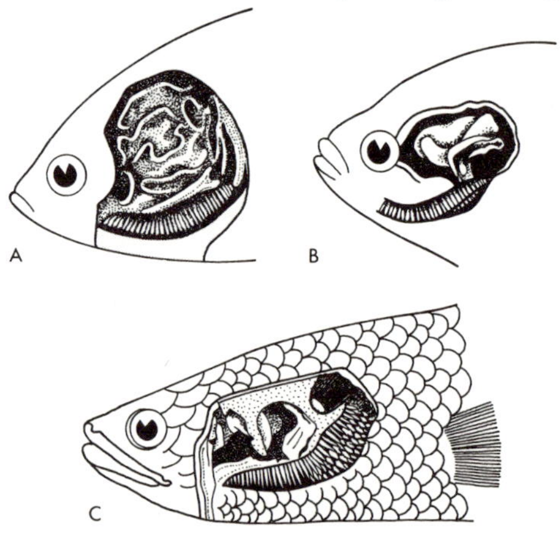

A = Das Labyrinthorgan von Trichogaster trichopterus; B = Das Labyrinthorgan von Belontia signata; C = Das Luftaufnahmeorgan eines Schlangenkopffisches (nach Hora).

Ähnliche Luftaufnahmeorgane wie bei den Labyrinthfischen kommen auch bei den Hechtköpfen (Luciocephalidae) und den Schlangenkopffischen (Channidae) vor. Abgesehen davon, daß diese Fische ein „Labyrinthorgan“ haben, sind sie mit den Labyrinthfischen doch nicht so nahe verwandt, wie man früher annahm. Da man sie in der aquaristischen Populärliteratur oft als zu den Labyrinthfischen gehörig, oder zumindest als nahe mit ihnen verwandt, bezeichnet, sollen sie hier im Anschluß an die Labyrinthfische behandelt werden.

Normalerweise sind erwachsene Labyrinthfische auf die atmosphärische Luft angewiesen und ersticken nach einiger Zeit, wenn sie an der Oberfläche keine Luft mehr aufnehmen können. Bei den einzelnen Arten ist jedoch die Versorgung mit atmosphärischer Luft nicht im selben Maße lebensnotwendig. Einige der afrikanischen *Ctenopoma*-Arten können auch ohne atmosphärische Luft längere Zeit überleben. Die Arten der Gattungen *Malpulutta* und *Parosphromenus* können in sauerstoffreichem Wasser sogar gänzlich ohne Luftaufnahme auskommen. Voraussetzung ist jedoch, daß die Temperatur nicht zu hoch ist. Während bei einer Temperatur von 25 °C noch ca. 8 mg Sauerstoff je Liter Wasser gelöst sind, sind es bei 30 °C nur noch 7,5 mg.

Interessante Rückschlüsse auf die Entwicklung des Labyrinthorganes geben die umfassenden Untersuchungen, die Bader (1937) durchführte. Bei diesen Versuchen konnte nachgewiesen werden, daß bei Labyrinthfischen, denen von früher Jugend an der Zugang zur Wasseroberfläche verwehrt wurde, die Kiemenatmung ausreicht, ihren Sauerstoffbedarf bis ins Alter hinein zu decken. Bei dieser Versuchsgruppe von Jungfischen, die durch ein eingespanntes Netz daran gehindert wurden die Oberfläche zu erreichen, wurde auch eine Verzögerung der Ausbildung des Labyrinthes festgestellt. Bei einer Versuchsgruppe gleichaltriger Fische, die unter normalen Aquarienbedingungen gehalten wurden, entwickelte sich das Labyrinth normal. Nachdem den Fischen der ersten Versuchsgruppe der Weg zur Oberfläche freigegeben wurde, erfolgte auch bei diesen Fischen nachträglich eine vollständige Ausbildung des Labyrinthorganes.

Entwicklungsgeschichtlich läßt sich die Ausbildung des Labyrinthorgans als eine hochgradige Anpassung an Gewässer mit ungewöhnlich niedrigem Sauerstoffgehalt erklären. Gewässer, die Labyrinthfische beherbergen, zeichnen sich meist durch hohe Wassertemperaturen aus. Während der Trockenperioden nimmt in vielen dieser Gewässer ihr Volumen erheblich ab, und so kommt es nicht selten zu einer Verschlammung, bei der das restliche Wasser aus einer undurchsichtigen Brühe besteht. In solchen Gewässern können nur Fische überleben, die weitgehend von der Sauerstoffaufnahme über die Kiemen unabhängig sind. Jedoch finden sich die Labyrinthfische nicht ausschließlich in derartigen Gewässern, stellenweise kommen sie auch in fließendem Wasser von normaler Beschaffenheit vor, wie z. B. *Belontia*-Arten in Sri Lanka oder *Ctenopoma*-Arten in Afrika. Untersucht man dann das Labyrinthorgan verschiedener Arten genauer, so zeigt sich, daß ein Zusammenhang zwischen der relativen Größe des Labyrinthorganes und dem Charakter der Heimatgewässer besteht. Bei Arten aus ausgesprochen schlammigen und sauerstoffarmen Gewässern, wie z. B. den *Anabas*-Arten, ist das Labyrinth sowohl umfangreicher als auch stärker gefaltet als bei Arten, die in normaleren Gewässern beheimatet sind.

Geographische Verbreitung

Das Vorkommen der Labyrinthfische besteht aus zwei großen Verbreitungsgebieten. Eines umfaßt Südostasien, das andere große Teile Afrikas. In Asien findet man von Labyrinthfischen bewohnte Gewässer vom nordöstlichen

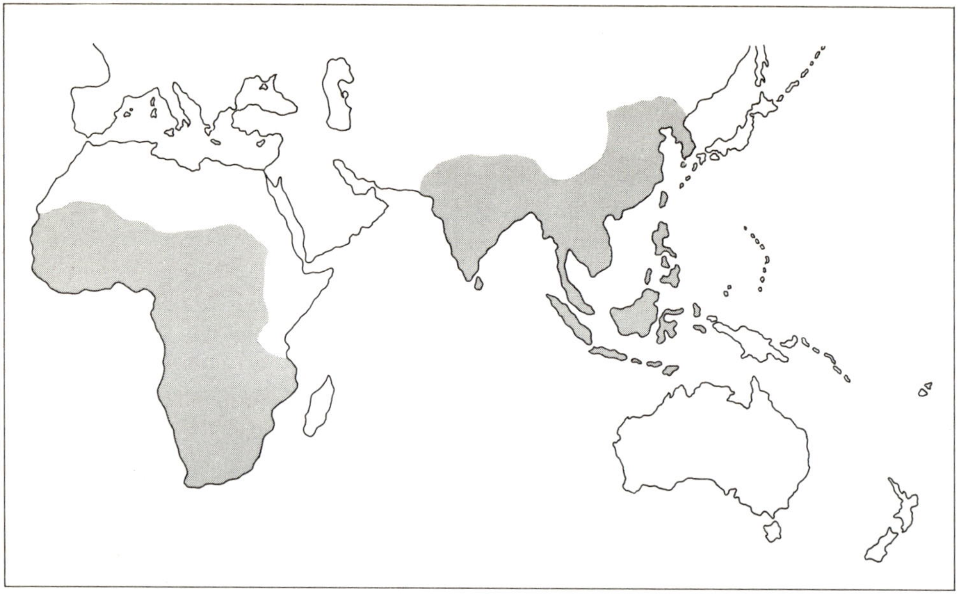

Die auf der Karte markierten Gebiete in Asien und Afrika sind heute von Labyrinthfischen bewohnt.

China und Korea im Norden bis zu den kleinen Sundainseln im Malaiischen Archipel im Süden. Nach Osten erstreckt sich ihre Verbreitung bis zu den Inselgruppen der Molukken und Philippinen, und im Westen bis nach Pakistan. Innerhalb dieses gewaltigen Gebietes bestehen bedeutende klimatische Unterschiede, und die von Labyrinthfischen bewohnten Gewässer sind in ihrem Charakter durchaus nicht einheitlich. Nicht selten hat der Mensch durch die Anlage von Bewässerungsanlagen zu ihrer Verbreitung beigetragen, so daß stellenweise manche Arten direkt zu Leitformen künstlich bewässerter Reisfelder geworden sind. Wenn auch ihre größte Vorkommensdichte in stehenden und langsam fließenden Gewässern zu finden ist, so kommen andere Labyrinthfischarten z.B. auf Sumatra und Sri Lanka in schnell fließenden Gewässern auch noch in größeren Höhenlagen vor. Ganz allgemein ist die Vorstellung, daß man in Südostasien Labyrinthfische vorzugsweise in kleinen, stark verschlammten und sauerstoffarmen Gewässern findet, eine grobe Verallgemeinerung. In Wirklichkeit findet man diese Fische in allen erdenklichen Süßgewässern und einzelne Arten sogar im Brackwasser der Flußmündungen, wie auch in den kleinsten Wasserlöchern und Gräben. Sie kommen in Bewässerungskanälen auf dem Lande ebenso vor, wie in Kanälen oder sonstigen Wasseransammlungen mitten in den Städten, so z. B. in den Klongs von Bangkok. Kurzum, es gibt in diesem Raum kaum Gewässer, in denen man keine Labyrinthfische findet.

Im ganzen südostasiatischen Raum ist es heute oft schwer, wenn nicht gar unmöglich, das ursprüngliche Verbreitungsgebiet einzelner Arten festzustellen. Arten wie der Riesengurami (*Osphronemus goramy*) und der Küssende Gurami (*Helostoma temminckii*) sind als Speisefische in alle möglichen Gewässer ausgesetzt worden. Der Gurami wird heute auch außerhalb Asiens gefunden, so z. B. auf den Seychellen, auf Mauritius und Réunion, in Australien (Victoria) und in Südamerika (Guayana). Ähnliche Verbreitung haben auch einige als Speisefische hochgeschätzte Schlangenkopffische gefunden. Den bis zu 1 m lang werdenden *Channa striata* findet man heute nicht nur in ganz Südostasien, sondern auch in Gewässern auf den Philippinen und auf Hawaii. Der klimatisch ungewöhnlich harte Amur-Schlangenkopffisch (*Channa argus warpachowskii*) wurde sogar nach Europa eingeführt, und aus Fischzüchtereien entwichene Fische sind in Südrußland, Rumänien und Ungarn in freien Gewässern gefunden worden. Auch kleinere, als Speisefische weniger bedeutende Arten sind vielerorts in fremde Biotope verschleppt worden. Auch unter Chinesen und Malaien gibt es in Südostasien Aquarianer, die oft zu derartigen Faunenverfälschungen beigetragen haben. Eine andere Ursache sind aus Freilandzuchten entwichene Fische. In der Umgebung von im Freiland betriebenen Aquarienfischzuchtanlagen kann man heutzutage nicht nur alle möglichen Labyrinthfische finden, die dort nicht heimisch sind, sondern auch andere Aquarienfische, wie z. B. Guppys und Schwertträger usw.

In Afrika leben Labyrinthfische ab einer Linie, die sich im Norden etwa von Gambia über Tschad bis zum Sudan erstreckt, bis hin zum äußersten Süden des Kontinents. Die weitaus größte Artenzahl findet man in den Gewässern der Regenwälder, doch kommen auch in Afrika einzelne Arten in fast allen Süßgewässern vor. Ihr Anteil am gesamten Fischvorkommen ist jedoch in Afrika bedeutend geringer als in Südostasien. Faunenverfälschungen sind in Afrika nicht so häufig, es werden aber auch dort stellenweise Arten in Biotopen gefunden, in denen sie ursprünglich nicht heimisch waren. Viele der von Labyrinthfischen bewohnten afrikanischen Gewässer, außerhalb der Regenwaldgebiete, sind im Verlauf von Regen- und Trockenperioden großen periodischen Veränderungen unterworfen, so daß zusätzliche Atmungsorgane die Überlebensmöglichkeiten verbessern. Wenn auch bisher umfassendere Untersuchungen über die Effektivität des Labyrinthorganes einzelner Arten noch ausstehen, so läßt sich an der Häufigkeit des Luftschöpfens und am Umfang des Labyrinthorganes doch ablesen, daß die Luftaufnahme über das Labyrinth für viele afrikanische Labyrinthfische nicht dieselbe Bedeutung hat wie für die meisten ihrer südostasiatischen Verwandten.

Abstammung und Verwandtschaft

Innerhalb der Ordnung der barschartigen Fische (Perciformes) stellen die Labyrinthfische (Anabantoidei) eine von 17 Unterordnungen dar. Da Labyrinthfische untereinander in zahlreichen wesentlichen Merkmalen übereinstimmen, werden in systematischen Aufstellungen alle Arten vielfach in einer Familie (Anabantidae) zusammengefaßt. Die einzelnen Gattungen, und innerhalb der Gattungen die einzelnen Arten, lassen sich bei den Labyrinthfischen meist gut gegeneinander abgrenzen. Ausnahmen von dieser Regel kommen jedoch vor. Eine Aufteilung der Labyrinthfische in mehrere Unterfamilien würde ihre Übersichtlichkeit für den Aquarienfreund erleichtern, doch gibt es bisher keine solche Aufteilung, die wirklich zufriedenstellend wäre. Der älteren Systematik entsprechend wurden die Labyrinthfische meist in die folgenden Unterfamilien eingeteilt:

Anabantinae:	*Anabas*- und *Ctenopoma*-Arten
Macropodinae:	*Macropodus*- und *Belontia*-Arten

Osphroneminae:	*Osphronemus-*, *Trichogaster-* und *Colisa-*Arten
Ctenopinae:	*Ctenops-*, *Trichopsis-* und *Betta-*Arten
Sphaerichthyinae:	*Sphaerichthys-*Arten.

Diese Einteilung wird auch heute noch häufig in der Aquarienliteratur benutzt, doch gibt sie nach modernen Erkenntnissen kein korrektes Bild der verwandtschaftlichen Beziehungen. Auch das von K. F. Liem (1963) aufgestellte Modell, dem hauptsächlich Skelettmerkmale zugrunde liegen, berücksichtigt ethologische (verhaltensmäßige) Unterschiede unzureichend. Liem teilt die Labyrinthfische in vier Unterfamilien auf, führt dabei jedoch Arten, die Schwimmeier ablegen, und Arten, die sich mit Sinkeiern vermehren, in denselben Unterfamilien zusammen, z. B. *Macropodus* und *Betta* bzw. *Sphaerichthys* und *Colisa.* Da aber vom Eityp aus mit großer Wahrscheinlichkeit Schlußfolgerungen auf die entwicklungsgeschichtliche Herausbildung der verschiedenen Brutpflegeformen möglich sind, sollten die jeweiligen Unterschiede bei der Einteilung beachtet werden. Neuere wissenschaftliche Arbeiten, welche die hier berührte systematische Problematik umfassender behandeln, liegen jedoch bisher nicht vor.

Ein für die Praxis des Aquarienfreundes gut geeignetes System präsentierte H. J. Richter (1979). Bei diesem systematischen Modell, das Richter ausdrücklich als ‚hypothetisches Abstammungsschema der Labyrinthfischgattungen' bezeichnet, sind neben anatomischen und morphologischen Gesichtspunkten auch die Resultate ethologischer Studien (J. Vierke u. a.) berücksichtigt worden.

Nach diesem Modell wird die Unterordnung der Labyrinthfische zunächst in die vier Familien Helostomidae, Osphronemidae, Anabantidae und Belontiidae aufgeteilt. Die Familien der Helostomidae und der Osphronemidae enthalten jeweils nur eine Gattung mit einer einzigen Art. In der Familie der Anabantidae werden die asiatischen Kletterfische (Gattung *Anabas*), die afrikanischen Buschfische (Gattung *Ctenopoma*) und die afrikanische Gattung *Sandelia* vereinigt. Die artenreiche Familie der Belontiidae wird zunächst in fünf Unterfamilien unterteilt. Von diesen Unterfamilien vermehren sich die Belontinae, Macopodinae und die Trichogasterinae durch Schwimmeier, während sich die Vertreter der Sphaerichthyinae und der Ctenopinae durch Sinkeier vermehren. Damit wird zwischen Arten mit Schwimmeiern und Arten mit Sinkeiern konsequent eine Grenze gezogen.

Alle Labyrinthfische gehen auf einen gemeinsamen Vorläufer, auf einen ‚Ur-Anabantoiden', zurück. Von diesem Fisch ist fossiles Material aus dem unteren Tertiär bekannt. Nahe Verwandte, doch noch nicht mit einem Labyrinth ausgerüstete ältere Formen findet man bereits in der Oberkreide. Nach neueren Untersuchungen soll der als Aquarienfisch gut bekannte Blaubarsch (*Badis badis*) ein naher Verwandter dieser ursprünglichen Formen sein. Inwieweit andere mit Labyrinthorgan ausgerüstete Familien entwicklungsmäßig mit den Labyrinthfischen in Verbindung stehen, ist noch nicht geklärt. Wahrscheinlich gibt es solche Zusammenhänge zwischen den Labyrinthfischen und den Hechtköpfen (Luciocephalidae). Systematisch werden diese, wie auch die Labyrinthfische, zu den barschartigen Fischen (Perciformes) gerechnet. Die Schlangenkopffische (Channidae) dagegen bilden systematisch eine eigene Ordnung (Channiformes). Die Ausbildung eines Labyrinthorganes sowohl bei Labyrinthfischen wie auch Schlangenkopffischen ist als Konvergenz zu verstehen, d. h. eine ohne Zusammenhang mit systematischer Verwandtschaft entstandene Ähnlichkeit. Derartige Konvergenzen sind bei

Tieren (und Pflanzen), die ihren Lebensraum teilen, nicht ungewöhnlich. Dabei kann es vorkommen, daß es zur Ausbildung analoger Organe kommt, die eine Anpassung an milieubedingte Eigenheiten erleichtern. Von Interesse ist in diesem Zusammenhang, daß sich die Verbreitungsgebiete der Labyrinthfische und der Schlangenkopffische, sowohl in Asien wie auch in Afrika, weitgehend decken. Beide haben sich Gewässertypen mit zeitweise oder ständig sauerstoffarmem Wasser angepaßt. Diese Anpassung an den Lebensraum setzte die Herausbildung eines zusätzlichen Atmungsorganes voraus.

Da jedoch, abgesehen von diesem Labyrinthorgan, keine näheren Beziehungen zwischen diesen beiden Fischgruppen vorhanden sind, sollte das Vorhandensein dieses Organes nicht als Kriterium für eine nahe Verwandtschaft gewertet werden.

Körperbau und Organe

Form und Aussehen

Obwohl die Labyrinthfische zu den barschartigen Fischen gerechnet werden, sind viele von ihnen bedeutend ‚weicher' in ihren Konturen als andere barschartige Fische. Oft weist ihr Körper eine große Geschmeidigkeit auf, so z. B. die *Betta-* und *Macropodus-*Arten. Vor allem bei den *Anabas-* und *Ctenopoma-*Arten stimmt das Aussehen mit der Vorstellung vom ‚barschartigen Fisch' überein. Im Verhältnis zur Körperhöhe sind die meisten Labyrinthfische mäßig lang und der Körper seitlich abgeplattet (z.B. *Helostoma, Trichogaster*), aber es gibt auch Arten mit fast rundem Körperquerschnitt (z.B. *Betta*). Die Rückenflosse ist stets ungeteilt, kann jedoch je nach Gattung von recht unterschiedlicher Länge sein. Gattungen wie *Helostoma, Macropodus, Ctenopoma* u. a. haben eine sehr lange Rückenflosse, die auf der Höhe der Brustflossen beginnt und bis zur Schwanzwurzel reicht. Andere Gattungen wie z.B. *Betta, Trichogaster* oder *Trichopsis* haben eine kurze, segelförmige Rückenflosse. Die Afterflosse ist bei allen Arten ungewöhnlich lang. Bei vielen Arten sind die Rücken- und Afterflossen bei den Männchen größer und am hinteren Ende spitz ausgezogen. Die Bauchflossen sind oft stark nach vorne verschoben, mit einer Basis fast an der Kehle. Die Bauchflosse hat stets einen harten Strahl und mehrere Weichstrahlen. Bei gewissen Arten sind alle Bauchflossenstrahlen mehr oder weniger miteinander verwachsen und lang ausgezogen (z.B. bei *Trichogaster, Colisa, Osphronemus*). Diese verlängerten Bauchflossen sind nicht nur Tastorgane, sondern darüber hinaus Geruchs- und Geschmacksorgane, die mit zahlreichen Geruchs- und Geschmacksknospen versehen sind. Die Anzahl der Hartstrahlen in Rücken- und Afterflosse kann je nach Gattungszugehörigkeit unterschiedlich sein. So haben *Betta-*Arten meist nur ein bis zwei Hartstrahlen in Rücken- und Afterflosse, während andere Arten zwischen 15 und 20 Hartstrahlen in der Rücken- bzw. der Afterflosse haben können. Verzweigung der Weichstrahlen in der Rückenflosse kommen bei manchen Arten vor. Der Ansatz der abgerundeten Brustflossen liegt bei allen Arten deutlich unterhalb der Körperlängsachse. Meist ist die Schwanzflosse abgerundet, doch kommen auch spitz ausgezogene Schwanzflossen (z.B. bei *Pseudosphromenus, Trichopsis, Malpulutta* und manchen *Betta-*Arten) und gegabelte Schwanzflossen (z. B. bei *Trichogaster* und *Macropodus*) vor. Die Schuppen sind meist klein bis mittelgroß. Überwiegend besteht die Beschuppung aus Kammschuppen (Ctenoidschuppen). Rundschuppen (Cycloidschuppen) findet man, wenn überhaupt, als Schuppenbekleidung von Kehle und Kopf. Die Färbung ausgewachsener Fische, insbesondere die der Männchen, ist weitgehend von der Stimmung und Verfassung der Fische abhängig. Besonders vertieft sich die Färbung während der Balz und Brutpflege. Geschlechtsunterschiede lassen sich fast immer an unterschiedlicher Farbintensität und häufig

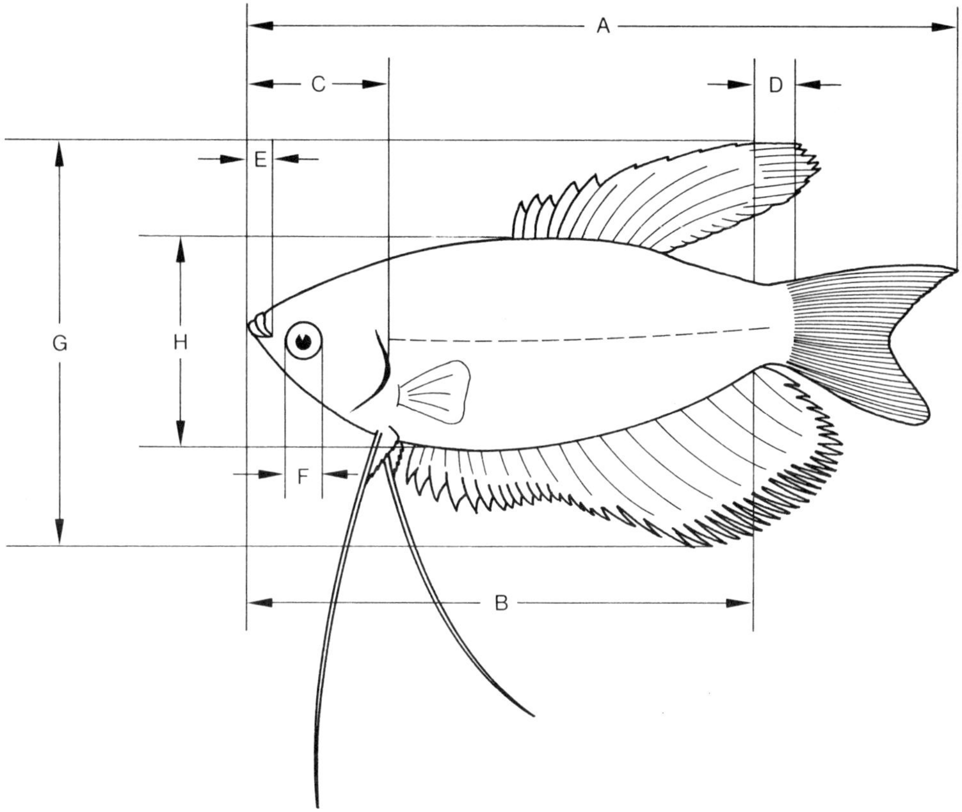

A = Totallänge; B = Körperlänge; C = Kopflänge; D = Schwanzstiellänge; E = Schnautzenlänge; F = Augendurchmesser; G = Totalhöhe; H = Körperhöhe.

auch an den größeren Rücken- und Afterflossen der Männchen gut erkennen.

Innere Organe

Abgesehen von der Schwimmblase liegen die inneren Organe in der vorderen Hälfte der Bauchhöhle. Die Analöffnung liegt direkt vor der langen Afterflosse. Die Bauchhöhle ist jedoch bei den Labyrinthfischen sehr lang und in ihrer ganzen Länge durch Rippen gestützt. Nach hinten erstreckt sie sich etwa bis zur Höhe des Endes der Afterflossenbasis. Der hintere Teil der Bauchhöhle wird durch eine verhältnismäßig große Schwimmblase ausgefüllt. Die Schwimmblase dient nicht nur als hydrostatisches Organ, sondern hat auch Bedeutung als Resonanzverstärker für das Innenohr, eine Aufgabe, an der neben der Schwimmblase oft auch das Labyrinth beteiligt ist. Fische sind durchaus in der Lage Laute aufzunehmen, und andere Organe, wie im vorliegenden Falle Schwimmblase und Labyrinth, ersetzen das fehlende Trommelfell. Labyrinthfische hören gut, und viele von ihnen sind auch in der Lage Laute hervorzubringen. Die meisten dieser Lautäußerungen liegen jedoch unter dem Schwingungsbereich, der vom menschlichen Ohr erfaßt werden kann, d. h. unter 16000 Schwingungen/sec. Nur selten kommen Laute im höheren Schwingungsbereich vor, die sich ohne Hilfsmittel direkt hören lassen (z. B. beim Knurrenden Gurami, *Trichopsis vittatus*). Zahlreiche Versuche während der letzten Jahre mit modernen Meßgeräten haben gezeigt, daß Lautäußerungen bei Fischen viel häufiger sind als früher angenommen wurde, und dies gilt auch für Labyrinthfische. Inwieweit Lautäußerungen und Lautaufnahmen bei bestimmten Verhaltensmustern eine Rolle spielen bzw. diese steuern, ist bisher noch kaum erforscht.

Neben dem Gehör und den kombinierten Tast- und Geschmacksorganen der umgebildeten Bauchflossen, über die manche Labyrinthfische verfügen, spielt ihr überaus feiner Hautsinn eine Rolle. Mittels dieses Hautsinnes können die Fische sowohl schwache Wasserströmungen wie auch äußerst geringe Temperaturunterschiede wahrnehmen. Das Seitenlinienorgan scheint bei vielen Labyrinthfischen lediglich eine untergeordnete Funktion auszuüben und fehlt bei einigen Arten vollständig. Die sichtbare Seitenlinie ist nur selten vollständig, bei vielen Arten ist dieselbe geteilt oder nur teilweise vorhanden.

Das Labyrinthorgan befindet sich beiderseitig in einem von den Kiemenhöhlen nach oben und nach hinten erweiterndem Hohlraum. Der für die Sauerstoffversorgung wichtigste Teil des Labyrinthorganes ist dessen von zahlreichen Kapillaren durchsetzte Haut. Je nach Art ist diese Haut mehr oder weniger gefaltet und verzweigt. Die Luftversorgung des Labyrinthes erfolgt über das Maul. Die aufgenommene Luft wird in das Labyrinth gedrückt. Dort wird der größte Teil des in der Luft enthaltenen Sauerstoffes von der Haut des Labyrinthorganes aufgenommen und dem Organismus zugeführt. Das Labyrinth entwickelt sich erst beim Jungfisch nach einigen Lebenswochen. In den ersten Entwicklungsphasen fehlt es den Jungfischen, sie atmen dann noch ausschließlich über die Kiemen.

Die Hechtköpfe (Luciocephalidae) unterscheiden sich anatomisch von den Labyrinthfischen durch ein tiefgespaltenes Maul, welches vorgestülpt und trichterförmig erweitert werden kann. Ihre Afterflosse hat etwa in der Mitte eine tiefe Einkerbung, welche die Flosse fast in zwei Hälften teilt. Abgesehen vom ersten verlängerten Bauchflossenstrahl bestehen alle Flossenstrahlen aus Weichstrahlen. Oft heißt es, Hechtköpfe hätten keine Schwimmblase, dies trifft jedoch nicht zu. Zwar ist die Schwimmblase der Hechtköpfe im Verhältnis zum Körpervolumen wesentlich kleiner als die der Labyrinthfische, aber sie ist voll funktionsfähig.

Die Schlangenkopffische haben eine langgestreckte Körperform und einen fast runden Körperquerschnitt. Ihrer Natur nach sind sie echte Raubfische mit großem Kopf, tiefgespaltenem Maul und kräftiger Bezahnung. Ihre Nasenöffnungen sind röhrenartig verlängert. Die Schuppen bestehen sowohl aus Kammschuppen wie auch aus Rundschuppen. Besonders auf der Kopfoberseite sind diese Schuppen sehr groß, was mit dazu beiträgt, dem Kopf ein schlangenähnliches Aussehen zu verleihen. Die Schwimmblase ist groß und ähnlich derjenigen der Labyrinthfische hinten geteilt und bis in die Schwanzwurzel hineinreichend. Hartstrahlen fehlen in Rücken- und Afterflosse. Bei einer Art (*Channa orientalis*) fehlen die Bauchflossen.

Labyrinthfische in Menschenhand

Die Geschichte der Labyrinthfische als Aquarienbewohner

Noch bevor die Europäer Labyrinthfische als Zierfische kennenlernten, wurden zumindest Kampffische (*Betta splendens*) in Thailand gehalten. Bei Fischkämpfen, die mit Wetten um oft beträchtliche Summen verbunden sind, läßt man die Männchen dieser Fische in kleinen Behältern miteinander kämpfen. Ursprünglich wurden wohl für diese Fischkämpfe Fische verwendet, die man einfach in freien Gewässern fing. Da aber solche wildlebenden Kampffische sich meist nur einen kurzen Kampf liefern, wurden von den wettfreudigen Thailändern besonders streitlustige Formen herausgezüchtet. Derartige Kampfrassen gibt es in Thailand schon seit mindestens hundert Jahren. Im Gegensatz zu den Wildformen der Kampffische, bei denen der Streit meist schon nach wenigen Minuten entschieden ist, kann ein Kampf zwischen den Männchen der speziellen Kampfrassen Stunden dauern. Die Verletzungen, die sich die Fische bei diesen Kämpfen zufügen, beschränken sich meist auf zerfetzte Flossen, und nur selten fügen sie sich schwerere Schäden zu. Mit den bei uns gehaltenen Schleierkampffischen haben diese Kampfrassen lediglich den wilden *Betta splendens* als Vorfahren gemeinsam.

Ob, von diesen Kampffischen abgesehen, andere Labyrinthfische möglicherweise schon in früheren Zeiten in Ostasien bzw. Südostasien als Zierfische gehalten wurden, ist unsicher. Es kann jedoch nicht ausgeschlossen werden, daß die Chinesen außer ihren traditionellen Goldfischen und Schleierschwänzen auch andere Fische als Zierfische in Heim und Garten gehalten haben. Die beiden namhaften Ichthyologen G. A. Boulenger und C. T. Regan gingen z. B. davon aus, daß der erstmals 1869 lebend nach Europa gelangte Makropode ein chinesisches Zuchtprodukt wilder Makropoden sei. Wenn sich auch diese These inzwischen als Fehlschluß erwiesen hat, so kann doch nicht ausgeschlossen werden, daß in Ostasien Labyrinthfische als Zierfische gehalten wurden, ehe sie dann nach Europa gelangten.

Unter den frühzeitig in Europa eingeführten exotischen Zierfischen waren Labyrinthfische ausgesprochene Pioniere. Daß sie die langwierige Reise überlebten, zu einer Zeit, als der Schiffsverkehr fast ausschließlich noch mit Segelschiffen erfolgte, war ihrem Labyrinthorgan zu verdanken. Welche Bedeutung diese zuerst eingeführten Labyrinthfische für die Verbreitung der Aquaristik hatten läßt sich heute kaum noch ermessen. Der Umfang der auf sie bezogenen Arbeiten in den schon damals erscheinenden Fachzeitschriften wie ‚Blätter für Aquarien- und Terrarienkunde' oder ‚Wochenschrift für Aquarien- und Terrarienkunde' lassen gewisse Rückschlüsse auf ihre Popularität zu. Daß gut ein Viertel aller Veröffentlichungen Labyrinthfische betraf, war um die Jahrhundertwende herum keine Seltenheit. Dabei war die Artenzahl nicht einmal groß, denn bis zum Ausbruch des ersten Weltkrieges wurden lediglich etwa 20 Arten Labyrinthfische eingeführt.

Den Anfang machte 1896 der Markopode (*Macropodus opercularis*). Diese Art war bereits durch Carl von Linné 1758 wissenschaftlich unter dem Namen *Labrus opercularis* beschrieben worden. Sie war in Europa weitgehend unbekannt, und lebende Fische waren bis dahin nie nach Europa gelangt. Durch Vermittlung des französischen Konsuls in Ning Po wurden einem Offizier namens Gerauld 100 lebende Makropoden übergeben mit dem Auftrag, diese Fische nach Frankreich mitzunehmen. An Bord des Kriegschiffes ‚L'Imperatrice' überlebten tatsächlich 22 Makropoden die lange Seereise. Von diesen Fischen erhielt am 9. Juli 1896 der Pariser Museumsangestellte Pierre Carbonnier 12 Männchen und 5 Weibchen. Carbonnier verfügte über einige Erfahrung in der Fischpflege und Zucht, die er bei der Vermehrung von Goldfischen und Schleierschwänzen erworben hatte. Er vermehrte die Makropoden so erfolgreich, daß er zwei Jahre später bereits über 600 Paare verfügte. Nach Deutschland gelangten die ersten Makropoden jedoch allem Anschein nach erst 1876; in diesem Jahr wurden sie nachweislich auf einer Ausstellung in Berlin gezeigt. Durch planmäßige Zuchtauswahl konnte der Berliner Zierfischzüchter Paul Matte einen besonders langflossigen Makropoden herauszüchten, den er 1893 unter dem Namen ‚Paradiesfisch' auf den Markt brachte. Anfänglich war der Preis für diese Fische so hoch wie etwa das damalige Monatseinkommen eines Arbeiters.

Mit dem Gurami (*Osphronemus goramy*) konnte Carbonnier 1874 einen weiteren Labyrinthfisch in Europa zur Nachzucht bringen. Auch diese Art kam bald danach nach Deutschland und wurde vermehrt. Die sehr groß werdenden Guramis haben jedoch als Aquarienfische nie Verbreitung gefunden, doch werden auch heute noch von Zeit zu Zeit einzelne Jungfische eingeführt.

Ein anderer französischer Zierfischzüchter, N. Jeunet, konnte nach mehreren mißglückten Versuchen 1894 die ersten Kampffische (*Betta splendens*) lebend nach Europa bringen. Noch im selben Jahr gelang ihm die Vermehrung dieser Fische. In seinem Zuchtbericht, veröffentlicht im ‚Bulletin Soc. d'Aquic. de France' (1894), werden erstmalig ‚Sinkeier' bei Labyrinthfischen beschrieben. Einige der von Jeunet nachgezogenen Kampffische gelangten nach Moskau; auch dort gelang die Nachzucht. 1896 sah Paul Matte diese Fische auf einer Moskauer Ausstellung und konnte einige davon erwerben und mit nach Berlin nehmen, wo auch ihm bald die Nachzucht gelang. Diese Art wurde anfänglich fälschlich als *Betta pugnax* bezeichnet. Der Irrtum stellte sich erst heraus, als etliche Jahre später der echte *Betta pugnax* eingeführt wurde.

Von den etwa 20 Arten, die bis zum Ausbruch des ersten Weltkrieges nach Europa kamen, zählen auch heute noch etwa 10 Arten zum ‚eisernen Bestand' der bei uns gehaltenen Aquarienfische. Dank ihrer Anspruchslosigkeit und aufgrund ihrer leichten Züchtbarkeit überlebten sie in unseren Aquarien Krisenzeiten und Kriege. Andere Arten sind in den zwanziger und dreißiger Jahren hinzugekommen. Heute wird der größte Teil der regelmäßig im Handel geführten Labyrinthfische aus Südostasien eingeflogen. Es handelt sich bei diesen Fischen keineswegs um in freien Gewässern gefangene Exemplare, sondern um Nachzuchten aus gewerblichen Großzüchtereien in Singapur, Hongkong usw. Neben Fischen mit ursprünglicher Färbung wurden von manchen Arten auch Farbrassen herausgezüchtet. Alle angebotenen Farbformen sind jedoch keine Reinzuchten echter Farbmutationen. Südostasiens gewerbliche Zierfischzüchter, meist Chinesen, beherrschen die

Kunst, die natürliche Färbung durch sogenannte ‚Farbfutter‘ zu beeinflussen. In anderen Fällen wird die Färbung der Fische durch Hormonzusätze manipuliert. Bei der Beschreibung der Farbformen wird noch näher auf diese Methoden hingewiesen.
Kann man damit rechnen, daß auch bisher im Aquarium noch unbekannte Labyrinthfischarten eingeführt werden? Ja, insbesondere aus dem südostasiatischen Raum sind sicher noch Überraschungen zu erwarten, und selbst die Entdeckung wissenschaftlich noch unbekannter Arten ist nicht auszuschließen, da es in diesem Gebiet noch wenig erschlossene Gewässer, z. B. auf Borneo, gibt und aus politischen Gründen große Teile Südostasiens über lange Jahre hinweg mehr oder weniger unzugänglich gewesen sind. Sicher dürfte sein, daß die zahlreichen kleinen und großen Gewässer dieses Gebietes noch manche für uns interessante Geheimnisse bergen.

Labyrinthfische als Speisefische

Spricht man in hochentwickelten westlichen Ländern von Speisefischen, so ist dies eine bestimmte Gruppe von Fischen, die entweder im Meer oder größeren Süßgewässern gefangen oder auch in der Teichwirtschaft planmäßig gezüchtet werden. Aber auch ‚Sportfischer‘, die für den Hausbedarf angeln, stellen gewissen Ansprüche an die Art und Größe ihrer Beute. Das war durchaus nicht immer so, und auch bei uns wurden in früheren Zeiten alle Fische, die ins Netz gingen oder an der Angel hängen blieben, verwertet, ganz abgesehen von Art und Größe. In vielen exotischen Ländern ist das heute noch so, besonders im Binnenland. Dort sind Süßwasserfische nicht selten die wichtigste Eiweißquelle der menschlichen Ernährung. Da die notwendigen Voraussetzungen für Lagerung und Transport von Seefischen fehlen, kennt man in großen Teilen Afrikas und Südostasiens lediglich Süßwasserfische als Speisefische, unter denen sich viele Labyrinthfische befinden. Ihre oft überragende Rolle als Speisefische zeigt sich dort an dem Angebot auf den Märkten, besonders in Südostasien. Neben Kletterfischen (*Anabas testudineus*), verschiedenen Schlangenkopffischen werden auch kleinere Arten wie z. B. *Colisa*-Arten feilgeboten. In Indonesien wandern nicht nur Arten wie *Trichogaster* in den Kochtopf, sondern selbst noch wesentlich kleinere wie Kampffische. Arten wie *Anabas testudineus* und *Channa striata* findet man heute im ganzen südostasiatischen Raum, einschließlich der Philippinen, da sie vielerorts als Speisefische ausgesetzt wurden. Von großer Bedeutung als Speisefische sind weiterhin der Riesengurami (*Osphronemus goramy*) und der Küssende Gurami (*Helostoma temminckii*). Besonders der Riesengurami steht im Ruf, ein ausgezeichneter Speisefisch zu sein. Dies gilt vor allem für Exemplare, die in den nahrungsreichen Brackwasserzonen heranwachsen. Unter günstigen Bedingungen können diese Fische bis zu 70 cm lang werden und mehrere Kilogramm wiegen. Für die Qualität ihres Fleisches mag sprechen, daß es Franzosen waren, die diesen Fisch in etlichen tropischen Ländern aussetzten. Es wurden sogar Versuche gemacht, diesen Fisch auch in Südfrankreich heimisch zu machen, was allerdings aus klimatischen Gründen mißglückte. Nachdem die Franzosen in Indochina die Bekanntschaft mit diesem Speisefisch gemacht hatten, gab es bald keine französische Kolonie, in welcher dieser Fisch nicht heimisch war. Er wird heute auch verschiedentlich in Afrika und selbst in Südamerika gefunden. Sowohl Riesenguramis wie auch Küssende Guramis werden in Asien vielerorts in Teichen vermehrt und aufgezogen, wie etwa in gewissen Teilen Europas Karpfen.

Wildlebende Fische werden sowohl mit dem Netz wie auch mit der Angel gefangen. Kletterfische und Schlangenkopffische gräbt man während der Trockenperioden, welche diese Fische im feuchten Schlamm verbringen, aus dem Bodengrund der Gewässer aus. Die bis zu einem Meter groß werdenden Schlangenkopffische haben ein wohlschmeckendes Fleisch und werden auf den Märkten fast immer lebend angeboten. Dies gilt auch für andere labyrinthatmende Fische, da bei hohen Temperaturen und fehlenden Kühlmöglichkeiten tote Fische äußerst schnell in Verwesung übergehen. Labyrinthatmer überstehen außerhalb des Wassers etliche Stunden, wenn man sie vor direkter Sonneneinstrahlung schützt und ein wenig feucht hält.

Als Speisefisch hat auch in gemäßigteren Klimazonen ein Schlangenkopffisch gewisse Bedeutung gewonnen: der im Amur beheimatete *Channa argus warpachowskii* wird sowohl auf chinesischem wie auch auf sowjetischem Gebiet gefangen. In der offiziellen sowjetischen Fischereistatistik werden Jahresfangerträge von 35 bis 50 Tonnen angegeben. Stellenweise wurde dieser Schlangenkopffisch auch in Europa ausgesetzt (vergl. den Abschnitt Geographische Verbreitung).

Systematik

Die Aufgabe systematischer Modelle ist es, Organismen verschiedenster Art in hierarchisch gegliederte Kategorien einzuordnen. Ursprünglich waren die Bestrebungen dieser Arbeiten hauptsächlich darauf ausgerichtet, Ordnung in eine verwirrend erscheinende Vielfalt zu bringen. Man bediente sich bei der Einteilung nur weniger und leicht nachprüfbarer Merkmale, wobei es weitgehend vom Zufall abhing, ob die gewählten Merkmale etwas über stammesgeschichtliche Zusammenhänge, Verwandtschaftsstrukturen usw. aussagten oder nicht.

Modernere systematische Modelle dagegen berücksichtigen möglichst viele Merkmale und spiegeln daher stammesgeschichtliche Zusammenhänge meist besser wider. Der moderne Systematiker begnügt sich nicht mehr damit, lediglich morphologische und anatomische Merkmale zu vergleichen, sondern verwertet bei seiner Arbeit auch Erkenntnisse aus angrenzenden Fachgebieten, insbesondere solche aus dem Bereich der Genetik und Ethologie.

Aquarienfreunde stellen Veränderungen systematischer Modelle meist daran fest, daß altgewohnte Gattungsnamen geändert werden. Zuweilen kommt es auch vor, daß im Aquarium gewonnene Erkenntnisse des Verhaltens ihren Niederschlag in der Systematik finden. Die Existenz des Labyrinthorganes trennt die Labyrinthfische eindeutig von den anderen barschartigen Fischen ab, und ihre verhältnismäßig geringe Artenzahl macht sie leichter überschaubar als viele andere Familien. Die von den Systematikern bereits im vorigen Jahrhundert gezogenen Grenzen zwischen den einzelnen Gattungen stimmen daher auch heute noch in wesentlichen Teilen erstaunlich gut mit moderneren Erkenntnissen überein. Die Gattungsmerkmale sind so prägnant, daß sich ein einzelner Fisch schon aufgrund seines Aussehens meist leicht in die richtige Gattung einordnen läßt. Hierbei kann der Bestimmungsschlüssel (s. Seite 25–27) eine gute Hilfe sein. Auch die Artzugehörigkeit läßt sich durch einen einfachen Vergleich des lebenden Fisches mit einer Beschreibung der Art meist erkennen. Es gibt jedoch auch Ausnahmen, so z. B. bei der artenreichen Gattung *Ctenopoma* und bei der systematisch äußerst schwierigen Gattung *Betta*. In diesen beiden Gattungen sind mitunter Doppelbeschreibungen vorgekommen, und selbst manche anatomischen Merkmale sind von verschiedenen Wissenschaftlern bisweilen unterschiedlich interpretiert worden. Hinzu kommt, daß diese Gattungen verhaltensmäßig nicht einheitlich sind und unter ihren Arten sowohl Freilaicher, Schaumnestbauer und Maulbrüter vorkommen. Der Aquarienfreund kann nur hoffen, daß die unterschiedlichen Verhaltensweisen bei kommenden systematischen Überarbeitungen der betreffenden Gattungen ihren Niederschlag finden werden.

Läßt sich die Artzugehörigkeit nicht an Hand von Vergleichen mit der Artbeschreibung feststellen, so können oft Flossen- bzw. Schuppen-

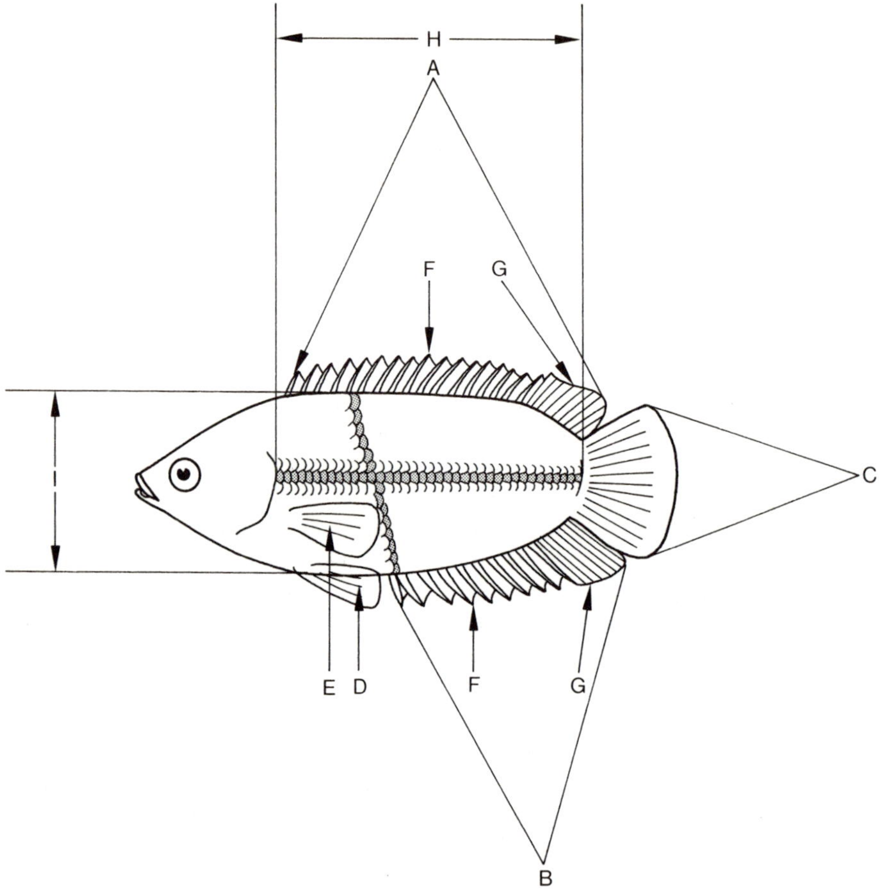

A Rückenflosse = Dorsale; B Afterflosse = Anale; C Schwanzflosse = Caudale; D Bauchflosse = Ventrale; E Brustflosse = Pectorale; F = Hartstrahlen (Stachelstrahlen); G = Weichstrahlen; H Mittlere Seitenlinie = Linea lateralis (mLR) (gerechnet werden die Schuppen vom oberen Teil des Kiemendeckels, entlang der Körpermitte, bis zur Basis der Schwanzflosse); I Querreihe = Linea transversalis (Ltr) (falls nicht ausdrücklich anders angegeben, werden die Schuppen der Querreihe an der Stelle der höchsten Körperhöhe gezählt).

formeln weiterhelfen. Nähere Hinweise dazu gibt die Abbildung oben.

Flossenformeln lassen sich bei Labyrinthfischen meist gut auch am lebenden Fisch auszählen. Bei Schuppenformeln ist das schwieriger, selbst bei Fischen, die verhältnismäßig große Schuppen haben; an Hand eines guten Fotos lassen sich Schuppenformeln meist besser feststellen als am lebenden Fisch. Die Flossenformeln für jede Art finden sich bei den Artbeschreibungen, Schuppenformeln jedoch nur dort, wo ihnen bei der Bestimmung ein praktischer Wert zukommt.

Gattungsbestimmungsschlüssel mit typischen Merkmalen der einzelnen Gattungen. Die Angaben sind auf wenige, leicht feststellbare Merkmale beschränkt.

a) *Belontia*
Rücken- und Afterflosse etwa von gleicher Länge und im Hartstrahlenbereich mit deutlich markierten Strahlenspitzen. Bei älteren Exemplaren kommen bei manchen Fischen frei überstehende Flossenstrahlen in der Schwanzflosse vor. Schuppen groß mit deutlich abhebenden Rändern.

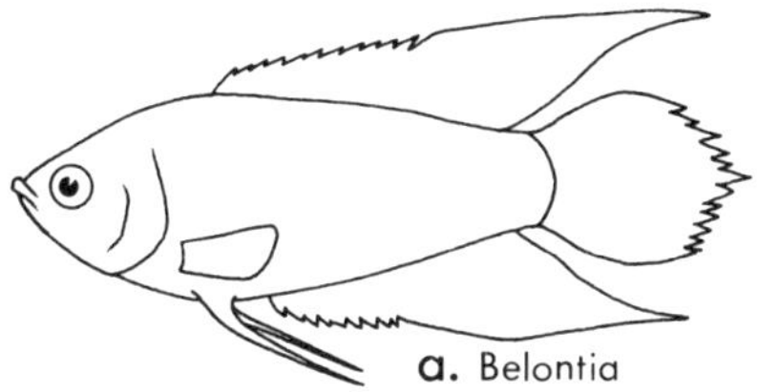

a. Belontia

b. *Macropodus*
Rücken- und Afterflosse sehr lang und spitz ausgezogen. Die Afterflosse ist etwas weiter vorne angesetzt als die Rückenflosse und etwas länger als diese. Schwanzflosse gegabelt oder gerundet (bei *M. chinensis*). Bauchflossen spitz ausgezogen und mit stark verlängertem erstem Strahl.

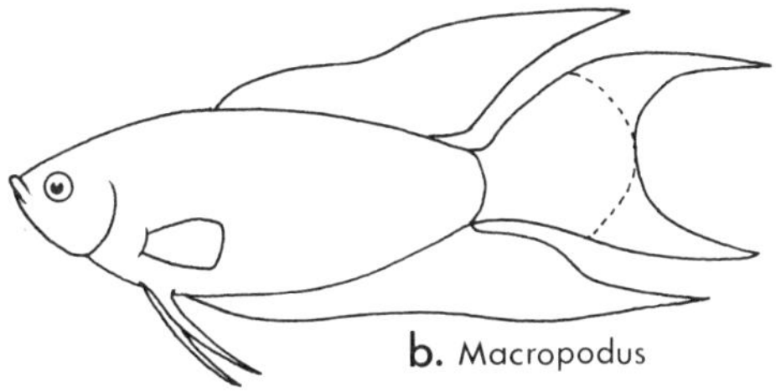

b. Macropodus

c. *Colisa*
Rücken- und Afterflosse lang und von fast exakt gleicher Länge und mit deutlich über den Flossenrand herausragenden Hartstrahlenspitzen. Bauchflossen fadenartig ausgezogen und aus einem Flossenstrahl bestehend, der zurückgelegt bis an den weichen Teil der Afterflosse reicht.

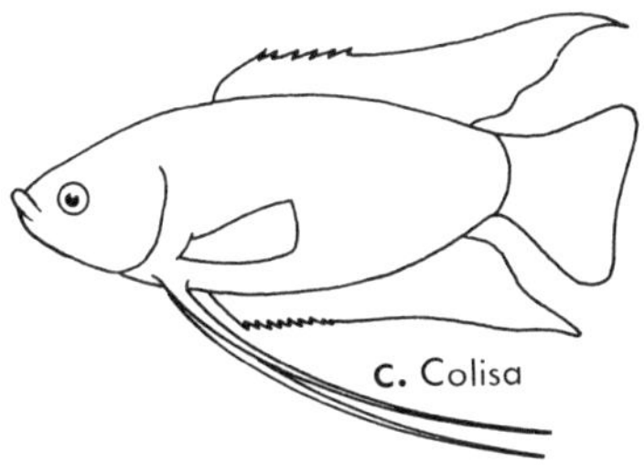

c. Colisa

d. *Trichogaster*
Bauchflosse sehr lang und im Hartstrahlenbereich mit deutlich markierten Spitzen. Rückenflosse kurz und segelförmig. Bauchflossen fadenförmig ausgezogen, doch im Ansatz am Bauch sind mehrere Flossenstrahlen deutlich erkennbar miteinander verbunden.

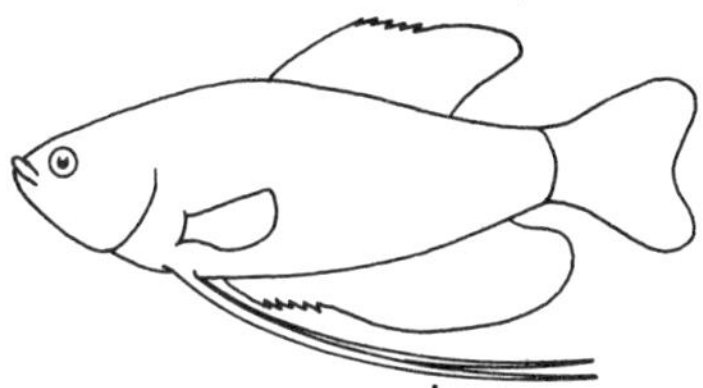

d. Trichogaster

e. *Sphaerichthys*
Rumpf kurz und hoch (die Körperhöhe entspricht gut der halben Körperlänge). Afterflosse etwas länger als die Rückenflosse. Rückenflosse wird meist angelegt getragen. Schwanzflosse nicht oder nur andeutungsweise gegabelt. Der vorderste Strahl der Bauchflossen ist stark verlängert und reicht angelegt etwa bis zur halben Länge der Afterflosse.

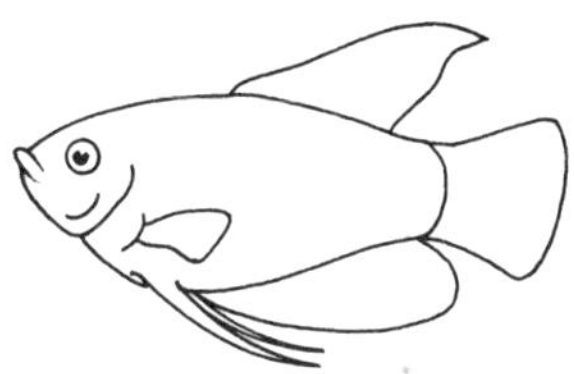

e. Sphaerichthys

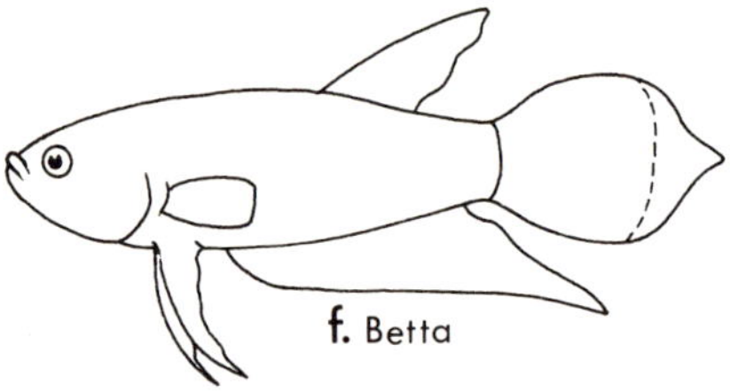

f. *Betta*
Körperform mehr oder weniger schlank mit fast rundem Querschnitt. Bauchflosse lang, Rückenflosse kurz und weit hinten angesetzt. Schwanzflosse gerundet oder zugespitzt (je nach Art). Bauchflossen spitz ausgezogen mit einem tragenden vorderen Strahl und mehreren Weichstrahlen.

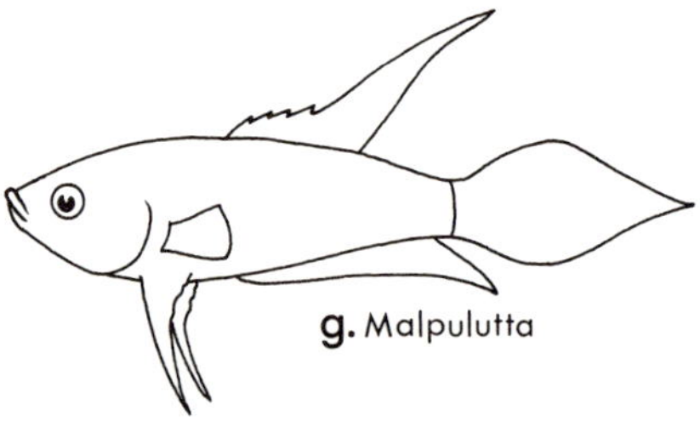

g. *Malpulutta*
Körper langgestreckt. Rückenflosse kurz und auf der Mitte der Rückenlinie angesetzt, im vorderen Teil mit deutlich sichtbaren Hartstrahlenspitzen und hinten lang und spitz ausgezogen. Schwanzflosse zugespitzt und lang ausgezogen.

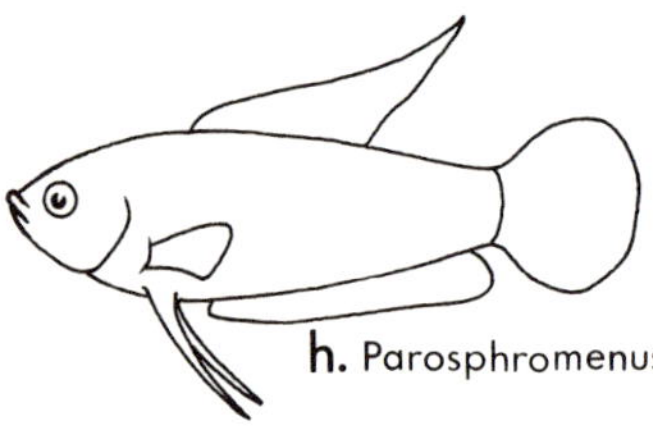

h. *Parosphromenus*
Rückenflosse und Afterflosse vorne in gleicher Höhe angesetzt, doch ist die Rückenflosse kürzer und ihr hinterer Ansatz liegt deutlich vor dem hinteren Afterflossenansatz. Schwanzflosse hinten gleichmäßig abgerundet. Der tragende vordere Strahl der Bauchflossen ist verlängert und spitz ausgezogen.

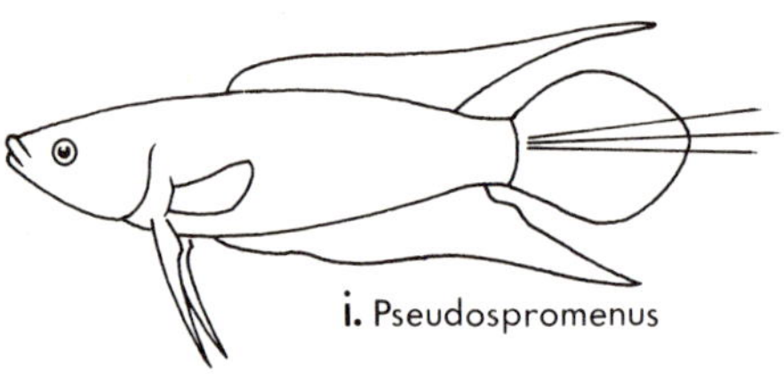

i. *Pseudosphromenus*
Körperform schlank und nach hinten gleichmäßig schmaler werdend. Körperquerschnitt hochoval. Rücken- und Afterflosse von fast exakt gleicher Länge und hinten spitz ausgezogen. Schwanzflosse rautenförmig und bei den den Männchen vom *P. dayi* mit verlängerten frei überstehenden Flossenstrahlen in der Mitte. Bauchflossen mäßig lang ausgezogen.

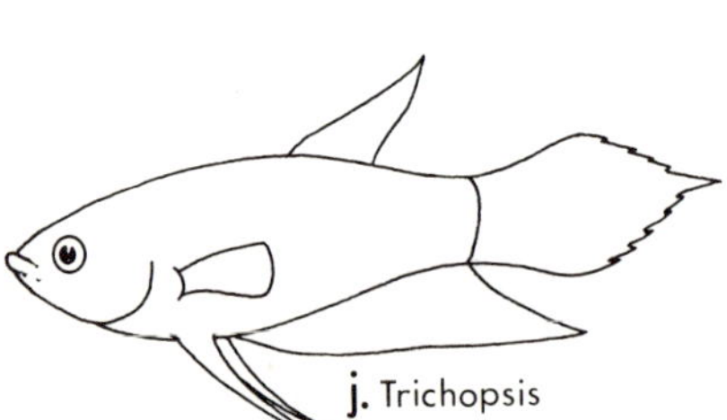

j. *Trichopsis*
Körperform spindelförmig, doch seitlich etwas abgeflacht. Rückenflosse kurz, segelförmig und hinter der Körpermitte angesetzt. Schwanzflosse rautenförmig und hinten in der Mitte spitz ausgezogen. Afterflosse lang und hinten zugespitzt. Bauchflossen mit stark verlängertem vorderem Hartstrahl.

k. *Helostoma*
Körperform hoch und flach, zum Maul hin gleichmäßig zugespitzt. Lippen wulstig und vorstülpbar. Rücken- und Afterflosse lang und mit deutlich markierten Hartstrahlenspitzen. Bauchflossen ohne verlängerte Strahlen. Brustflossen seht tief am Körper angesetzt.

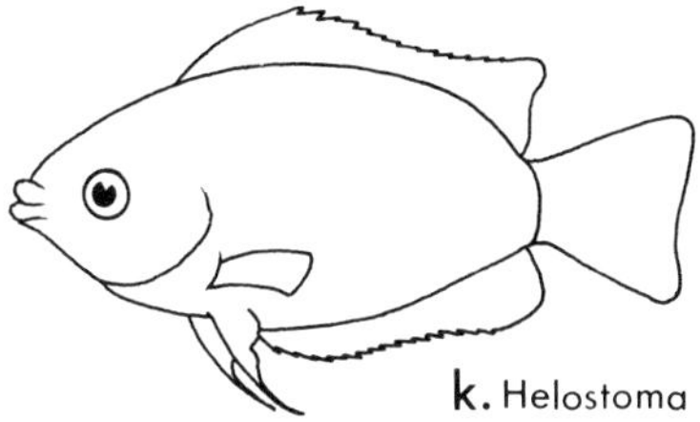
k. Helostoma

l. *Osphronemus*
Körperform längsoval und seitlich stark zusammengedrückt. Rückenflosse kurz mit einem vorderen Ansatz fast exakt auf der Rückenmitte. Afterflosse lang und Schwanzflosse gleichmäßig abgerundet. Der tragende Strahl der Bauchflossen ist stark verlängert und reicht angelegt bis zur Bauchflossenmitte. Jungfische haben sehr große Augen und eine spitzere Kopfform.

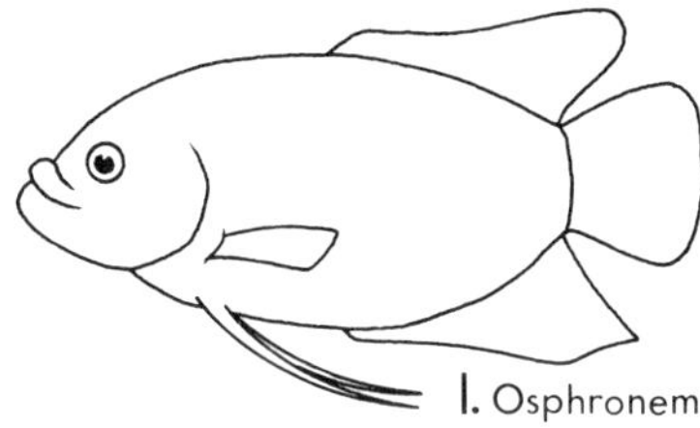
l. Osphronemus

m. *Anabas*
Körperform langgestreckt, Körperquerschnitt hochoval. Rückenflosse länger als Afterflosse. Hartstrahlen in Rücken- und Afterflosse mit deutlich markierten Spitzen. Schwanzflosse und Bauchflossen abgerundet. Der Kiemendeckelrand ist mit zwei kräftigen Dornen versehen.

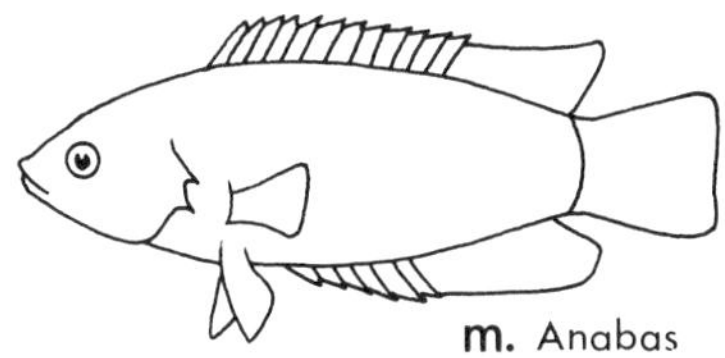
m. Anabas

n. *Ctenopoma*
Körperform hoch bis schlank (je nach Art). Rückenflosse und Afterflosse mit deutlich verlängerten Hartflossenstrahlen. Rückenflosse länger als Afterflosse. Schwanzflosse abgerundet. Bauchflossen mäßig ausgezogen oder abgerundet. Kiemendeckelrand mit in der Regel zwei kräftigen Dornen, bei manchen Arten kommen doch Exemplare mit einer größeren Anzahl von Dornen vor. Augen auffällig groß.

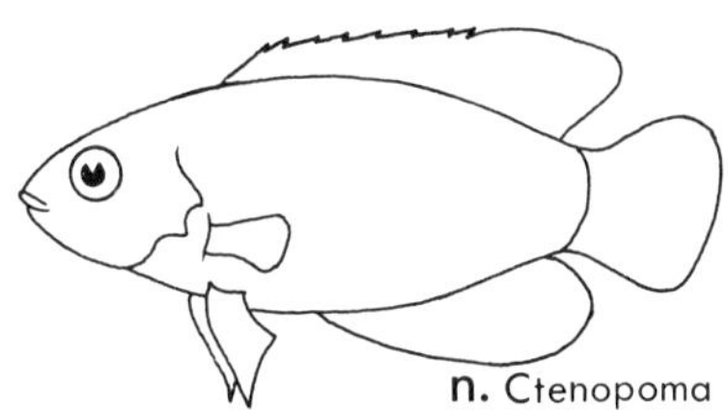
n. Ctenopoma

o. *Sandelia*
Körperform schlank. Rücken- und Afterflosse hinten zugespitzt. Schwanzflosse abgerundet. Der Bauchflossenansatz liegt deutlich hinter dem Brustflossenansatz. Maul sehr tief gespalten. Kiemendeckelrand mit zwei Dornen versehen.

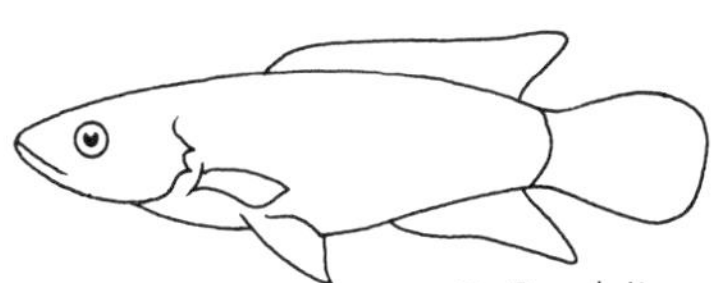
o. Sandelia

Die Namensgebung

Wissenschaftliche Namen erhalten Tiere und Pflanzen nach genau festgelegten Regeln. Sowohl die Ausformung des Namens wie die Anwendung der verschiedenen Namenkomponenten unterliegen international verbindlichen Vorschriften, deren Einhaltung von der ‚Internationalen Nomenklaturkommission‘ überwacht wird. Das bei der wissenschaftlichen Namensgebung angewandte System geht in seinen Grundzügen auf den schwedischen Naturforscher Carl von Linné zurück und wurde von ihm in der zehnten Auflage seines Werkes ‚Systema Naturae‘ angewandt. Dieses Werk führte 1758 erstmals eine einheitliche Namensgebung für das ganze damals bekannte Tierreich durch. Kleinste Einheit dieses Systems ist die Art. Jede Art erhält zwei Namen (binäre Nomenklatur). Der erste Name ist der Name der Gattung, der zweite Name ist der Artname. Ein eventuell nach dem Gattungs- und Artnamen folgender Name bezeichnet eine Unterart, z. B. *Trichogaster trichopterus sumatranus.* In Unterarten werden Arten aufgeteilt, die mehrere deutlich unterscheidbare Formen enthalten. Unterarten einer Art kommen oft geographisch getrennt vor.

Auf Sumatra entdeckte man so z. B. 1933 eine wildlebende blaue Farbform von *Trichogaster trichopterus,* die unter dem Namen *sumatranus* als Unterart beschrieben wurde. Die Art *Trichogaster trichopterus* wurde bereits 1770 als *Labrus trichopterus* beschrieben. Entsprechend den nomenklaturischen Regeln ist der Erstbeschreiber Pallas ‚Autor‘ dieser Art, und sein Name und die Jahreszahl der Erstbeschreibung wird hinter dem Namen angegeben – *Trichogaster trichopterus* (Pallas, 1770). Die Tatsache, daß der Autorname in () steht, macht darauf aufmerksam, daß die beschriebene Art zu einem späteren Zeitpunkt einer anderen Gattung zugestellt wurde. Bei Arten, die in der Gattung geführt werden, in die der erste Autor sie stellte, wird der Autorname ohne () angegeben. Erfolgt eine Aufteilung in mehrere Unterarten, so wird die Form, die der Artbeschreibung zugrunde lag, ‚Nominatform‘. Die Nominatform ist daran erkenntlich, daß bei ihr Artname und Unterartname identisch sind; im vorliegenden Beispiel: *Trichogaster trichopterus trichopterus* (Pallas, 1770). Die blaue Unterart wird korrekt als *Trichogaster trichopterus sumatranus* Ladiges, 1933 bezeichnet.

Der einer Art in der Erstbeschreibung gegebene Artname liegt fest und darf nicht geändert werden (Prioritätsregel). Dagegen kommt es häufig vor, daß ein gut bekannter Aquarienfisch in eine andere Gattung überführt wird. Derartige Änderungen sind jedoch nicht, wie manche Aquarienfreunde glauben, ein Spleen einzelner Systematiker, sondern der Niederschlag fortlaufender Forschungsarbeit.

Verhalten

Grundverhalten

Das Grundverhalten (Allgemeinverhalten) eines jeden Tieres wird von zwei wichtigen Faktoren bestimmt, von seiner Nahrung und von seinen Feinden. Daneben können noch bestimmte Milieufaktoren – bei Fischen z. B. Trockenperioden – Auslöser bestimmter Verhaltensmuster sein.
Um zu überleben, muß der Fisch Nahrung erbeuten und sich vor seinen Feinden schützen. Die Labyrinthfische erkennen ihre Nahrung vorwiegend visuell, d. h. mit den Augen. In freien Gewässern schnappen sich nach allem Wassergetier, welches der Größe ihrer Maulspalte entspricht. Außer Futtertieren wie Insektenlarven, Kleinkrebsen, Fischbrut usw. fressen Labyrinthfische auch tote Nahrung und sind dabei nicht sonderlich wählerisch. Bei den Fadenfischen (*Trichogaster*- und *Colisa*-Arten) spielen die mit Geschmacksknospen versehenen fadenartigen Bauchflossen beim Nahrungserwerb – wenn überhaupt – nur eine untergeordnete Rolle. Diese eigentümlichen kombinierten Tast-, Riech- und Geschmacksorgane dienen weniger dem Erkennen der Nahrung als der Verständigung zwischen Artgenossen beim Territorial- und Paarungsverhalten. Es ist allerdings nicht ausgeschlossen, daß sie auch beim Auffinden toter Futterstoffe von Bedeutung sein können, konkrete Beobachtungen in dieser Hinsicht liegen jedoch nicht vor. Ihrer Natur nach sind die meisten Labyrinthfische carnivor, d. h. Fleischfresser. Manche Arten nehmen außerdem auch pflanzliche Nahrung auf. *Trichogaster*- und *Colisa*-Arten fressen vorwiegend verhältnismäßig kleine Futtertierchen wie Insektenlarven, Wasserflöhe usw. Spezialisiert auf kleinste Futtertiere ist der Küssende Gurami (*Helostoma*), der sich außerdem von Algen ernährt und teilweise auch von absterbenden Pflanzen. Der Riesengurami (*Osphronemus goramy*) dagegen frißt auch höhere Wasserpflanzen. Diese Fische können innerhalb kurzer Zeit den gesamten Wasserpflanzenbestand sehr großer Aquarien bis auf die Wurzeln abweiden. Dabei ist diese Art aber durchaus kein einseitiger Pflanzenfresser, sondern ein Allesfresser im wahrsten Sinne des Wortes. *Macropodus-*, *Betta-*, *Trichopsis-* und *Belontia*-Arten nehmen auch etwas größere Futtertiere an. Die *Belontia*-Arten zeigen häufig typisches Raubfischverhalten, wie dies auch für *Anabas*- und *Ctenopoma*-Arten gilt. Die letzteren sind jedoch im Gegensatz zu ihren asiatischen Verwandten, die ausgeprägte Tagtiere sind, dämmerungs- beziehungsweise nachtaktiv.
Normalerweise werden frei im Wasser lebende Futtertiere durch kurzes Zustoßen erbeutet und verschluckt. Algen werden abgeweidet und zusammen mit den sich zwischen den Algen befindlichen Kleinlebewesen verzehrt. Um Futterstoffe, die auf der Oberfläche schwimmen, aufzunehmen, saugen manche Labyrinthfische die Oberfläche ab (Futterschöpfen). Dabei stehen die Fische mehr oder weniger schräg an der Oberfläche und saugen von dort

Wasser ein. Dabei werden auch kleinste Nahrungspartikel aufgenommen. Im Aquarium kann man diese Form der Futteraufnahme gut beobachten, wenn man fein zerriebenes Trokkenfutter auf die Oberfläche streut. Daß Futtertiere springend erbeutet werden, ist bei Labyrinthfischen selten, doch kann diese Art des Nahrungserwerbs bisweilen bei *Macropodus-* und *Belontia*-Arten beobachtet werden. Anflug, d. h. Insekten, die auf die Oberfläche des Wassers fallen, fressen alle Labyrinthfische.

Eine äußerst eigentümliche Art des Nahrungserwerbes, das Spucken nach Nahrung über der Wasseroberfläche, wurde erstmalig durch J. Vierke beschrieben und fotografisch dokumentiert. Beobachtet wurde diese Form des Nahrungserwerbes bei *Colisa*-Arten. Die Schützenfische (Toxotidae) haben diese Form des Nahrungserwerbes zu hoher Effektivität entwickelt und ‚schießen' einen Wasserstrahl oder einen Schauer von Wassertropfen auf ein über dem Wasserspiegel sitzendes Insekt. Dabei spucken sie treffsicher über einen Meter weit. *Colisa*-Arten spucken lediglich wenige Zentimeter. Sowohl bei *Toxotes* wie auch bei *Colisa* wird das Wasser durch den Druck der Kiemendeckel stoßartig aus dem Mund gepreßt. Die große Reichweite der Schützenfische beruht auf einer besonderen ‚Schießdüse', die von dem speziell ausgeformten Gaumendach und der Zunge gebildet wird. Bei den *Colisa*-Arten fehlen diese anatomischen Voraussetzungen, ihr Spucken ist daher weitaus weniger wirkungsvoll und dürfte für den Nahrungserwerb wohl nur von untergeordneter Bedeutung sein.

Kleinere Fische haben in der Natur zahlreiche Feinde, sowohl unter wie auch über dem Wasserspiegel. Im Wasser lauern Raubfische auf sie und von oben droht Gefahr durch fischende Vögel und Säuger, einschließlich des Menschen als gefährlichstem ‚Raubtier'. Den wirksamsten Schutz, den die Fische, als Gesamtheit gesehen, gegen all diese Feinde entwickelt haben, ist ihre hohe Vermehrungsquote. Wie wir noch sehen werden, ist sie um so größer, je länger bei einem Jungfisch das Larvenstadium ist. Abgesehen vom artbewahrenden Schutz durch eine hohe Vermehrungsrate, verfügen die Fische jedoch auch als Einzelindividuen über eine Reihe von Verteidigungs- und Schutzmechanismen.

Labyrinthfische, die sich im freien Wasser aufhalten, fliehen, sobald ein Schatten auf die Wasseroberfläche fällt – das bedeutet für sie: Feind von oben: blitzschnell in das Pflanzendickicht oder, falls dieses nicht vorhanden ist, in den Bodenschlamm. Dort verweilen sie eine Zeitlang vollständig unbeweglich. Den mit Pflanzen bewachsenen oder verkrauteten Gewässern sind Labyrinthfische außerdem oft erstaunlich gut farblich angepaßt und dadurch vor Feinden geschützt. Dies gilt bei vielen Arten auch für die in unseren Augen so farbenprächtigen Männchen. Gerade unter Wasser wirken die Streifen und Muster ihrer Zeichnung meist konturauflösend. Manche Arten können lange Zeit in der Deckung größerer Wasserpflanzenblätter vollständig unbeweglich verharren und sich so vor dem suchenden Auge verbergen; im Aquarium kann man dies z. B. gut bei *Trichopsis*-Arten beobachten. Eine weitere Art, die diese Kunst, sich zu verstecken, bis zur Meisterschaft beherrscht, ist *Malpulutta kretseri.* Selbst im Aquarium ist es bei dieser Art oft schwer, die vollständig unbeweglich unter Pflanzenblättern stehenden Fische aufzufinden. Wenn man sie schließlich entdeckt, so wundert man sich immer wieder darüber, wie geschickt sie jeden Winkel, jede Blattwölbung oder auch die Zwischenräume zwischen einzelnen Blättern ausnutzen. Hierzu ist noch zu bemerken, daß *Malpulutta* nur wenig auf Luftaufnahme über das Labyrinth angewiesen ist und lange ohne Luft zu schöpfen unter Wasser verweilen kann.

Auch Schwarmbildung kann eine Form des Schutzes gegenüber Feinden sein. Dichte Schwärme können zumindest aus gewissem Abstand gesehen kompakte größere Formen vorstellen, in denen ein unter Wasser lauernder Räuber den einzelnen Fisch nicht erkennt. Ist dies aber dennoch der Fall, so verwirren bei einem Angriff die nach allen Richtungen auseinanderstiebenden Fische den Angreifer meist so, daß der Beutezug leer ausgeht. Der Schutz durch Schwarmbildung ist also durchaus wirksam, denn soweit bisher untersucht ist, erfaßt das Auge der meisten Fische nur die nähere Umgebung exakt, während es auf größere Entfernung lediglich starke Lichtkontraste und Konturumrisse erkennt. Während der Trockenperioden halten sich manche Labyrinthfischarten in freien Gewässern, vorzugsweise Flüssen, auf. Hier sind insbesondere bei *Colisa-* und *Trichogaster*-Arten ausgeprägte Schwarmbildungen beobachtet worden (Forselius, Vierke u.a.). Auch in sehr großen Aquarien zeigt sich dieses Schwarmverhalten mitunter bei heranwachsenden Jungfischen von *Trichogaster*-Arten. Ein solcher Schwarm führt alle Bewegungen gemeinsam aus, was den Eindruck erweckt, als ob alle Fische einem gemeinsamen Kommando folgen. Auch das Anschwimmen der Oberfläche, um gleichzeitig Luft zu schöpfen, ist so aufeinander abgestimmt, daß fast alle Fische im selben Moment die Oberfläche erreichen und danach schnell wieder nach unten schwimmen.

Daß sich Fische über Land fortbewegen können, ist nicht ganz so ungewöhnlich wie man allgemein glaubt. Durchaus nicht nur die dafür bekannten Schlammspringer gehen an Land, auch etliche Welse, wie z.B. die *Clarias*-Arten, sind dazu in der Lage. Bei Labyrinthfischen kennt man derartige ‚Landwanderungen' bei manchen *Ctenopoma*-Arten und insbesondere beim indischen Kletterfisch (*Anabas testudineus*). Der deutsche Naturforscher Marcus Elieser Bloch (1723–1799), der diese Art erstmalig wissenschaftlich beschrieb, erhielt von einem in Indien tätigen Missionar fünf konservierte Kletterfische zusammen mit folgendem Begleitschreiben: „In Indien haben diese Fische verschiedene Namen (Undi-colli, Pauni-eri oder Noza-gri); diese Namen haben etwa die Bedeutung ‚Baumkletterer'. Mit ihren sägeartigen Kiemendeckeln und scharfen Flossen klettern sie auf die dem Ufer nahestehenden Palmen, während das Regenwasser an ihnen heruntertröpfelt.« Spätere Untersuchungen haben die auf Bäume kletternden Fische in das Reich der Fabel verwiesen, sie wandern jedoch über Land. Trocknet das Gewässer, in welchem sie leben, vollständig aus, so versuchen sie über Land ein anderes Gewässer zu erreichen. Bei diesen nächtlichen Wanderungen können die Fische nachweislich bis zu 200 m in einer Stunde zurücklegen. Um auf dem Trockenen vorwärts zu kommen, bewegt der Fisch seinen Körper ruckartig nach beiden Seiten. Dabei wird die Fortbewegung wirksam von den harten Bauchflossenstrahlen und den zackigen Auswüchsen der Kiemendeckel unterstützt. Es kann davon ausgegangen werden, daß diese Landwanderungen den letzten Ausweg aus einer lebensbedrohlichen Situation darstellen. Auch der Typ des Gewässers, bzw. seine Bodenbeschaffenheit, spielen dabei wahrscheinlich eine Rolle, ob die Fische den Versuch machen die schrumpfende Wasseransammlung zu verlassen oder ob sie es vorziehen, sich in den feuchten Bodenschlamm einzubuddeln. Sowohl *Anabas* wie auch manche *Ctenopoma*-Arten, z. B. *Ctenopoma kingsleyae* und *Ctenopoma multispinnis,* sind sehr wohl in der Lage, Trockenperioden eingebettet im feuchten Bodenschlamm zu überleben. Diese Arten wandern häufig während der mit den Regenzeiten verbundenen Hochwasserperioden aus den Flüssen in weite Überschwemmungsgebiete, um sich dort fortzupflanzen. Beginnen die durch die Überschwemmungen gebildeten Wasserflächen zu schrumpfen, so werden häufig Fische in kleinen Tümpeln und Wasserlöchern eingeschlossen. Bei den genannten Arten sind Landwanderungen – immer in Richtung auf den Fluß – beobachtet worden, doch dürfte es derartige Wanderungen auch bei manchen anderen *Ctenopoma*-Arten geben. Es kommt aber auch vor, daß diese Fische, tief im Schlamm vergraben, die nächste Regenperiode abwarten.

Bei einigen Labyrinthfischen sind Landwanderungen ein Bestandteil ihres normalen Verhaltens. Die überwiegende Mehrheit der Labyrinthfische verläßt jedoch ihr wirkliches Lebenselement, das Wasser, nie. Sie sind somit keine ‚Kletterfische' im eigentlichen Sinne. Daher ist es eine unglückliche und wenig präzise Namenswahl, wenn in der aquaristischen Literatur Labyrinthfische analog zu ihrer wissenschaftlichen Familienbezeichnung (Anabantidae) als ‚Kletterfische' bezeichnet werden. Es wäre besser, es bei dem überlieferten Namen ‚Labyrinthfische' zu belassen.

Revier- und Kampfverhalten

Die verschiedenen Phasen des Revier- und Kampfverhaltens sind bei Labyrinthfischen meist an ihre Vermehrung gekoppelt, aggressives Verhalten aus anderen Anlässen ist selten. Nur während der Fortplanzungsperioden bilden brutpflegende Labyrinthfischmännchen Reviere, das heißt durch symbolische Grenzen markierte Zonen, in denen außer paarungsbereiten Weibchen sonst kein Artgenosse geduldet wird. Auch andere Fische werden energisch aus den Reviergrenzen vertrieben, doch ist die Toleranz gegenüber fremden Arten oft größer als gegenüber der eigenen Art. Die Tendenz, daß die eigene Art ‚Feindfaktor Nr. 1' ist, wie man bei fast allen brutpflegenden Fischen beobachten kann, gilt auch für Labyrinthfische. Männchen, die ihr Revier verteidigen, greifen auch größere Fische entschlossen an. Bei einem Streit mit einem Artgenossen zieht der Eindringling fast immer den kürzeren, auch wenn er wesentlich größer ist. Die stärkere Motivation des Revierverteidigers gibt dabei den Ausschlag. Wieviel Raum die Männchen der schaumnestbauenden Arten jeweils für ihr Revier beanspruchen, ist von Art zu Art verschieden und weitgehend auch von der Beschaffenheit des Gewässers (oder Aquariums) abhängig. Bei einem sehr dichten Pflanzenbestand und den damit verbundenen zahlreichen Deckungsmöglichkeiten können die einzelnen Reviere recht klein sein; in pflanzenfreiem Wasser sind sie erheblich größer. In einem nicht allzu kleinen Aquarium, das vor allem eine möglichst große Oberfläche besitzen sollte, können verschiedene Männchen mehrere Reviere nebeneinander bilden. Setzt man beispielsweise in ein Aquarium mit dichter Bepflanzung, das eine Oberfläche von 100 × 50 cm aufweist, mehrere Männchen von *Macropodus opercularis,* so können sie dort vier oder sogar fünf Nester anlegen. Ist dagegen der Pflanzenwuchs schütter oder fehlt er gänzlich, so kommt es im besten Falle zum Bau von zwei Nestern, die so weit wie möglich voneinander entfernt gebaut werden. Kommen im dicht bepflanzten Aquarium zwei oder drei überzählige Männchen nun nicht zum Nestbau, so können sie sich dennoch ziemlich frei im Aquarium bewegen; von den revierhaltenden Männchen werden sie nur dann angegriffen, wenn sie direkt sichtbar werden, und haben dann die Möglichkeit sich schnell zwi-

Ein Reisfeld etwa 10 km östlich von Bangkok (Thailand). Überall in Südostasien sind Reisfelder der Lebensraum zahlreicher Labyrinthfische. Wenn die Regenzeit beginnt, dringen die Fische in die überfluteten Reisfelder ein, um sich in diesem warmen Wasser fortzupflanzen.

schen den Pflanzen zu verbergen. Fehlt dagegen der Pflanzenwuchs, ist die Situation etwas anders. Die nicht zu einer Revierbildung gekommenen Männchen können sich nicht verbergen und werden verfolgt, wobei es bei den ausgeprägt aggressiven Arten auch vorkommen kann, daß sie getötet werden.

Bei einer sehr großen Anzahl von Fischen (Überbesatz) kommt es zu keiner Revierbildung. Labyrinthfische, die in größeren Aquarien mit nur spärlichem Pflanzenwuchs gehalten werden, bilden in größerer Anzahl nicht selten typische Schwärme, ein Verhalten, das ihren Gewohnheiten in der Natur außerhalb der Fortpflanzungsperiode entspricht.

Bei maulbrütenden Arten ist das Revierverhalten wenig ausgeprägt und wenn überhaupt, dann nur kurzfristig zu erkennen. Diese Fische kann man längere Zeit im Aquarium pflegen und auch vermehren, ohne daß man eine wirkliche Revierbildung beobachten kann. Befinden sich z. B. mehrere Männchen von *Betta taeniata* im gleichen Aquarium, so ist in der Regel nur eines von ihnen dominant und zeigt dies durch seine Balzfärbung an. Die übrigen Männchen zeigen eine Färbung und Zeichnung, die weitgehend derjenigen der Weibchen ähnelt, und werden vom dominanten Männchen nicht behelligt.

Eine eigentümliche Form aggressiven Verhaltens läßt sich mitunter bei heranwachsenden Jungfischen von Guramis (*Osphronemus goramy*), Schaufelfadenfischen (*Trichogaster pectoralis*) und Mondscheinfadenfischen (*Trichogaster microlepis*) beobachten, bei denen stärkere Jungfische schwächere Exemplare systematisch verfolgen. Bei Guramis kommt es dabei vor, daß stärkere Jungfische kleinere Exemplare mit gegen die Körperseiten gerichteten Rammstößen töten. Diese Form der Aggressivität verschwindet mit zunehmendem Alter nach und nach.

In der Natur dürfte es kaum vorkommen, daß Männchen bei Revierkämpfen getötet werden. Im Aquarium jedoch müssen die Fische gut überwacht werden, wenn man tragische Verluste vermeiden will.

Auch wenn man nicht beabsichtigt, Fische nachzuzüchten, sollte man zumindest in kleineren Aquarien überzählige Männchen besonders aggressiver Arten aus dem Aquarium entfernen, sobald das dominante Männchen mit dem Nestbau beginnt. Es bestehen jedoch bedeutende Unterschiede im Grade der Aggressivität zwischen den einzelnen Arten. Selbst Arten, die nahe miteinander verwandt sind, können sich in dieser Hinsicht unterschiedlich verhalten. So ist, um nur ein Beispiel zu nennen, der Makropode (*Macropodus opercularis*) bei der Revierbildung oft deutlich aggressiver als der Schwarze Makropode (*Macropodus concolor*).

Kommt es zu einem Kampf zwischen etwa gleichstarken Männchen, so versuchen die beiden Gegner zunächst einmal ihren Widersacher durch Imponiergebaren einzuschüchtern. Dabei geht das Bestreben darauf hinaus, möglichst groß zu erscheinen. Alle Flossen werden so weit wie nur möglich gespreizt. Manche Arten spreizen auch die Kiemendeckel, wodurch der Kopf, von vorne gesehen, dann noch wesentlich größer wirkt. Nur selten gehen die Gegner schon aus dieser Drohstellung heraus direkt zu einem Angriff über. In der Regel nehmen die Gegner nach einleitender Drohstellung, Kopf gegen Kopf, eine Posi-

Oben: Ein natürlicher sogenannter „Klong“ in der näheren Umgebung von Bangkok. Diese Wasserläufe sind ausgezeichnete Transportwege und gleichzeitig der Aufenthaltsort vieler Fische. Fischfang mit einem Wurfnetz wird überall angewandt, und verschiedene Labyrinthfische sind in Thailand ein wichtiger Nahrungsbestandteil.
Unten: In den größeren Wasserläufen fängt man in Thailand Labyrinthfische mit großen Senknetzen. Auch Schlangenkopffische sind dort begehrt.

tion nebeneinander ein, entweder Kopf neben Kopf oder Schwanz neben Kopf. Dabei versuchen sie, mit heftigen Körperbewegungen und Schwanzschlägen Wasserwogen gegen ihren Gegner zu schleudern, ein Verhalten, das in ähnlicher Form von vielen anderen Fischen ebenfalls bekannt ist. Irgendwelche Schäden fügen sich die Fische dabei kaum zu. Der Sinn dieser Stärkedemonstrationen dürfte darin liegen, dem Gegenüber – der ja die Stärke der Wogen mit seinen Sinnesorganen registriert – über die eigene Stärke zu unterrichten. Nicht selten wird der Kampf in dieser Phase abgebrochen, da der schwächere Teil aufgibt und flieht. Kommt es zu einer Weiterführung des Kampfes, so umkreisen sich die Fische und versuchen dabei, den Gegner in die Schwanzflosse zu beißen. Das bisher beschriebene Verhalten der Kampfeinleitung stimmt in groben Zügen bei allen Labyrinthfischen überein. Im weiteren Kampfverlauf bestehen zwischen den verschiedenen Gattungen gewisse Unterschiede. *Belontia, Macropodus, Trichogaster* und manche *Betta*-Arten wechseln von diesem Kreiselschwimmen meist zum Maulkampf über. Dabei gehen die Gegner mit weit geöffnetem Maul aufeinander los und versuchen, sich an der Oberlippe des Gegners festzubeißen. Die Angehörigen der *Trichogaster*-Arten belassen es meist bei kurzen Bissen und unterbrechen den Kampf, um Luft zu schöpfen. *Belontia* und *Macropodus* dagegen verbeißen sich fest und versuchen den Gegner am Luftschöpfen zu hindern. Normalerweise wird der Kampf spätestens in dieser Phase entschieden; der schwächere Teil legt seine Flossen an und flieht. In der Natur – und auch in größeren und gut bepflanzten Aquarien – trägt der unterlegene Teil kaum ernsthafte Schäden davon. In einem kleinen Aquarium dagegen ist eine Flucht nicht möglich, und dem bis dahin normalen Kampf folgt eine tragische, unnatürliche Fortsetzung. Besonders bei *Macropodus* und *Belontia* kann unter solchen Umständen das stärkere Männchen seinen Gegner durch wiederholte Rammstöße gegen die Körperseiten schwer verletzen. Todesfälle sind nicht auszuschließen.

Bei vielen Labyrinthfischarten ist jedoch das Kampfverhalten in seinen Einzelphasen nicht eindeutig festgelegt. Gewisse Momente können ausgelassen werden oder auch mehrere Male wiederholt werden. Häufig erfolgen die einzelnen Kampfphasen derartig schnell hintereinander, daß es schwerfällt, sie exakt zu unterscheiden. Vergleicht man beispielsweise das Kampfverhalten von *Trichogaster* und *Colisa*, so ergibt sich eine weitgehende Übereinstimmung im eigentlichen Verlauf. Während sich aber die einzelnen Phasen bei *Trichogaster* gut gegeneinander abgrenzen lassen, gehen sie bei *Colisa* blitzschnell ineinander über. Man muß dann schon ganz genau beobachten, um überhaupt zu erfassen, was geschieht.

Bei *Trichopsis* spielen wahrscheinlich auch die Laute, die die Fische von sich geben, in der Einleitungsphase von Auseinandersetzungen eine Rolle. Schwächere Männchen des Knurrenden Guramis (*Trichopsis vittatus*) lassen sich oft erst gar nicht auf einen Kampf ein, wenn sie von einem stärkeren Gegner richtig ‚angeknurrt‘ werden. Kommt es aber doch zu einer tätlichen Auseinandersetzung, scheinen Lautäußerungen zu unterbleiben.

Imponiergebaren, ja selbst Angriffshandlungen, gerichtet gegen ein im Revier auftauchendes Weibchen, sind besonders zu Beginn der Revierbildung nicht selten. Insbesondere bei *Colisa, Macropodus* und bei den schaumnestbauenden *Betta*-Arten kommt dies häufig vor, kann aber auch bei anderen Arten beobachtet werden. Diesem Verhalten dürfte eine Kombination von Verwechslung – das plötzlich erscheinende Weibchen wird mit einem Männchen verwechselt – und stark nach außen gerichteter Aggression des revierhaltenden

Männchens zugrunde liegen. Derartige Überschlagshandlungen kommen bei lebhaften und temperamentvollen Arten häufiger vor als bei Arten mit ruhigerem Verhalten. Labyrinthfischmännchen scheinen sich jedoch lediglich im Zusammenhang mit Revierbildung und Grenzmarkierung an ein bestimmtes Kampfritual zu halten. Taucht plötzlich ein Männchen der eigenen Art im Revier auf, nachdem die Paarungen begonnen haben oder Brutpflege ausgeübt wird, so wird es genau wie ein artfremder Fisch unverzüglich angegriffen und verjagt.

Paarungs- und Brutpflegeverhalten

Im Paarungs- und Brutpflegeverhalten der Labyrinthfische bestehen beträchtliche Unterschiede zwischen den einzelnen Gattungen, und oft stimmt auch das Verhalten der Arten einer Gattung nicht vollständig überein. Nach Beschaffenheit und Anzahl der Eier lassen sich alle Labyrinthfische zwei Gruppen zuordnen. Man unterscheidet zwei verschiedene Eitypen, Schwimmeier und Sinkeier. Die Schwimmeier enthalten eine kleine Menge feinst verteilten Öls und sind leichter als Wasser. Im Laufe der Entwicklung sammelt sich dieses Öl bei den Larven, in Verbindung mit dem Dottersack, zu einem einzigen Tropfen. Auch die noch nicht schwimmfähige Larve ist dadurch leichter als Wasser. Da sich Dottersack und Öltropfen auf der unteren Körperseite der Larve befinden, schwimmt diese mit dem Bauch nach oben. Später teilt sich der Öltropfen, kommt beiderseitig des Körpers zu liegen und ermöglicht so die normale Schwimmlage. Im Laufe der ersten Tage nach dem Freischwimmen werden die Ölreste vom Organismus des Jungfisches aufgenommen.
Sinkeiern fehlt dieser Ölgehalt, sie sind daher schwerer als Wasser. Bei Arten mit Sinkeiern, die Schaumnester bauen, werden die bei der Paarung herabsinkenden Eier vom Männchen mit dem Maule aufgesammelt und in das Nest gespuckt. Das Haften der Larven zwischen den Schaumblasen wird durch klebrige Schleimzellen am Kopf der Larven gesichert. Die Brutpflege bei Arten, die Sinkeier legen und Schaumnester bauen, erfordert daher oft mehr Pflegeaufwand als bei schwimmeierlegenden Arten. Schwimmeier entwickeln sich auch ohne Schaumnest frei schwimmend an der Oberfläche, dagegen schlüpfen auf den Boden herabgesunkene Sinkeier oft nicht.
Meist ist die Anzahl der Eier bei sinkeierlegenden Arten kleiner als bei Arten mit Schwimmeiern. Es gibt allerdings auch Ausnahmen, z.B. kann ein Kampffischweibchen (*Betta splendens*) pro Laichabgabe bis zu 500 Sinkeier abgeben. Bei den meisten Arten mit Sinkeiern ist die Zahl der Eier jedoch wesentlich kleiner, in der Regel liegt sie bei 50 bis 150, bei maulbrütenden Arten mitunter sogar noch darunter. Schwimmeierlegende Arten legen eine größere Anzahl Eier, je nach Art von 300 bis 500 bis zu mehreren 1000. Auch innerhalb einer Art können große Unterschiede in der Zahl der Eier pro Laichabgabe je nach Größe des Weibchens vorkommen.
Entwicklungsgeschichtlich haben sich jene Arten, die Sinkeier legen, schon früh von den Arten getrennt, die sich durch Schwimmeier vermehren. Die Ausbildung der unterschiedlichen Brutpflegeformen innerhalb dieser beiden Gruppen ist wahrscheinlich jedoch wesentlich später erfolgt. Bei den Arten mit Schwimmeiern findet man sowohl Freilaicher ohne Brutpflege sowie brutpflegende Arten mit Nestbau, wie auch solche ohne Nestbau. Bei Arten mit Sinkeiern kommen sowohl Schaumnestbauer wie Maulbrüter vor. Bei beiden Linien kann davon ausgegangen werden, daß die Entwicklung von fehlenden oder einfacheren Brut-

pflegeformen zu hochentwickelteren Formen führte. Parallel mit dieser Entwicklung ging auch die Anzahl der Eier zurück. Je effektiver eine Brutpflege ist, um so größer ist der Prozentsatz der zum Schlüpfen kommenden Eier sowie der Jungfische, die ihren ersten Entwicklungsabschnitt überleben. Die Erhaltung einer Art ist bei hocheffektiver Brutpflege bereits mit einer geringeren Anzahl von Eiern gesichert. Bei Arten, wo es aufgrund einer weniger effektiven oder gar fehlenden Brutpflege zu größeren Verlusten während der frühen Entwicklungsphasen kommt, muß die Anzahl der abgegebenen Eier größer sein.
Nur wenn man die verschiedenen bei Labyrinthfischen vorkommenden Brutpflegeformen im Sinne einer übergreifenden Entwicklung versteht, lassen sich einige Eigenheiten ihres Brutpflegeverhaltens sinnvoll erklären. Der Schritt von der Bewachung frei schwimmender Eier zum Schaumnestbau oder der Schritt vom Aufsammeln herabsinkender Eier zum Maulbrüten ist nämlich kürzer als man häufig annimmt. Bei Labyrinthfischen kommen die anschließend beschriebenen Grundmuster bei der Vermehrung vor.

Arten mit Schwimmeiern

1. Freilaicher, die sich nach Abgabe der Eier nicht mehr um diese kümmern und sie oft sogar verzehren. Ein solches Verhalten findet man beim Küssenden Gurami (*Helostoma temminckii*) und bei einigen Arten der Gattung *Ctenopoma.*
2. Bewachung der frei an der Oberfläche des Wassers schwimmenden Eier. Diese Brutpflege findet man bei den *Belontia*-Arten. Es kommt vereinzelt allerdings auch bei normalerweise schaumnestbauenden Arten vor, daß der Nestbau unterbleibt und der frei schwimmende Laich bewacht wird.
3. Gut ausgeführte Schaumnester, die in der Regel lediglich aus Luftbläschen bestehen, bauen *Macropodus*-Arten und die meisten *Colisa*-Arten und *Trichogaster*-Arten. Sehr stabile und durch Einbau von Pflanzenteilen verstärkte Schaumnester bauen *Colisa lalia* und *Trichogaster microlepis.* Der Riesengurami (*Osphromenus goramy*) scheint in Anpassung an die jeweiligen Verhältnisse Nester verschiedener Art sowohl am wie auch unter dem Wasserspiegel zu bauen, auf die noch eingegangen wird.

Arten mit Sinkeiern

1. Bewachung der frei zwischen Wasserpflanzen in Bodennähe abgegebenen Eier. Diese sonst bei Labyrinthfischen unbekannte Brutpflegeform soll nach neueren Freilandbeobachtungen bei der südafrikanischen Gattung *Sandelia* vorkommen. Es liegen doch Angaben darüber vor, daß diese Form der Brutpflege auch bei Arten, die normalerweise Schaumnester bauen, vorkommen kann, wenn diese unter extremen Bedingungen leben (siehe Gattungsbeschreibung von *Pseudosphromenus* Seite 130).
2. Eiablage in Höhlen unter Beteiligung des Weibchens beim Festsetzen der Eier unter dem Höhlendach ohne Schaumnestbau. Bisher beobachtet und fotografisch dokumentiert bei *Parosphromenus deissneri.*
Auch diese Art unterbaut das Gelege später mit Schaumblasen, während andere *Parosphromenus*-Arten bereits vor der Laichabgabe in der Höhle Schaumnester bauen (briefliche Mitteilung von W. Foersch).
3. Schaumnestbau, sowohl am wie auch unter dem Wasserspiegel. Schaumnester unter Wasser werden im Inneren von Hohlräumen, unter gewölbten Pflanzenblättern und ähnlichen Stützpunkten errichtet. Bei gewissen Arten (z. B. *Trichopsis*) werden die Eier in Form von Eipaketen abgesetzt, die jeweils aus mehreren

Eiern bestehen. Beteiligung des Weibchens an der Brutpflege kommt bei manchen Arten vor.

4. Maulbrutpflege durch das Männchen bei maulbrütenden *Betta*-Arten.

5. Maulbrutpflege durch das Weibchen bei *Sphaerichthys*-Arten.

Die wichtigste Aufgabe der Schaumnester beschränkt sich bei Arten mit Schwimmeiern darauf, die Eier auf kleinstem Raum zusammenzuhalten, ihr Auseinandertreiben zu verhindern und so ihre Bewachung zu erleichtern. Damit das Nest nicht abtreibt, wird es häufig an Pflanzenstengeln und ähnlichem verankert. Bei Arten, die Sinkeier legen, hat das Schaumnest darüber hinaus die Aufgabe, ein Herabsinken der Eier zu verhindern.

Nach dem Schlüpfen heften sich die Larven mit ihren Haftorganen meist an den Luftblasen des Schaumnestes an.

Die Ausführung der Schaumnester kann bei den einzelnen Arten recht unterschiedlich sein. Nicht nur, daß es innerhalb einer Art gute und schlechte Nestbauer geben kann, auch andere Faktoren können Größe und Art des Nestes beeinflussen. Ein solcher Faktor ist z. B. das Vorhandensein oder Nichtvorhandensein von Schwimmpflanzen. Zwar kommt eine direkte Verwendung von Pflanzenteilen beim Nestbau nur bei wenigen Arten vor, doch bauen auch Arten, die zum eigentlichen Nestbau keine Pflanzenteile verwenden, ihr Nest gerne unter einem Polster von Schwimmpflanzen. Durch das darunter gebaute Nest hebt sich das Schwimmpflanzenpolster nur wenig an, so daß kaum eine Erhöhung entsteht. Da diese sich jedoch farblich von ihrer Umgebung nicht unterscheidet, ist ein so angelegtes Schaumnest in der Natur von oben nur schwer zu erkennen, und das nestbewachende Männchen ist damit vor Feinden, die über dem Wasserspiegel lauern, geschützt. Ein weiterer, bisher auch in der Fachliteratur wenig beachteter Faktor, der Aussehen und Größe des Schaumnestes beeinflußt, ist die Oberflächenspannung des Wassers. Zwar besteht die Wandung der zum Nestbau verwendeten Luftblasen aus einem sehr haltbaren Speichelsekret, welches von besonderen Zellen im Maule gebildet wird, doch läßt sich durch einen einfachen Versuch leicht feststellen, daß die Schaumblasen desselben Männchens in Wasser mit geringer Oberflächenspannung weniger haltbar sind – und das Nest dementsprechend kleiner ausfällt – als in Waser mit großer Oberflächenspannung. Vergleicht man das Nest, welches vom selben Männchen in einem mineralreichen und mit Schwebestoffen durchsetztem Wasser gebaut wird, mit dem Nest, welches es bei einem folgenden Versuch in einem sehr sauberen und mineralarmen (weichem) Wasser baut, so erweist sich das Nest des ersten Versuches (= Wasser mit großer Oberflächenspannung) nicht nur als größer und dichter in seiner Struktur, seine einzelnen Blasen sind auch wesentlich haltbarer.

Abhängig von lokalen Verhältnissen kommt es bei einigen Arten auch zu ganz unterschiedlichen Ausführungen des Nestes. So baut der Riesengurami (*Osphronemus goramy*) nach Angaben von Bhimachar, David und Muniapp in manchen indischen Gewässern ein kugelförmiges Nest mit einem seitlichen Eingang. Dieses Nest wird aus Pflanzenteilen, Schaum und Schlammpartikeln unter dem Wasserspiegel gebaut. Für einen Fisch mit Schwimmeiern, wie den Gurami, ist dies eine ungewöhnliche Bauweise. Schaumnester, die unter dem Wasserspiegel angelegt werden, kennt man sonst lediglich bei einigen Arten, die Sinkeier legen. Es ist jedoch unsicher, ob die Nestbauweise unter dem Wasserspiegel beim Gurami die Regel ist, oder eine Ausnahme darstellt. Aus anderen Gewässern sind bei dieser Art große, mit Pflanzenteilen durchsetzte Schaumnester

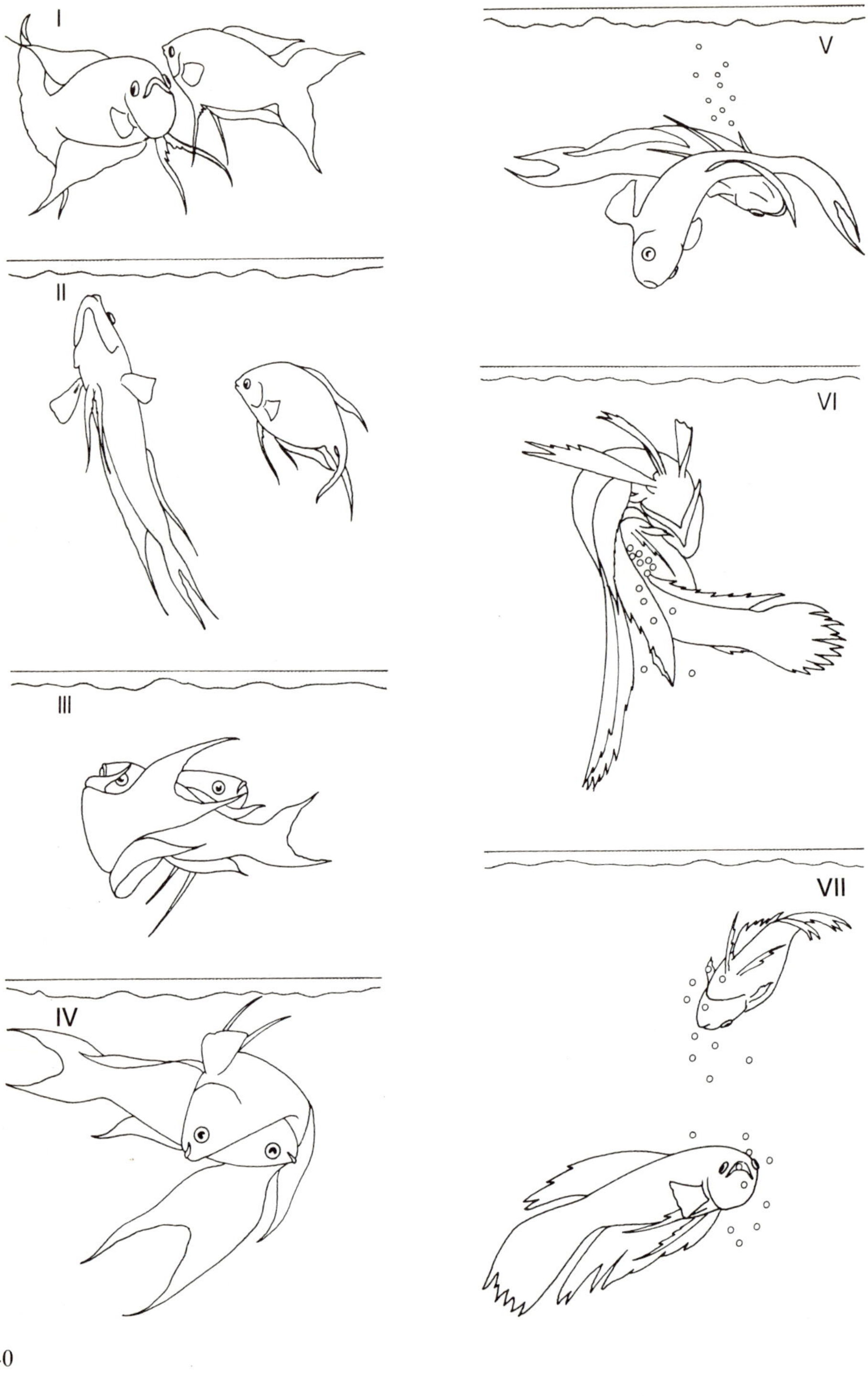
I
II
III
IV
V
VI
VII

beschrieben worden. Auch bei den bisher in Europa bekanntgewordenen Nachzuchten (Carbonnier, Matte, Kunth u.a.) wurden lediglich solche Schaumnester gebaut. Es ist jedoch nicht ungewöhnlich, daß bei Arten mit großen Verbreitungsgebieten – und entsprechend unterschiedlichen Lebensbedingungen – verschiedene Formen der Nestbauweise vorkommen. Besonders bei Arten, die Sinkeier legen, ist es ganz normal, daß das Nest entsprechend den jeweiligen Umständen entweder unterhalb des Wasserspiegels oder an der Oberfläche gebaut wird, z. B. bei Arten wie *Betta imbellis, Pseudophromenus cupanus* oder *Malpulutta kretseri.*

Maulbrütende *Betta*-Arten laichen ohne vorherigen Nestbau meist in Bodennähe. Die abgegebenen Eier werden vom Männchen im Maul gezeitigt. Häufig ist es jedoch das Weibchen, das nach erfolgter Paarung jeweils die Eier aufsammelt und diese dem Männchen zuspuckt, ehe es zu einer weiteren Paarung kommt.

Eine andere Form der Maulbrutpflege kommt beim Schokoladengurami (*Sphaerichthys osphromenoides*) vor. Bei dieser Art ist das Weibchen Maulbrüter. Möglicherweise kommen hier verhaltensmäßige Rückschläge (ethologische Atavismen) auf entwicklungsmäßig frühere Brutpflegeformen vor. Normalerweise erfolgt die Paarung und Eiabgabe in Bodennähe. Die Eier werden vom Weibchen mit dem Maule aufgenommen und verbleiben dort bis zu ihrer Zeitigung. Diese Form des Ablaichens ist mehrfach beschrieben worden und konnte durch H. J. Richter auch fotografisch dokumentiert werden. Unzweifelhaft kommen bei dieser Art mitunter auch Ansätze zu einem Schaumnestbau vor. Selber konnte ich mehrere Male ein ‚symbolisches Schaumspucken' als Einleitung des Paarungsspieles beobachten und sogar, daß einzelne Eier in diesen Schaum ausgespuckt wurden. Diese Eier wurden allerdings, soweit sich das feststellen ließ, wieder aufgenommen und vom Weibchen im Maule gezeitigt.

Umweltbedingte Abweichungen des Brutpflegeverhaltens sind bei Fischen nicht selten. Daß derartige Abweichungen im Aquarium nicht so oft beobachtet werden, ist darauf zurückzuführen, daß die Aquarienbedingungen, trotz aller Unterschiede von Aquarium zu Aquarium, viel einheitlicher sind als die natürlichen Verhältnisse innerhalb des Verbreitungsgebietes einer bestimmten Art. Beim Schokoladengurami ist in diesem Zusammenhang zu bedenken, daß diese Art ein großes Verbreitungsgebiet hat, das nicht nur die Insel Sumatra, sondern auch weite Teile der Malaiischen Halbinsel umfaßt. Innerhalb dieses Gebietes dürften nicht nur die Lebensbedingungen dieser Fische erheblich voneinander abweichen, vielmehr kommt dort auch eine Anzahl räumlich getrennter Populationen vor. Dabei ist die Entwicklung der Inselpopulationen schon sehr lange von der Entwicklung der Festlandpopulationen getrennt gewesen. So findet man zumindest bei manchen importier-

Bei Schwimmeier legenden Arten (wie hier z. B. bei *Macropodus opercularis*) lockt das Männchen durch Imponiergehabe und Voraufschwimmen (I) das Weibchen unter das Schaumnest (II). Das Weibchen schwimmt an das seitlich sich zusammengekrümmte Männchen heran (III) und wird vom Männchen so gedreht, daß es mit dem Bauch noch oben zu liegen kommt (IV). Die in dieser Lage abgegebenen Eier steigen, da sie leichter als Wasser sind, von selbst in das Schaumnest empor, sowie sich die Fische aus der Umklammerung lösen (V).
Bei schaumnestbauenden Arten, die Sinkeier legen (wie hier z. B. bei *Betta splendens*), sinken die abgegebenen Eier zunächst entlang der Afterflosse des Männchens nach unten (VI) und werden von dem sich zuerst aus der Umklammerungsstarre lösenden Männchen mit dem Maule aufgesucht und in das Nest gespuckt (VII).

ten Fischen – ihre genauere Herkunft ist ja leider meist unbekannt – noch rudimentäre Reste eines älteren Brutpflegeverhaltens. Setzt man voraus, daß sich die eine Brutpflegeform (Maulbrutpflege) im Laufe der Entwicklung aus einer anderen Brutpflegeform (Sinkeierpflege im Schaumnest) herausgebildet hat, so läßt sich auch ein Vorhandensein von Übergängen zwischen diesen Brutpflegeformen nicht ausschließen. Auf Einzelheiten der in diesem Zusammenhang angestellten Beobachtungen wird noch bei der Artbeschreibung von *Sphaerichthys osphromenoides* eingegangen.

Schaumnestbauende Männchen dulden während des Nestbaues keine anderen Fische in unmittelbarer Nähe des Nestes, und selbst Weibchen der eigenen Art werden meist vertrieben. Doch kommen selbst bei den Schwimmeier produzierenden Arten in dieser Hinsicht beträchtliche Unterschiede vor. Während die Männchen der *Trichogaster-* und *Colisa-*Arten die sich nähernden Weibchen der eigenen Art umgehend verjagen, dulden Makropoden in der Regel das Weibchen auch während des Nestbaues in unmittelbarer Nähe des Nestes. Das Verhalten des Männchens gegenüber dem sich nähernden Weibchen ist jedoch nicht immer vom Zustand des Nestes abhängig. Taucht nämlich plötzlich ein gerade laichreifes und ableichbereites Weibchen auf und macht sich dem Männchen durch einen Stups mit dem Maule in die Körperseite bemerkbar, so kann es selbst bei manchen *Trichogaster-* und *Colisa-*Arten (z. B. *Trichogaster trichopterus* und *Colisa fasciata*) zum Ablaichen in einem erst begonnenen Nest oder sogar ohne Nest kommen. Der fehlende Nestbau wird in diesem Falle zwischen den einzelnen Paarungen sowie nach Abschluß des Laichgeschäftes vom Männchen nachgeholt. Bei Arten mit Schwimmeiern kann es durchaus vorkommen, daß Weibchen während des Laichgeschäftes mit mehreren Männchen ablaichen und dabei von Nest zu Nest schwimmen. Noch häufiger kommt es sogar vor, daß ein Männchen mit zwei Weibchen kurz hintereinander ablaicht. Dieses Laichverhalten ohne bestimmte Paarbildung läßt sich im Aquarium nur in sehr großen Behältern beobachten, dürfte aber in der Natur zumindest bei *Colisa-* und *Trichogaster-*Arten nicht ungewöhnlich sein. Bei *Macropodus-*Arten und bei allen schaumnestbauenden Arten mit Sinkeiern scheinen solche Partnerwechsel während des Laichgeschäftes nicht vorzukommen. Eine wirkliche Paarbildung mit beiderseitiger Beteiligung an der Brutpflege findet man bei den Arten der Gattung *Belontia.* Bei allen anderen Arten – *Sphaerichthys* ausgenommen – ist das Männchen der brutpflegende Teil (Vaterfamilie). Doch kommen innerhalb der Gattungen *Macropodus* und *Pseudosphromenus* zuweilen Ansätze einer Beteiligung des Weibchens an der Brutpflege vor.

Das eigentliche Paarungsverhalten weist bei allen Labyrinthfischen, unabhängig von der Brutpflegeform, gemeinsame Züge auf. Den eigentlichen Paarungen geht in der Regel ein Vorspiel mit einer Anzahl von Scheinpaarungen voraus, das sind Paarungen, bei denen keine Eier abgegeben werden. Paarungsbereite Männchen werben mit ausgespreizten Flossen um das Weibchen und versuchen, es unter das Schaumnest oder an eine bestimmte Ablaichstelle zu locken. Ihre Laichbereitschaft zeigen die Weibchen dadurch an, daß sie schnell an das Männchen heranschwimmen und es in die Körperseite stoßen. Diese Form einer ‚Signalgebung' kommt nicht nur bei schaumnestbauenden Arten vor, sondern selbst bei freilaichenden Arten wie *Helostoma temmincki.* Die direkte Berührung geht nach einigen Versuchen in die erste Scheinpaarung über, bei der zwar das Männchen das Weibchen umschlingt, bei der aber noch keine Eier abgegeben werden. Die Umschlingung bei der Paarung ist für Labyrinthfischen typisch. Nachdem das Weibchen seitlich an das Männchen herangeschwommen ist, krümmt sich dieses zunächst etwas in seitlicher Richtung und legt sich dann bogenförmig um das Weibchen herum, so daß seine Körperseite gegen den Bauch des Weibchens zu liegen kommt. Auf diese Weise liegen die Genitalöffnungen beider Fische dicht beieinander. Die meist recht große Afterflosse des Männchens dient bei Arten mit Sinkeiern außerdem als Brems- und Auffanganordnung für die herabsinkenden Eier. Bei allen schaumnestbauenden Arten wird nämlich das Weibchen während der Paarung herumgedreht. Zu diesem Zweck führen die Fische eng umschlungen eine Drehung aus, bei der das Weibchen mit seiner Bauchseite nach oben zu liegen kommt und das Männchen bogenförmig darüber liegt. In dieser Lage werden die Geschlechtsprodukte abgegeben, wobei in dieser Stellung die Befruchtung fast aller abgegebenen Eier gesichert ist; der Prozentsatz unbefruchteter Eier ist normalerweise bei allen Labyrinthfischen äußerst gering. Das Männchen zeigt die Abgabe des Spermas durch ein kurzes Zittern an, direkt danach wird vom Weibchen eine Anzahl von Eiern ausgestoßen. Bei Arten mit Schwimmeiern steigen die Eier nach ihrer Abgabe zur Oberfläche auf, d. h. in der Regel in das darüberliegende Schaumnest. Lediglich die Eier, die das Schaumnest nicht erreichen, werden vom Männchen mit dem Maule aufgesammelt und in das Nest gespuckt. Bei schaumnestbauenden Arten mit Sinkeiern sinken die Eier nach unten, dies wird jedoch meist durch die gekrümmte Afterflosse des Männchens verhindert oder gebremst. Sowie sich das Männchen aus der Starre der Umklammerung löst, beginnt es die Eier mit dem Maule aufzusammeln, nach oben zu tragen und in das Nest zu spucken.

Zwischen den sinkeierlegenden Arten kommen in dieser Hinsicht bedeutende Unterschiede vor. Während z. B. bei Spitzschwanzmakropoden die Weibchen oft eifriger die Eier zum Nest tragen als die Männchen, werden die Weibchen von Kampffischen häufig zwischen den einzelnen Paarungen davongejagt und dürfen sich dem Nest erst wieder nähern, wenn alle Eier gut zwischen den Schaumblasen verstaut sind. Die Paarungen werden solange wiederholt, bis der Eivorrat des Weibchens erschöpft ist. Während eines Ablaichens kann es je nach Art, aber auch nach Größe des Weibchens, zu 5 bis 25 Paarungen kommen.

Bei freilaichenden Arten wie auch bei maulbrütenden Arten erfolgt die Umschlingung bei der Paarung in normaler Lage, d. h. das Weibchen wird meist nicht mit dem Bauche nach oben gedreht. Während sich freilaichende Arten wie *Helostoma temmincki* oder manche *Ctenopoma*-Arten nach dem Ablaichen nicht mehr um ihre Eier kümmern, werden die Eier bei maulbrütenden Arten nach jeder Paarung aufgesammelt und vom maulbrütenden Elternteil zur Zeitigung ins Maul genommen. Die Anzahl der abgegebenen Eier bei diesen entwicklungsmäßig entgegengesetzten Vermehrungsformen – fehlende Brutpflege einerseits, hochentwickelte Maulbrutpflege andererseits – spiegelt sehr gut die Effektivität der hochentwickelten Brutpflege wieder. Während die Weibchen von *Helostoma temmincki* und die der nichtbrutpflegenden *Ctenopoma*-Arten 10–25 000 Eier bei einer Laichabgabe legen, beträgt die Eianzahl bei den maulbrütenden Arten 30 bis 150.

Bei allen Schaumnestbauern wird das Nest nach abgeschlossener Laichabgabe vom Männchen bewacht und fortlaufend durch neue Schaumblasen ausgebessert. Häufig kommen dabei die Eier nach einigen Stunden ganz oben im Schaumnest zu liegen. Die entsprechenden Einzelheiten werden bei den Artbeschreibungen erwähnt.

Sowie die Jungfische frei zu schwimmen beginnen, was meist am dritten bis fünften Tage nach dem Ablaichen der Fall ist, findet die Brutpflege ihr Ende. Daß Männchen ihre Jungfische länger zu bewachen versuchen, gehört zu den Ausnahmen. Bei maulbrütenden Arten hält sich der eiertragende Elternteil dicht unter der Oberfläche im dichten Pflanzengewirr auf, bis die freischwimmenden Jungfische aus dem Maul entlassen werden. Daß Jungfische, die das Maul einmal verlassen haben, erneut ins Maul genommen werden, scheint nicht vorzukommen.

Über die Fortpflanzungsgewohnheiten der Hechtköpfe (Luciocephalidae) ist nichts genaueres bekannt. Als sicher kann man annehmen, daß diese Fische Maulbrüter sind; eine geglückte Vermehrung im Aquarium ist bisher nocht nicht bekannt geworden.

Das Paarungs- und Brutpflegeverhalten der Schlangenkopffische (Channidae) zeigt Ähnlichkeit mit dem mancher Labyrinthfische. Die Paarung erfolgt dicht unter der Oberfläche, dabei umschlingt das Männchen das Weibchen bogenförmig und wendet es mit dem Bauch nach oben. Schlangenkopffische legen Schwimmeier, und die an der Oberfläche schwimmenden Eier werden bis zum Freischwimmen der Jungfische vom Männchen zusammengehalten und bewacht.

Nach neueren Beobachtungen kommt auch bei einer Schlangenkopffischart Maulbrutpflege vor.

Haltung

Haltung im Gesellschaftsaquarium

Viele Arten von Labyrinthfischen lassen sich gut zusammen mit anderen Fischen in sogenannten Gesellschaftsaquarien halten. Selbst in Aquarien, deren Hauptbesatz aus nur wenigen Zentimeter langen Fischen besteht, können einige verhältnismäßig große Labyrinthfische wie z. B. manche *Trichogaster*-Arten gehalten werden. Auf die Dauer geht dies jedoch nur dann gut, wenn das Aquarium ein Mindestvolumen von 150 l hat, gut bepflanzt ist und möglichst auch noch andere Versteckplätze, z. B. Wurzelstöcke oder ähnliches aufweist. Schaumnestbauende Labyrinthfische, die in guter Verfassung sind, laichen nämlich auch in Gesellschaft anderer Fische, die anderen Fische müssen dann jedoch Gelegenheit haben auszuweichen oder sich zu verstecken.

Von den regelmäßig im Handel angebotenen Arten lassen sich alle Trichogaster, Colisa und Trichopsis ohne Einschränkung auch mit kleineren Fischen zusammen halten. Von den größeren Arten ist der Küssende Gurami (*Helostoma temminckii*) selbst kleinsten Fischen gegenüber ausgesprochen verträglich. Da diese Art neben kleinsten Futtertierchen und Trokkenfutter gerne Algen frißt, die mit aufgeworfenen Lippen von Pflanzen und Scheiben abgeweidet werden, ist sie auch als Algenbekämpfer einzusetzen. In einem Aquarium, das Küssende Guramis beherbergt, sehen alle Blattpflanzen stets wie ‚abgeleckt' aus. Bei Makropoden dagegen ist immer Vorsicht angebracht. Zwar gibt es unter ihnen ausgesprochen friedliche Exemplare, aber bisweilen auch richtige Marodeure. Mit Fischen, die wesentlich kleiner sind als sie selbst, sollte man Makropoden nie vergesellschaften. Jedoch kann man ein einzelnes paar Schleierkampffische (*Betta splendens*) für einige Zeit meist ohne Probleme zusammen mit kleineren Fischen halten. Besonders alt werden Schleierkampffische jedoch nicht, und es gilt schon als zufriedenstellend, wenn ausgewachsen eingekaufte Kampffische 8 bis 10 Monate im Gesellschaftsaquarium überstehen.

Belontia- oder *Ctenopoma*-Arten (Buschfische) sollte man nicht mit kleineren Fischen im selben Aquarium halten, sie lassen sich aber gut untereinander oder auch mit Buntbarschen vergesellschaften. Legt man bei einer Vergesellschaftung Wert auf eine geographische Übereinstimmung, so ist auch dies möglich. *Belontia signata* kommt nicht nur im gleichen Gebiet vor wie die asiatische Buntbarschart *Etroplus maculatus,* beide Arten sind auch schon in denselben Gewässern gefunden worden. Auch die Buschfische teilen in Afrika ihre Heimatgewässer mit manchen afrikanischen Buntbarschen.

Der Riesengurami (*Osphronemus goramy*) wird als kleiner Jungfisch importiert. Nach kurzer Zeit wachsen diese sehr schnell- und großwüchsigen Fische aus Aquarien mit normalen Ausmaßen heraus, man kann sie aber in großen Behältern gut mit gleichgroßen Buntbarschen vergesellschaften.

Die kleinsten und meist auch recht scheuen Labyrinthfische wie die *Parosphromenus*-Arten, *Malpulutta kretseri* und die *Trichopsis*-Arten sollte man möglichst nicht zusammen mit anderen Fischen halten, und dasselbe gilt auch für *Sphaerichthys osphromenoides*. In lebhafterer Gesellschaft kommen diese Arten kaum zu ihrem Rrecht, sie fühlen sich in eigens für sie hergerichteten kleineren Aquarien wohler.

Sehr reizvoll können auch Gesellschaftsaquarien sein, die ausschließlich mit Labyrinthfischen bevölkert werden. Ein solches Aquarium sollte wenigstens 100 Liter fassen, darf aber gerne auch wesentlich größer sein. Die technische Ausrüstung kann auf ein Minimum beschränkt werden. Notwendig ist eine möglichst thermostatgesteuerte Heizung und eine gute Beleuchtung. Um ausreichenden Pflanzenwuchs sicherzustellen, sollte das Aquarium täglich 12 Stunden lang beleuchtet werden. Sehr wichtig – dies gilt für alle Aquarien, die Labyrinthfische beherbergen – sind exakt schließende Deckscheiben, da es unter den Labyrinthfischen eine Reihe guter Springer gibt. Wird das Wasser des Aquariums gefiltert, so ist in gewissem Umfang eine temperaturausgleichende Zirkulation des Wassers im Aquarium gesichert, und man kann auf eine Durchlüftung verzichten. Da nur wenige Labyrinthfische spezielle Forderungen an die chemische Beschaffenheit des Wassers stellen, benötigt man kein besonderes Filtermaterial. Gefiltert wird entweder über Filterwatte aus Perlon oder über Sand. Stärkere Wasserströmungen sind nicht erwünscht, so daß Filter mit Zirkulationspumpe nur in größeren Behältern angebracht sind. Außer einem reichlichen Pflanzenbesatz, der auch Schwimmpflanzen umfassen sollte, sind auch Wurzelstöcke aus sogenanntem Moorkienholz gut geeignet. Derartige Wurzelstöcke sind nicht nur äußerst dekorativ, sie bieten kleineren Fischen auch ausgezeichnete Versteckplätze. Bei der Auswahl der Pflanzen kann man dem eigenen Geschmack freien Lauf lassen. Auf Dauer gesehen, ist eine Bepflanzung mit langsam wachsenden Pflanzen wie z. B. *Cryptocoryne*-Arten mit weniger Pflegearbeit verbunden, als bei schnellwüchsigen Arten. Sehr gut als Solitärpflanzen eignen sich für Labyrinthfischaquarien Seerosen mit zahlreichen dekorativen Unterwasserblättern wie Tigerlotus (*Nymphaea lotus*) oder auch die einheimische gelbe Seerose (*Nuphar lutea*), die im warmen Wasser bei Kunstlicht ausschließlich Unterwasserblätter treibt.

Für den Fischbesatz eines Labyrinthfisch-Gesellschaftsaquarium gibt es eine Fülle von Kombinationsmöglichkeiten. Allgemein ist es doch leichter, nicht allzu nahe verwandte Arten zu vergesellschaften, als Arten, die nahe miteinander verwandt sind. Bei guter Pflege werden die meisten Arten ohne weiteres im Aquarium Nester bauen und ablaichen. Kommt es zum Nestbau, behelligen sich Arten, die nicht nahe miteinander verwandt sind, weniger. Nicht geeignet für eine Gesellschaftung sind räuberische Arten wie z. B. *Belontia*-Arten und die meisten *Ctenopoma*-Arten und außerdem kleine Arten, die besondere Ansprüche an Hälterungsbedingungen, Wasserverhältnisse usw. stellen, wie z. B. *Sphaerichthys osphromenoides, Malpulutta kretseri* und ähnliche.

Haltung in Artaquarien

In einem Artaquarium wird den besonderen Ansprüchen einer bestimmten Art Rechnung getragen. Artaquarien kommen dort zur Anwendung, wo Labyrinthfische gehalten werden sollen, die z. B. spezielle Ansprüche an die Zusammensetzung des Wassers stellen, besonderes Futter benötigen, oder die man alleine

und ungestört halten will, um sie zu beobachten.
In der Regel sind es kleinere Arten, die sich für eine solche Haltung eignen. Die für solche Fische benötigten Artaquarien erfordern keinen großen Aufwand. Bei guter Bepflanzung kann in kleineren Behältern meist auf Filterung oder Durchlüftung verzichtet werden, wenn auch eine langsam laufende Filterung die Pflege etwas erleichtert. Durch eine geringfügige Wasserzirkulation wird die Bildung einer Staubschicht auf der Oberfläche verhindert und werden Temperaturunterschiede zwischen den Wasserschichten im Aquarium ausgeglichen. Das letztere hat bei kleineren Aquarien nur dann Bedeutung, wenn diese in Räumen aufgestellt sind, deren Temperatur erheblich unter einer normalen Zimmertemperatur liegt.
Die Haltung einiger kleineren Arten aus den Gattungen *Malpulutta, Parosphromenus* und *Sphaerichthys* erfolgt zweckmäßig in einem mineralarmen und etwas angesäuertem Wasser. Ist das vorhandene Leitungswasser weich – d. h. es besitzt insgesamt eine Härte, die etwa 6 dH nicht übersteigt –, so genügt es, dieses Wasser etwa eine Woche über einen sauren Torf zu filtern, so daß sich der pH-Wert bei etwa 6 stabilisiert. Steht nur härteres Leitungswasser zur Verfügung, so filtriert man zunächst ein entmineralisiertes Wasser eine Woche lang über saueren Torf und mischt es dann mit dem Leitungswasser so auf, daß eine Härte von etwa 5 dH erreicht wird. Hat z. B. das Leitungswasser eine Härte von 20 dH, so mischt man im Verhältnis 1 Liter Leitungswasser auf 3 Liter entmineralisiertes, torfgefiltertes Wasser. Es ist nicht empfehlenswert, die Totalhärte im Aquarium unter 3 dH zu senken, da es sonst leicht zu sprunghaften Veränderungen des pH-Wertes im Tagesablauf kommen kann. Hier ist zu beachten, daß nicht jeder Torf von seiner Natur aus sauer ist; meist kann über den Fachhandel ein geeigneter Hochmoortorf bezogen werden. Um die Brauchbarkeit von Torf- oder Torffasern zu prüfen, weicht man eine Hand voll Torf in einem halben Liter entmineralisiertem (oder destilliertem) Wasser ein. Nach zwei bis drei Stunden sollte bei dem angegebenen Mengenverhältnis der pH-Wert bei 4,5 beziehungsweise darunter liegen.

Wasserwechsel

Auch wenn die meisten Labyrinthfische gegenüber einer Wasserverschmutzung und der Ansammlung von Stoffwechselprodukten im Wasser recht unempfindlich sind, sollte man dennoch in ihren Aquarien in regelmäßigen Abständen einen teilweisen Wasserwechsel vornehmen. Die meisten Labyrinthfische fühlen sich in einem sauberen Wasser wohler, und auch die Pflanzen gedeihen besser. Am besten wird alle 2 bis 3 Wochen etwa ein Drittel des Wassers abgezogen und durch temperiertes Frischwasser ersetzt. Diese Faustregel gilt jedoch nur bei dichterem Fischbesatz. Werden nur wenige und kleinere Fische in einem großen und gut bepflanzten Aquarium gehalten, so kann es vollständig ausreichend sein, etwa jeden zweiten Monat einen Teil des Wassers zu wechseln. Umgekehrt kann es bei einem Aufzuchtaquarium, in welchem sich eine zahlreiche halbwüchsige Nachzucht befindet, angebracht sein, jede Woche einen Teil des Wassers zu wechseln, zumal ein solcher Wasserwechsel das Wachstumstempo beschleunigt.
Im übrigen ist die Pflege eines Labyrinthfischaquariums nicht aufwendiger als für ein normales Aquarium. Wo bei der Haltung bestimmter Arten besondere Forderungen berücksichtigt werden müssen, ist dies bei den Artbeschreibungen angegeben.

Ernährung

Fütterung erwachsener Fische

In der Natur leben Labyrinthfische zum überwiegenden Teil in nahrungsreichen Gewässern. Im subtropischen- und tropischen Bereich findet man besonders im langsam fließenden und stehenden Wasser ein reichliches Angebot tierischer wie auch pflanzlicher Nahrung. Unter den Futtertierchen spielen besonders die im Wasser lebenden Insekten und Insektenlarven eine wichtige Rolle. Hinzu kommen Fluginsekten, die sich dem Wasserspiegel nähern, um dort ihre Eier abzulegen, so daß sie von den Fischen im Sprung erbeutet werden, oder aber auf die Wasseroberfläche fallen. Mit einem gemeinsamen Begriff bezeichnet man alle Insekten, die am Wasserspiegel erbeutet werden können, als ‚Anflug'. Bei der Ernährung vieler Fische kommt diesem Anflug eine große Bedeutung zu. Weitere Futtertierchen finden die Fische unter Würmern und Kleinkrebsen, die im Wasser leben. Die alte Regel ‚Fisch frißt Fisch' gilt natürlich auch für wildlebende Labyrinthfische. Bei den hohen Vermehrungsquoten, wie sie bei Labyrinthfischen mit Schwimmeiern vorkommen, dürfte die Mehrzahl der Brut schon während seiner ersten Lebenstage wieder im Magen von Labyrinthfischen landen. Die *Anabas*- und *Ctenopoma*-Arten fressen auch größere Fische.

Ausgesprochene Raubfische, die hauptsächlich von Fischen leben, sind die zwar nicht zu den Labyrinthfischen zählenden, aber hier mitbehandelten Hechtköpfe und Schlangenkopffische. Besonders die größeren Exemplare der Schlangenkopffische lauern, wie etwa unsere einheimischen Zander und Hechte, in Deckung an unterschwemmten Ufern und zwischen Wasserpflanzenbeständen, auf geeignete Beutefische. Pflanzliches Futter nehmen die Labyrinthfische meist in Form von Algen auf. In den Algenpolstern freier Gewässer leben zahlreiche Kleinstlebewesen, die zusammen mit den Algen verzehrt werden. Höhere Wasserpflanzen werden lediglich vom Riesengurami gefressen. Dieser Fisch, in seiner Heimat ‚Wasserschwein' genannt, ist ein echter Allesfresser, der kaum ein Futter verschmäht. Die Ausformung des Maules und die Weite der Maulspalte lassen gute Rückschlüsse auf die natürliche Nahrung einer Fischart zu. Enge Maulspalten findet man unter den Labyrinthfischen beispielsweise bei den Arten der Gattungen *Helostoma, Trichogaster, Colisa* und *Sphaerichthys,* während die Arten der Gattungen *Belontia, Macropodus* und *Betta* bereits breitere Maulspalten haben und auch entsprechend größere Futtertiere verzehren. Ein ausgeprägtes und zum Teil vorstülpbares Raubfischmaul findet man bei den Arten der Gattungen *Anabas* und *Ctenopoma.*

Der wichtigste Bestandteil allen tierischen Futters sind Proteine (Eiweiß). Proteine enthalten eine Vielzahl lebenswichtiger Säuren (Aminosäuren), die fortlaufend dem Organismus zugeführt werden müssen und die nicht aus anderen Nahrungskomponenten gebildet werden können. Eine ausreichende Proteinversorgung ist daher lebenswichtig für alle höheren tierischen Organismen, einschließlich der Fische. Mangel an Protein führt zu Mangelerscheinungen verschiedenster Art und auf Dauer zum Tode. Im Gegensatz zu anderen Grundnahrungsstoffen kann Protein nicht in nennenswertem Grade vom Organismus gespeichert werden und muß deshalb fortlaufend dem Organismus zugeführt werden. Die höchsten Proteinanteile in allen Futterstoffen, die für Fische in Frage kommen, finden sich bei Insekten und Insektenlarven. Bei Untersuchungen der Futteraufnahme wildlebender Fische wurde ermittelt, daß der im Futter aufgenommene Proteinanteil etwa 6 bis 12 % der gesamten aufgenommenen Futtermenge beträgt. In keinem der untersuchten Fälle wurde ein Proteinanteil von 5,5 % unterschritten.

Während die Versorgung mit Protein bei der Fischfütterung praktisch kaum Probleme bereitet, wenn man sich der Notwendigkeit regelmäßiger Proteingaben bewußt ist, ist dies bei den beiden anderen Grundnahrungsstoffen, Kohlehydraten und Fett, nicht ganz so einfach. Ein Überschuß von Kohlehydraten oder Fett spielt bei allen Überfütterungssymptomen, besonders aber bei den Labyrinthfischen, eine große Rolle. Jeder Überschuß dieser Grundnahrungsstoffe wird im Organismus als Depotfett abgelagert. Zu viel Depotfett belastet den Gesamtorganismus und reduziert die Fortpflanzungstauglichkeit bis hin zur Sterilität. Lebensgefährlich sind vor allem Fettablagerungen in und an der Leber (Fettleber). Gerade bei Labyrinthfischen dürfte die Fettleber – von Infektionen abgesehen – im Aquarium die häufigste Ursache eines zu frühzeitigen Ablebens sein. Wieweit der Organismus der Fische die Grundnahrungstoffe Fett und Kohlehydrate ohne Schaden aufnehmen kann, ist bisher leider nur bei wenigen Fischarten untersucht worden. Diese Untersuchungen haben gezeigt, daß es hier teilweise beträchtliche Unterschiede zwischen den einzelnen Fischarten gibt und daß heranwachsende Fischbrut wesentlich größere Mengen dieser Nahrungsstoffe aufnehmen und in Zuwachs umsetzen kann, ohne daß es zur Bildung von Depotfett kommt. Bei der typischen Neigung der Labyrinthfische zur Fettleberbildung sollte der totale Anteil an Kohlehydraten und Fett im Futter maximal 8 % nicht übersteigen.

Zu einer vollwertigen Ernährung gehört auch eine gesicherte Versorgung mit Vitaminen, Mineralstoffen und Spurenelementen. Normalerweise braucht sich der Aquarienfreund über diese lebensnotwendigen Stoffe im Futter keine erheblichen Gedanken zu machen. In lebenden Futtertierchen und in guten Trokkenfutterpräparaten sind diese Stoffe in ausreichenden Mengen vorhanden. Bei den letzteren ist jedoch Voraussetzung, daß sie keine allzulange Lagerungszeit – möglichst auch noch bei geöffneter Verpackung – hinter sich haben. Besonders der Anteil an bestimmten Vitaminen sinkt bei zu langer oder unsachgemäßer Lagerung schnell ab.

Die genannten Grundnahrungsstoffe kommen in der Natur praktisch nie in reiner Form vor, sondern sind an unterschiedliche Ballaststoffe und an das Wasser gebunden. Ballaststoffe, also Stoffe, die keinerlei Nährwert haben, sind für den Verdauungsvorgang von entscheidender Bedeutung. Bei unzureichenden Mengen von Ballaststoffen im Futter kommt es leicht zu Ernährungsstörungen. Ballaststoffe sind z. B. die Chitinpanzer von Insekten und Insektenlarven, die Ringpanzer von Würmern und das Pflanzenfiber (Cellulose) von Algen und höheren Wasserpflanzen.

Verdauung ist durchaus nicht nur ein physiologischer Vorgang, sondern zu einem guten Teil auch ein mechanischer. Während des ‚Zerreibungsprozesses', dem die aufgenommene Nahrung im Magen ausgesetzt wird, unterstützen die härteren Ballaststoffe die Feinverteilung der Nahrung, die anschließend im Magen und im Darm durch Drüsenfermente in ihre Bausteine zerlegt und vom Organismus aufgenommen wird.

Das beste Futter, welches man seinen Pfleglingen reichen kann, sind lebende Futtertierchen wie Wasserflöhe (Daphnien), Hüpferlinge (*Cyclops*), die Larven der Stechmücke (*Culex*), der Büschelmücke (*Corethra*) und der Zuckmücke (*Chironomus*), populärer als schwarze, weiße und rote Mückenlarven bezeichnet. Mückenlarven haben einen sehr hohen und günstig zusammengesetzten Proteingehalt und sind, insbesondere bei der Ernährung von Zuchttieren, vollwertig kaum zu ersetzen. Auch Bachröhrenwürmer (*Tubifex*) werden gerne gefressen. Leider werden Kleingewässer wie Teiche und Tümpel in unserer hochtechnisierten Welt immer seltener, und damit verschwindet auch die Möglichkeit, sich diese begehrenswerten Futtertierchen selbst zu fangen. Die meisten Aquarienfreunde sind daher in der Regel auf Trockenfutter und anderweitig konserviertes Futter angewiesen. Aber selbst wenn man lebende Futtertierchen nur im Fachhandel kaufen kann, sollte man seinen Fischen zumindest ab und zu solches Futter reichen. Der beste Ersatz für lebende Futtertierchen ist tiefgefrorenes Futter, dabei handelt es sich um Futtertierchen verschiedenster Art (*Mysis, Artemia,* Mückenlarven, *Tubifex*). Dieses Gefrierfutter wird heute von manchen Fachgeschäften geführt. Sollte man als Aquarienfreund einmal in die glückliche Lage kommen, reichlich lebende Futtertierchen zur Verfügung zu haben, so kann man sie selber einfrieren. Aufgetaut sind sie nahrungsphysiologisch lebendem Futter gleichwertig.

Trockenfutter verschiedenster Art wird heute von fast allen Herstellern in Flockenform angeboten. Gute Trockenfutterpräparate sind eine wichtige Ergänzung bei der Ernährung unserer Pfleglinge. Eine einseitige Fütterung mit diesem Futter sollten wir im Interesse unserer Pfleglinge jedoch vermeiden. Muß aus zwingenden Gründen über eine längere Periode ausschließlich mit Trockenfutter gefüttert werden, verwendet man es daher sehr sparsam. Die meisten Trockenfutterpräparate haben einen sehr hohen Nährwert, aber leider auch oft einen zu hohen Anteil Kohlehydraten. Als Verbraucher hat man bisher auch kaum Möglichkeit, sich über den Anteil an Grundnahrungsstoffen und anderer für die Ernährung wichtiger Bestandteile in Trockenfutterpräparaten zu informieren, da diese Erzeugnisse meistens ohne nähere Angaben ihrer Zusammensetzung verkauft werden. Trockenfutter aus überwiegend pflanzlichen Bestandteilen, ebenfalls in Flockenform, werden unter verschiedenen Namen im Fachhandel geführt. Sie stellen eine wertvolle Ergänzung bei der Fütterung dar, besonders wenn der Algenwuchs im Aquarium zu wünschen übrig läßt. Will man großen Labyrinthfischen, die wie z. B. Riesenguramis oder Küssende Guramis Pflanzenkost schätzen, diese reichlich zukommen lassen, sind Pflanzenflocken kaum ausreichend. Ein guter Ersatz für fehlende Algenkost ist tiefgefrorener Spinat, den man aufgetaut verfüttert. Ausgezeichnet sind auch Salatblätter, die in Wasser gelegt einige Tage direkter Sonnenbestrahlung ausgesetzt sind. Dabei

Oben und unten rechts: Auf dem „Sunday Market“ in Bangkok werden auch Aquarienfische angeboten. Für den kurzflossigen Echten Kampffisch werden fast unglaubliche Preise verlangt und bezahlt. Die Fische auf dem Bild oben sind in einen Wettkampf verwickelt. Der Zweig, der im Glasbehälter liegt, soll die Fische besonders aggressiv machen.
Unten links: Auf demselben Markt: Hier werden Kletterfische (Anabas) als Speisefische verkauft. In den mit Netz überspannten Behältern befinden sich Schlangenkopffische, die mit ein wenig Feuchtigkeit selbst lange Transporte überstehen.

überziehen sich die Blätter schnell mit einem dichten Belag von Grünalgen. Nach ein paar Tagen kann man die dann bereits halbzersetzten Blätter den Fischen reichen, die sie samt den darauf wachsenden Algen gierig fressen. Große Guramis fressen auch frischen Salat.

Als Abwechslung insbesondere zur Fütterung größerer Fische ist auch Fischfleisch geeignet. Verwendet wird mageres Fleisch wie z. B. Dorsch, das man entweder roh und fein geschabt oder auch gekocht verfüttert.

Fütterung von Fischbrut

Der Fütterung der Fischbrut kommt bei den Labyrinthfischen eine große Bedeutung zu, wenn man zu befriedigenden Aufzuchtresultaten kommen will. Einige der Schwimmeier legenden Arten wachsen bei unsachgemäßer Fütterung äußerst ungleichmäßig, und bei einigen anderen Arten sind die Jungfische sehr klein und benötigen größenmäßig exakt angepaßtes Futter. Bei den Artbeschreibungen wird jeweils angegeben, wie die Brut anzufüttern ist. Hier sollen lediglich die anzuwendenden Futtermittel und ihre Beschaffung kurz besprochen werden.

Oben: Das Schaumnest des Makropoden (*Macropodus opercularis*). Zwischen den Schaumblasen lassen sich die gelb-rötlichen Eier gut erkennen. Ihre Färbung ist jedoch nicht artspezifisch, sondern durch Farbstoffe bedingt, die im Futter vorhanden sind.
Unten links: Der Schwarze Makropode (*Macropodus concolor*) ist eine etwas rätselhafte Art. Obwohl er seit Ende der 30er Jahre in Europa als Aquarienfisch gehalten wird, ist seine genaue geographische Herkunft nicht bekannt. Für ein kürzlich durch konserviertes Material nachgewiesenes Vorkommen auf Borneo (Sarawak) kann die Möglichkeit nicht ausgeschlossen werden, daß es sich um eine durch Aussetzung entstandene Population handelt.
Unten rechts: Der Ceylon-Makropode (*Belontia signata*) führt einen irreführenden deutschen Namen, da er mit den Arten der Gattung *Macropodus* nicht näher verwandt ist.

Ganz allgemein kann man bei der Aufzucht von Jungfischen zwei Wege einschlagen, nämlich entweder das erforderliche Futter selbst fangen oder es in Kulturen zu Hause züchten. Einige wenige Arten lassen sich auch mit zerriebenem Trockenfutter anfüttern. Die besten Aufzuchtresultate werden mit im Freiland gefangenen Futtertierchen erzielt. Diese Methode setzt, da das notwendige Futter täglich gefangen werden muß, einen erheblichen Arbeitsaufwand voraus. Da den allermeisten Aquarienfreunden keine zum Fang von Futtertierchen geeigneten Gewässer zur Verfügung stehen, werden die meisten den zweiten Weg einschlagen müssen. Für denjenigen aber, der selbst seine Futtertierchen fangen kann, soll hier auf die Fangmethoden kurz eingegangen werden.

Futtertierchen, die auch zum Anfüttern der kleinsten Labyrinthfisch-Jungfische in Frage kommen, sind Rädertierchen (Rotatorien) sowie die Nauplien (Larvenstadien) verschiedener *Cyclops*- und *Diaptomus*-Arten. Nur selten findet man Rädertierchen und Nauplien gleichzeitig im selben Gewässer. Rädertierchen trifft man hauptsächlich während der warmen Jahreszeit an, Nauplien kann man das ganze Jahr hindurch finden, auch im Winter unter dem Eise. Bei diesen Futtertierchen, die man unter Aquarienfreunden oft fälschlich als ‚Tümpelinfusorien' bezeichnet, handelt es sich nicht um Infusorien, und auch Rädertierchen sind mehrzellig. Gefangen wird dieses Futter mit Netzen aus Seidengaze. Entsprechende Seidengaze (Müllergaze) gibt es genormt mit verschiedenen Maschenweiten. Ein gutes Netz zum Fang kleinster Futtertierchen näht man am zweckmäßigsten selbst aus Seidengaze Nr. 13 (= $^{106}/_{1000}$ mm lichte Maschenweite und 49 Fäden per cm) oder Nr. 14 (= $^{95}/_{1000}$ mm lichte Maschenweite und 51 Fäden per cm).

Der Netzbeutel sollte einen Durchmesser von 25 bis 30 cm haben und sollte unten gerundet und 50 bis 60 cm lang sein. Das mit einem solchen Netz erbeutete Futter besteht nun keineswegs nur aus den gesuchten kleinsten Futtertierchen, sondern enthält auch größere Futtertiere, z.B. ausgewachsene Cyclops, die nicht mit in das Aufzuchtaquarium gelangen dürfen. Um ausschließlich Futtertierchen von geeigneter Größe zu erhalten, muß der Fang ausgesiebt werden. Gesiebt wird mit einem Sieb, welches aus einem Holzrahmen besteht, der entweder mit Seidengaze Nr. 12 (= lichte Maschenweite 120/1000 mm) oder mit Phosphorbronze-Gewebe Nr. 160 (= lichte Maschenweite 119/1000 mm) bespannt ist. Nachdem die Jungfische heranwachsen, geht man auf gröbere Siebe über, z. B. Seidengaze Nr. 11 oder Bronzegaze Nr. 150 mit jeweils 130/1000 mm lichter Maschenweite. Für ständigen Gebrauch sind der Haltbarkeit wegen Siebe aus Phosphorbronze zu empfehlen. Die hier beschriebene Methode der Futterbeschaffung kommt natürlich hauptsächlich für eine rationelle Aufzucht bei mehreren Bruten gleichzeitig in Betracht. Für den Liebhabergebrauch gibt es im Fachhandel auch geeignete kleine Futtersiebe aus Plastikmaterial. Die Temperatur des Wassers, in das man die Futtertierchen gibt, muß langsam der Temperatur im Aquarium angepaßt werden. Zu diesem Zweck hängt man ein Glas mit ausgesiebten Futtertierchen in das Aquarium ein und entleert es, wenn sich die Temperatur angeglichen hat.

Von den Infusorien, die den Nahrungsbedarf der kleinsten Labyrinthfisch-Jungfische während ihrer ersten Lebenstage decken können, sei hier lediglich die Kultur von Pantoffeltierchen (*Paramecium*) besprochen. Im Gegensatz zu den im vorigen Abschnitt besprochenen Futtertierchen sind Pantoffeltierchen wie alle Infusorien Einzeller. Sie sind immerhin so groß, daß man sie mit dem bloßen Auge bei normaler Sehschärfe gut erkennen kann. Pantoffeltierchen können aufgrund gewisser biologischer Eigenheiten leicht rein, das heißt frei von anderen Einzellern, gezüchtet werden. Zur Zucht verwendet man möglichst hohe Einmachgläser mit 3 bis 5 Liter Inhalt. Die Gläser werden mit frischem Wasser gefüllt, das zunächst einmal ein paar Tage abstehen soll. Danach gibt man in das Kulturwasser einige fingergliedgroße Stückchen Kohlrübe (*Brassica napus*). Jetzt muß die Kultur ‚geimpft' werden.

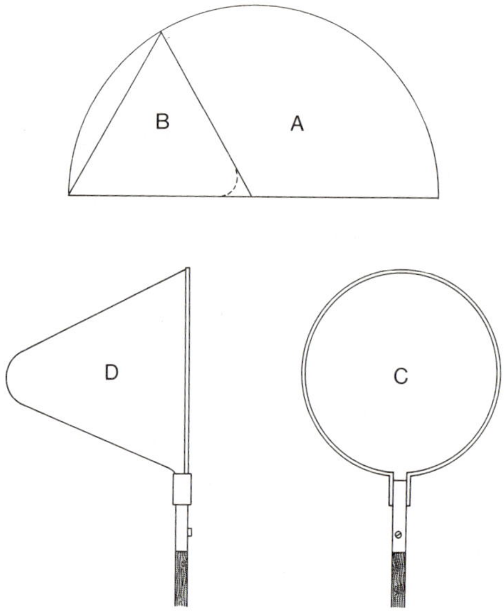

Muster für das Zuschneiden eines Netzes zum Fang von Staubfutter. Der Teil A ergibt zusammengelegt und zusammengenäht (oder mit Textilleim geklebt) das Netz B. Das untere Ende wird abgerundet. C = Netzbügel; D = das Netz von der Seite gesehen.

Geimpft wird mit dem Wasser aus einer älteren Kultur, oder wenn eine solche nicht zur Verfügung steht, mit etwas Tümpelwasser oder Wasser aus einer schon länger benutzten Regentonne. In solchem Wasser leben fast immer Pantoffeltierchen, wenn auch nur in kleinen Mengen. Die besten Voraussetzungen zur Vermehrung finden Pantoffeltierchen in einem Wasser, dessen Sauerstoffgehalt hart an der Grenze zwischen schwach sauerstoffhaltigem und praktisch sauerstofffreiem Wasser liegt. Diese Grenze wird durch die Fäulnisbakterien festgelegt, die den Abbau abgestorbener Pflanzenreste (Kohlrübe) bewerkstelligen und dabei Sauerstoff verbrauchen; die Fäulnisbakterien dienen den Pantoffeltierchen als Nahrung. Die Pantoffeltierchen sind weitgehend an diese niedrige Sauerstoffkonzentration an-

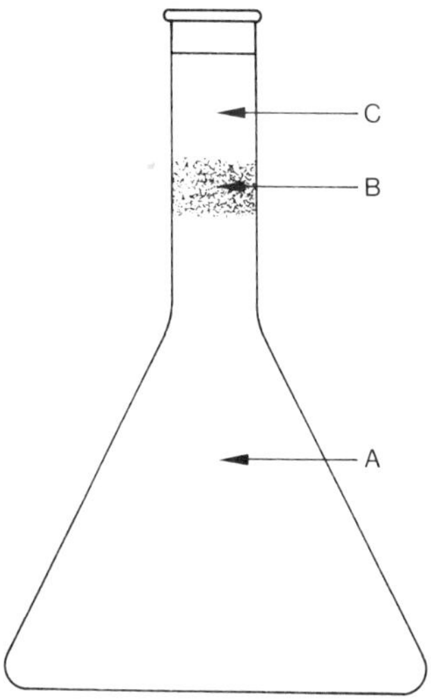

Schematische Darstellung der Reinigung von Pantoffeltierchen. A = Kulturflüssigkeit; B = Wattepfropfen; C = Abgestandenes Frischwasser.

gepaßt und kommen auch noch dort vor, wo, von Fäulnisbakterien abgesehen, andere Einzeller eingehen; darauf beruht das Prinzip ihrer Reinkultur. Angeregt durch eine reiche Zufuhr an verfaulenden Pflanzenresten als Nahrung vermehren sich die Fäulnisbakterien stark, und dadurch sinkt der Sauerstoffgehalt im Kulturwasser rapide ab. In den untersten Wasserschichten befindet sich daher bald kein Sauerstoff mehr, und auch in den oberen Wasserschichten wird der Sauerstoffgehalt so niedrig, daß außer den Fäulnisbakterien nur noch Pantoffeltierchen übrigbleiben und sich schnell vermehren. Bald finden sich zahlreiche Pantoffeltierchen dicht unter der Oberfläche und können von dort entnommen werden. Läßt die Ergiebigkeit der Kultur nach, so füllt man mit abgestandenem Wasser auf und legt ein paar neue Kohlrübenstückchen hinein. Bei Kulturen, die bereits richtig in Gang gekommen sind, kann man anstelle von Kohlrübenstückchen täglich einen Teelöffel Milch zusetzen. Wird Milch verwendet, so riechen diese Kulturen weniger als wenn man Kohlrüben benutzt. Ganz frei von Geruch sind diese Kulturen jedoch nie, man stellt sie daher am besten in unbewohnten Räumen auf.

Für die meisten Labyrinthfische kann man Pantoffeltierchen aus den oberen Wasserschichten direkt zum Füttern verwenden. Füttert man jedoch die empfindlichere Jungbrut, so reinigt man die Pantoffeltierchen zuvor. Zu diesem Zweck füllt man Wasser aus der Kultur in eine Flasche mit langem Hals (langhalsige Kochflasche), wobei die Flasche bis in den unteren Teil des Halses mit Kulturwasser gefüllt wird. Darauf kommt zunächst ein Wattepropfen, und danach wird der restliche Flaschenhals mit abgestandenem Frischwasser aufgefüllt. Durch die Fäulnisbakterien und durch den Bedarf der Pantoffeltierchen an Sauerstoff verschwindet bald aller Sauerstoff aus dem Kulturwasser, und die Pantoffeltierchen entweichen nach oben, durch den Wattepfropfen hindurch, ins Frischwasser, wo man sie mit einer Pipette sauber entnehmen kann.

Für den gelegentlichen Bedarf gibt es heute im Fachhandel fertige Infusorien-Zuchtansätze in Tubenform. Diese Ansätze in Tuben sind unter verschiedenen Namen im Handel und enthalten neben getrockneten Nährstoffen die Dauerformen verschiedener Infusorien. Man hält sich bei ihrer Anwendung an die Gebrauchsanweisung. Diese Form der Jungbrutfütterung ist jedoch lediglich ein Notbehelf, und zahlreichere Bruten sind mit diesem Futter kaum aufzuziehen.

Für die etwas größeren Jungfische verwendet man, wenn man auf Futtertierchen aus Kulturen angewiesen ist, Artemianauplien und Essigälchen (Mikro). Bei etlichen Arten, die Sinkeier legen, fressen die Jungfische unmittelbar nach dem Schlüpfen Artemia-Nauplien. Auch fein zerriebenes Trockenfutter kann man den etwas größeren Jungfischen verabreichen.

Vermehrung

Allgemeines

Bei den meisten Labyrinthfischen ist die Vermehrung im Aquarium einfach, da es unter ihnen nur selten ausgesprochene ‚Problemfische' gibt. Doch besteht oft ein großer Unterschied darin, ob man mit dem Begriff ‚Vermehrung' nur die Reproduktion weniger Jungfische versteht oder eine systematische Nachzucht, deren Ziel es ist, den Großteil der geschlüpften Jungfische auch aufzuziehen. Eine Vermehrung, bei der lediglich beabsichtigt ist, einige wenige Jungfische aufzuziehen, ist bei allen schaumnestbauenden Arten möglich, wobei nur das Gesellschaftsaquarium durch ein paar kleine Aquarien von 10 bis 20 Liter Inhalt ergänzt zu werden braucht. Richtig gehaltene Labyrinthfische bauen auch in Gesellschaft anderer Fische ihre Nester und laichen ab. Um Jungfische heranzuziehen, braucht man lediglich einen Teil des Schaumnestes abzuschöpfen – am einfachsten geschieht dies mit einer Untertasse – und in eines der bereitgestellten kleinen Aquarien zu überführen. Bei Arten mit Sinkeiern ist es wichtig, daß die Überführung erst dann geschieht, wenn die Jungfische dabei sind, das Nest zu verlassen. Bei den produktiveren Arten hat es natürlich keinen Zweck, allzu viele Jungfische auf diese Weise umzusetzen, da sich in diesen kleinen Aquarien lediglich eine begrenzte Anzahl aufziehen läßt.

Zucht von Arten mit Schwimmeiern

Bei der Zucht, deren Aufgabe es ist möglichst viele Jungfische heranzuziehen, müssen bei Arten mit Schwimmeiern verhältnismäßig große Aquarien verwendet werden, da diese Arten sehr produktiv sind. Bei den schaumnestbauenden Arten kann die Zahl der Eier eines Weibchens zwischen 500 und mehreren 1000 sein. Noch produktiver sind die Freilaicher (*Helostoma* und manche *Ctenopoma*-Arten), bei denen die Weibchen bei einer Laichabgabe bis zu 4000 und mehr Eier legen können. Es bereitet zwar keinerlei Schwierigkeiten, z. B. ein Paar *Trichogaster trichopterus* in einem Aquarium mit einem Inhalt von 30 Liter laichen zu lassen, aber es ist nicht möglich, dort eine größere Anzahl der zu erwartenden 800 bis 2000 Jungfische aufzuziehen.

Um zu wirklich befriedigenden Resultaten zu kommen, muß man bei der Zucht von *Macropodus*- und kleineren *Colisa*-Arten Aquarien mit mindestens 50 Liter Inhalt verwenden. Bei den großen *Colisa*-Arten, wie beispielsweise *Colisa fasciata* und bei allen *Trichogaster,* sind noch geräumigere Aquarien angebracht. Für die produktivesten *Trichogaster*-Arten, wie *Trichogaster trichopterus* oder *Trichogaster pectoralis,* sind Aquarien mit mindestens 200 Liter Inhalt notwendig, wenn man die Mehrzahl der Jungfische aufziehen will. Auch für Zuchtversuche mit *Helostoma temminckii,* großen *Ctenopoma*-Arten, *Belontia hasselti* und ähnlich großen Fischen sind solche geräumige Aquarien erforderlich. Bei *Belontia signata* dagegen kommt man mit kleineren Behältern gut zurecht. Die Nachzucht der allergrößten Vertreter, wie Guramis und Schlangenkopffischen, ist nur in Großaquarien, von etwa 500 Liter Inhalt an aufwärts, möglich.

Zuchtaquarien sollen gut bepflanzt sein, auch mit Schwimmpflanzen auf dem Wasserspiegel. Aquarien für Zuchtzwecke brauchen für Labyrinthfische nicht neu eingerichtet zu werden, man kann die Fische genauso gut in schon länger eingerichteten Aquarien ablaichen lassen. Einige Verstecke, in denen sich das Weibchen einem allzu stürmischen Werben entziehen kann, sind mitunter wünschenswert, doch reicht hierfür meist guter Pflanzenwuchs aus. Dabei spielt es keine größere Rolle, welche Pflanzen verwendet werden, doch gibt es unter den Schwimmpflanzen einige Arten, die besonders geeignet sind. Teichlebermoos (*Riccia fluitans*) bildet an der Oberfläche dichte Polster, in denen sich zahlreiche Kleinlebewesen finden, die für die Jungfische eine zusätzliche willkommene Nahrung während der ersten Lebenstage sind. Auch der Schwimmfarn (*Ceratopteris cornuta*) mit seinem frei im Wasser treibenden Wurzelgewirr begünstigt in ähnlicher Weise die Bildung einer natürlichen Mikrofauna im Aquarium. Beide Pflanzen sind außerdem gut geeignet für solche Arten, die wie *Trichogaster microlepis* oder *Colisa lalia* Pflanzen mit zum Nestbau verwenden. Unter Wasser geben Polster des Javamooses (*Vesicularia dubyana*) gute Versteckmöglichkeiten für bedrängte Weibchen ab. Fast alle Labyrinthfische lieben Wärme, besonders bei der Vermehrung. Bei zu niedriger Temperatur unterbleibt Nestbau und Laichabgabe. Die Zuchttemperatur ist jeweils bei der Artbeschreibung angegeben.

Bei schaumnestbauenden Arten kann es in kleinen Behältern notwendig sein, das Weibchen nach erfolgter Laichabgabe aus dem Aquarium zu fangen. Meist aber genügt es, die Eltern zu entfernen, wenn die Jungfische zu schwimmen beginnen. Anschließend daran wird mit der Fütterung der Brut begonnen. Bei den Freilaichern werden Elterntiere direkt nach der Laichabgabe entfernt.

Zucht von Arten mit Sinkeiern

Da es sich bei diesen Arten zum überwiegenden Teil um kleine Fische handelt und sie, von wenigen Ausnahmen abgesehen, auch bedeutend weniger Eier ablegen, können sie mit Erfolg auch in kleinen Aquarien nachgezüchtet werden. Von allen im Aquarium bisher vermehrten Arten legt lediglich der Kampffisch (*Betta splendens*) bis zu 500 Eier je Laichabgabe. Im Hinblick auf die zu erwartende Nachzucht und den Umstand, daß Kampffischmännchen ihre Weibchen oft recht ruppig behandeln, sollte man daher für diese Art Aquarien mit etwa 50 Liter Inhalt verwenden. Für alle anderen sinkeierlegenden Arten reichen für die Vermehrung Aquarien mit etwa 25 Liter Inhalt vollständig aus. Bei der Aquarieneinrichtung ist zu beachten, daß einige dieser Arten ihr Schaumnest gerne unter Wasser anlegen. Dies können die Fische aber nur, wenn sie geeignete Blätter ohne ähnliches im Zuchtaquarium vorfinden. Die Blätter einer größeren Cryptocoryne, ein an der Oberfläche treibendes Stück Zierkork, eine Höhlung in einer Moorkienholzwurzel oder notfalls auch ein seitlich aufgebrochener, umgestülpter Blumentopf können als Festpunkt für den Nestbau dienen. Solche aufgebrochenen Blumentöpfe eignen sich auch als Laichplatz für *Parosphromenus*-Arten, die ihre Eier direkt unter einer festen Unterlage absetzen. Keine speziellen Forderungen an das Zuchtaquarium haben maulbrütende Arten, abgesehen davon,

daß ihre Zuchtaquarien gut bepflanzt sein sollten.
Bei Kampffischen ist es angebracht, das Weibchen nach erfolgter Laichabgabe sofort aus dem Zuchtaquarium zu entfernen. Die Männchen der schaumnestbauenden Kampffische könnten, insbesondere in kleineren Aquarien, den Weibchen sonst schwer zusetzen. Bei den übrigen schaumnestbauenden Arten entfernt man beide Elterntiere, sobald die Jungfische das Nest verlassen.
Meist sind die Jungfische der sinkeierlegenden Arten etwas größer als die der Arten mit Schwimmeiern und nehmen, sobald sie frei schwimmen, auch etwas gröberes Futter an.
Von keiner maulbrütenden Art kann bisher gesagt werden, daß ihre systematische Nachzucht im Aquarium gelungen wäre. Zwar sind einige Arten, wie *Betta taeniata* und *Sphaerichthys osphromenoides,* auch über einige Generationen hinweg im Aquarium vermehrt worden, doch sind die zahlenmäßigen Erfolge bei ihrer Nachzucht sehr bescheiden geblieben. Über einen kleinen Kreis von Spezialisten hinaus haben diese Fische keine weitere Verbreitung gefunden. Über nähere Einzelheiten, die über ihre Vermehrung bekannt geworden sind, wird in der Artbeschreibung berichtet.

Aufzucht

Ein gleichmäßiges Heranwachsen setzt bei allen Labyrinthfischbruten eine gute Futterversorgung voraus. Nur wenn die Jungfische während ihrer ersten Lebenswochen ‚im Futter stehen', wachsen auch umfangreiche Bruten zufriedenstellend heran. Bei den Beschreibungen der einzelnen Arten ist angegeben, mit welchen Futtertierchen am zweckmäßigsten anzufüttern ist. Mit der Fütterung wird begonnen, sobald die Jungfische frei im Wasser schwimmen. Bei den allerkleinsten Jungfischen kann es schwierig sein festzustellen, ob das angebotene Futter auch wirklich gefressen wird; eine Lupe kann da eine gute Hilfe sein. Oft läßt es sich nicht vermeiden, daß ein Teil der gereichten Futtertierchen im Aquarium abstirbt. Besonders in kleineren Zuchtaquarien ist es daher ratsam, eine oder zwei Apfelschnecken (*Ampullaria*) einzusetzen, da diese Schnecken äußerst effektiv bei der Verzehrung von Futterresten sind und damit eine Verpilzung von Futterresten verhindert wird. Vorsicht ist bei der Verfütterung von Cyclopsnauplien angebracht. In warmem Wasser entwickeln sich manche Nauplien sehr schnell und greifen dann als ausgewachsene Cyclops die Jungfische an. Diese Gefahr besteht besonders bei Arten, bei denen die Jungfische sehr klein sind und außerdem langsam wachsen. Bei den meisten Arten kann man nach etwa einer Woche auf etwas groberes Futter übergehen, beispielsweise kleine Cyclops, Artemianauplien und Essigälchen (Mikro). Da diese schnell zu Boden sinken, verfüttert man sie besser aus einem schwimmenden Futtersieb. Viele Arten nehmen zu diesem Zeitpunkt auch schon fein zerriebenes Trockenfutter an. *Macropodus*- und *Belontia*-Arten kann man sogar direkt damit anfüttern, dies ist allerdings nur ein Notbehelf.
Bei zahlreichen Bruten muß der Nachwuchs nach einiger Zeit auf mehrere Aquarien verteilt werden. Das Umsetzen sollte jedoch nicht vor der Ausbildung des Labyrinthes erfolgen; durch regelmäßiges Luftschöpfen zeigen die Jungfische an, daß ihr Labyrinth ausgebildet ist. Neben reichlicher und guter Fütterung fördert ein kontinuierlicher, teilweiser Wasserwechsel das Wachstum. Im Aufzuchtaquarium zieht man mindestens einmal wöchentlich etwa ein Viertel des Wassers ab und füllt mit temperiertem Frischwasser auf. Abgezogen wird mit einem dünnen Schlauch, mit dem auch gleichzeitig der angesammelte Mulm entfernt wird.

In kleineren Zuchtaquarien sollte man bei reichlicher Nachzucht in dreitägigen Intervallen einen Teil des Wassers wechseln.
Auch bei konstanter Fütterung kommt es bei manchen Arten oft zu ungleichmäßigem Wachstum. Bei ungleichmäßig wachsenden Bruten ist anzuraten, fortlaufend die raschwüchsigsten Exemplare auszusortieren. Sind die Aufzuchtaquarien groß genug, d. h. 200 Liter oder größer, so können die Jungfische auch bei Arten, die als ‚aggressiv' verrufen sind (z. B. Schleierkampffische), zusammenbleiben bis sie fast ausgewachsen sind. Wichtig ist dabei jedoch, daß keinerlei Veränderung des Fischbesatzes erfolgt, da nämlich sofort ein handfester Streit unter den jungen Männchen einsetzt, sobald man nur einige Fische aus dem Aquarium herausfängt.

Auswahl der Zuchttiere und Auswahlzucht

Als Zuchttiere sollten nur Fische verwendet werden, die ohne Fehler in Körperform und Färbung sind. Die Zuchttiere brauchen jedoch nicht ausgewachsen zu sein, denn viele Labyrinthfische werden geschlechtsreif, lange bevor sie ihre volle Körpergröße erreichen. Die Verwendung nicht vollständig ausgewachsener Zuchttiere erlaubt es jedoch häufig nicht, sie als Elternfische zufriedenstellend zu beurteilen. In der Praxis muß dieser Nachteil mitunter in Kauf genommen werden, da die Verwendung halbwüchsiger Zuchttiere entweder notwendig ist oder auch Vorteile mit sich bringt. So lassen sich von den allergrößten Arten lediglich halbwüchsige Jungtiere für einen Zuchtversuch in einem ‚normalen' Zimmeraquarium verwenden. Bei Schleierkampffischen verwendet man bei der Zucht oft halbwüchsige Männchen, da sich diese dem Weibchen gegenüber ein wenig kavaliermäßiger verhalten. Ausgewachsene Männchen dieser Zuchtform sind oft dem Weibchen gegenüber sehr aggressiv, und es ist nicht ungewöhnlich, daß mehrere Weibchen getötet werden, ehe es zu einer Laichabgabe kommt.
Bei planmäßiger Zucht kommt es auf eine strenge Beurteilung bei der Zuchtauswahl an, wenn man ein bestmögliches Ergebnis erzielen will. Man nimmt dabei teilweise sogar Nachteile in Kauf, die eventuell durch die Verpaarung enger Verwandter (Inzucht) entstehen können. Gemeinhin schreibt man der Inzucht alle möglichen Degenerationserscheinungen zu, dies ist jedoch eine grobe Verallgemeinerung und trifft vielfach überhaupt nicht zu. Gerade bei Aquarienfischen gibt es einige gute Beispiele dafür, daß Zuchtlinien bei guter Auswahl der Elterntiere über viele Generationen vermehrt werden konnten, ohne daß Degenerationserscheinungen auftraten. Züchter, die bestimmte Zuchtformen, wie z. B. Schleierkampffische, planmäßig vermehren, züchten diese Fische in reinen Zuchtlinien über Generationen hinweg. Kreuzt man nun Vertreter zweier reiner Zuchtlinien, so erhält man in der ersten Generation ungewöhnlich große und gut gefärbte Tiere. Diese Tatsache, als Heterosis-Effekt bei Tier- und Pflanzenzüchtern wohlbekannt, wird oft angewendet, wenn es gilt, besonders schöne und große ‚Ausstellungstiere' zu erzielen. Geprellt wird aber der nichtsahnende Käufer solcher Tiere, wenn er sie zur Nachzucht verwenden will, da die vorhandenen Eigenschaften in Färbung und Größe im Erbbild der Nachzucht nicht mehr auftreten und die Nachkommen durchweg normal ausfallen. Inzucht planmäßig über einen gewissen Zeitraum durchgeführt, gekoppelt mit sorgfältiger Zuchtauswahl, kann jedoch besonders bei Zuchtformen eine sehr brauchbare Zuchtmethode sein.
Der Liebhaberzüchter, dem es nach einer geglückten Nachzucht einer sehr seltenen Art

nicht gelingt, blutsfremde Partner für eine weitere Nachzucht aufzutreiben, kann daher mit ruhigem Gewissen Geschwister verpaaren. In der ersten Inzuchtgeneration kommt es erfahrungsgemäß kaum zu negativen Ergebnissen.

Man sollte dies jedoch nicht als eine generelle Empfehlung auffassen, Fische planlos durch Inzucht zu vermehren. Inzucht kann nur ein vorübergehendes Hilfsmittel in der Hand eines geschickten Züchters sein, der ein bestimmtes Zuchtziel verfolgt. Im übrigen sollte man jedoch, so weit das möglich ist, zur Zucht blutsfremde Partner verwenden.

Bei der Auswahl von Zuchttieren wird bestmöglich über Form, Färbung und Größe hinaus auch nach Eigenschaften wie Wiederstandskraft gegen Erkrankungen, allgemeine Vitalität, Fortpflanzungsfreudigkeit usw. entschieden.

Erkrankungen

Infektionskrankheiten verschiedenster Art und Parasitenbefall kommen nicht nur im Aquarium vor, sondern selbstverständlich auch in freien Gewässern. Gesunde Fische in der Natur haben gegenüber Infektionen und Parasiten eine erhebliche Widerstandskraft. Die Lebensbedingungen, unter denen Aquarienfische leben, sind aber gänzlich anders als die der wildlebenden Fische. Verglichen mit den Fischen freier Gewässer leben Aquarienfische in einem sehr kleinen Wasserraum, und häufig leben dort zahlreiche Tiere dicht beieinander. Außer dichtem Besatz begünstigen häufig auch schlechte Wasserverhältnisse die Ausbreitung von Infektionen. In der sehr begrenzten Wassermenge kommt es leicht zu einer hohen Konzentration von Krankheitserregern, von Schwärmsporen parasitärer Einzeller usw. Ein weiterer Faktor, der nach neueren Erkenntnissen alle Typen von Infektionen begünstigt, ist ‚Streß'. Der Ausbruch von infektiösen Erkrankung direkt nach einem längeren Transport, dürfte meist auf Streß zurückzuführen sein. Im Liebhaberaquarium spielen auch parasitäre Erkrankungen, die mit neuerworbenen Fischen eingeschleppt werden, eine große Rolle. Auch schlechter werdende Wasserwerte, das heißt für die betreffende Art ungünstigere ph-Werte und Nitratanstieg, können Fische nach und nach schwächen. Auch wenn solche Veränderungen der Wasserwerte für den Fisch nicht unmittelbar lebensgefährlich sind, schwächen sie ihn doch so, daß er leichter einer Infektion zum Opfer fällt.

Durch unsachgemäße Fütterung hervorgerufene Krankheiten sind bei Labyrinthfischen häufiger. Man kann nur durch richtige Fütterung vorbeugen, behandeln lassen sich diese Erkrankungen nicht. Eine ausreichend gute Hygiene bei der Haltung, die auch fortlaufende Wasserkontrollen einschließt, ist die beste Vorbeugung gegen Erkrankungen. In Züchtereien und im Zoohandel gehört zu den notwendigen hygienischen Maßnahmen auch die regelmäßige Desinfektion von Keschern und anderen Geräten, Schläuchen usw., die gleichzeitig in mehreren Aquarien benutzt werden. Eine mindestens dreiwöchige konsequent bereits beim Importeur durchgeführte Quarantäne aller eingeführten Fische könnte viel dazu beitragen, die Ausbreitung von parasitären und infektiösen Erkrankungen zu verhindern.

Da der Aquarienfreund, der beim Zoohändler Fische erwirbt, nur selten die Garantie hat, daß die erworbenen Fische eine genügend lange Quarantäne, mit entsprechender Überwachung, durchgemacht haben, sollte er neuerworbene Fische selbst eine Zeitlang isoliert halten. Entsprechend der Regel: „Ein neuerworbener Fisch wird nie direkt zu anderen Fischen gesetzt", kann man die Einschleppung gefährlicher parasitärer Krankheiten wie Oodiniumbefall und Ichthyophthirius verhindern. Bei Infektionen, die sich, wie z. B. Fischtuberkulose, schleichender ausbreiten, ist es damit jedoch nicht getan.

Für Infektionskrankheiten und parasitäre Er-

krankungen stehen wirkungsvolle Medikamente zur Verfügung. Die Behandlung erfolgt in der Regel mittels Kurz- oder Langbädern, seltener durch mediziniertes Futter. Die benötigten Medikamente oder Chemikalien sind in reiner Form in der Apotheke oder im Chemikalienhandel erhältlich. Auch manche als ‚Fischmedizin' im Zoohandel geführten Präparate sind anwendbar. Man sollte sie aber nur dann anwenden, wenn ihnen eine exakte Beschreibung der einzelnen Bestandteile beiliegt.
Labyrinthfische können fast von allen Krankheiten befallen werden, an denen auch andere Fische erkranken können. Anschließend sind deshalb lediglich einige der wichtigesten Krankheiten erwähnt oder solche, die vorzugsweise bei Labyrinthern auftreten.

Durch Protozoen verursachte Erkrankungen

Zu den Protozoen zählt man eine Anzahl einzelliger Lebewesen wie Geißeltierchen, Amöben, Sporentierchen und Infusorien. Nur einige von ihnen sind Erreger von Fischkrankheiten. Wichtige und bei Labyrinthfischen häufige dorch Protozoen verursachte Erkrankungen sind:

Oodinium

Oodinium pillularis, der Erreger dieser Krankheit, wurde erstmalig bei *Colisa* gefunden, daher wird diese Erkrankung mitunter auch als *Colisa*-Krankheit bezeichnet. *Oodinium pillularis* ist keineswegs auf Labyrinthfische spezialisiert, sondern kommt bei vielen anderen Süßwasserfischen ebenfalls vor und ist auch unter dem Namen Samtkrankheit bekannt. Befallene Fische scheuern sich häufig, und mehr oder weniger große Flächen ihrer Haut sind von feinen gelbbraunen bis grünlichen Knötchen übersät. Bei stark angegriffenen Fischen befallen die Knötchen den ganzen Körper und auch die Kiemen. Außerdem können die Parasiten auch auf der Magen- und Darmschleimhaut schmarotzen. Unter dem Mikroskop erscheinen die auf der Haut sitzenden Parasiten birnenförmig. Sowie der einzelne Parasit vollständig ausgebildet ist, löst er sich vom Fisch und sinkt zu Boden. Dort kommt es, nach einem Zwischenstadium, zu einer vielfachen Teilung und zur Bildung von 32 bis 64 begeißelten Schwärmern (Dinosporen), die erneut einen Fisch befallen. Ihre Geißeln werden abgeworfen, sobald sie einen Wirt erreicht haben. Gelingt es ihnen nicht, einen Wirt zu finden, so sterben sie nach spätestens 24 Stunden ab. Durch länger anhaltenden Oodiniumbefall entstehen in der Haut kraterartige Vertiefungen. In den Kiemen kann dieser Parasit tief in das Kiemengewebe eindringen.
Die Behandlung der von Oodinium befallenen Fische kann auf zweierlei Art erfolgen. Entweder werden die Parasiten direkt bekämpft oder lediglich ihre Schwärmsporen. Ein wirksames Präparat für die direkte Bekämpfung ist Chloromycetin®-succinat (Parke Davis), welches in 1-g-Trockenampullen erhältlich ist; Chloromycetin ist rezeptpflichtig. Es wird in einer Dosierung von 1 g auf 20 Liter Aquarienwasser angewandt. Die Badedauer beträgt 8 Stunden. Eine einfachere und billigere Methode sind Dauerbäder von Malachitgrün-Chlorid, mit welchem aber lediglich die Schwärmer abgetötet werden und eine weitere Infektion unterbunden wird. Dosiert wird mit Hilfe einer Stammlösung, zu deren Herstellung 1 g Malachitgrün-Chlorid in 1 Liter Wasser aufgelöst wird. Von dieser Stammlösung setzt man 1 ml je 1 Liter Aquarienwasser zu. Für die Bäder benötigt man ein zusätzliches Aquarium ohne Bodengrund. Behandlungs-

temperatur 30 °C. Am fünften Tage nach dem Behandlungbeginn wird dem Bad noch einmal die Hälfte der ersten Dosis zugesetzt.

Costia

Das Geißeltierchen *Costia* ist ein typischer Schwächeparasit, der bei Labyrinthfischen besonders Jungfische, die unter schlechten Bedingungen leben, angreift. Erwachsene Fische werden vor allem im Anschluß an Transporte oder bei einer Abkühlung des Aquarienwassers befallen. Der einzelne Parasit ist sehr klein, nur stärkerer Befall ist in Form eines feinen schleierartigen Belages zu erkennen. Stark angegriffene Hautstellen sind blutunterlaufen, und zugleich führen die Fische schaukelnde Bewegungen aus. *Costia neatrix* parasitiert an den Oberhautzellen und zerstört sie. Die Fortpflanzung dieses Parasiten erfolgt durch Teilung. Der birnenförmige Körper ist mit zwei Geißeln versehen, mit denen sich der Parasit im Wasser fortbewegt. Ohne Wirt ist er nur maximal 60 Minuten lebensfähig. Da dieser Parasit bei 30 bis 32 °C abstirbt, kann man ihn bei den gegen hohe Temperaturen unempfindlichen Labyrinthfischen durch eine entsprechende Temperaturerhöhung über einen Zeitraum von drei Tagen abtöten. Stellt sich der erwartete Erfolg nach dieser Zeit nicht ein, handelt es sich möglicherweise um andere Parasiten. Sogenannte Hauttrüber wie die Wimpertierchen *Chilodonella* und *Trichodina* sind zwar bei Labyrinthfischen nur selten zu finden, lassen sich aber mit dem bloßen Auge nicht von *Costia* unterscheiden. Bei all diesen Hauttrübern – einschließlich von *Costia neatrix* – wirkt zuverlässig ein mindestens 4 Tage langes Dauerbad von Acriflavin (Trypaflavin) in einer Dosierung von 1 g Acriflavin auf 100 Liter Aquarienwaser. Die Behandlung sollte in einem besonderen Aquarium erfolgen.

Ichthyophthirius

Die durch das Wimpertierchen *Ichthyophthirius multifilis* verursachte Krankheit befällt häufig auch Labyrinthfische. Der in der Fischhaut sitzende Parasit hat ein typisches Aussehen und ist daher kaum mit einem anderen Parasiten zu verwechseln. Man erkennt ihn als reinweißen, von der Umgebung deutlich abgegrenzten Punkt. Nachdem er sich vom Körper des Fisches abgesetzt hat, vermehrt er sich durch Schwärmsporen, die sich einen neuen Wirt suchen. Da diese Schwärmsporen sehr zahlreich sind und ohne einen Wirt bis zu 48 Stunden leben können, breiten sie sich gefährlich aus. *Ichthyophthirius* kann nicht nur auf der Haut, sondern auch auf den Kiemen parasitieren. Die dort verborgenen Parasiten entgehen jeder noch so genauen Kontrolle und sind wahrscheinlich die Ursache für plötzlich auftretende Epidemien dieser Krankheit, die vor allem bei den Fischbeständen der Importeure und Großhändler vorkommen. Durch Malachitgrün-Oxalat können auch in der Haut sitzende Ichthyophthirien abgetötet werden, nicht aber die eventuell in den Kiemen lebenden Parasiten. Malachitgrün-Oxalat ist erheblich giftiger für die Fische als Malachitgrün-Chlorid, welches lediglich die Schwärmsporen abtötet, jedoch nicht die ausgebildeten Ichthyophthirien. Eine Behandlung mit Malachitgrün-Chlorid ist für die Fische zuträglicher, auch wenn diese Behandlung etwas länger dauert. Beim Dauerbad wird genauso verfahren, wie es bei der Behandlung der Oodiniumkrankheit angegeben ist. Bei der Anwendung von Malachitgrün-Oxalat beträgt die Maximaldosis lediglich die Hälfte der für Malachitgrün-Chlorid angegebenen Menge.

Pilzbefall

Infektionen durch die Pilze Saprolegnia und Achyla treten bei Labyrinthfischen fast nur nach Transporten und den damit oft verbundenen Hautschäden und Abkühlungen auf und sind echte Sekundärinfektionen. Sporen dieser Pilze kommen zwar fast in jedem Aquarium vor, sind aber normalerweise für die Fische ungefährlich. Nur stark geschwächte oder äußerlich verletzte Fische werden befallen. Die bei anderen Fischen bei Pilzinfektionen verwendeten Kochsalzkurzbäder (20 g Kochsalz je Liter Wasser) vertragen nicht alle Labyrinthfische, da einige von ihnen äußerst empfindlich auf Kochsalzzusätze reagieren. Falls Kochsalzbäder überhaupt angewendet werden, sind die Fische während der Badedauer von etwa 15 Minuten gut zu überwachen. Oft ist es einfacher und für die betroffenen Fische ungefährlicher, die angegriffenen Hautstellen lokal mit einer Rivanollösung abzutupfen. Die Rivanollösung stellt man durch Auflösen einer Tablette Rivanol (= 100 mg) in 100 ml heißem Wasser her.
Manche Labyrinthfische werden bisweilen auch von der Columnariskrankheit angegriffen, die in ihrem Erscheinungsbild einer Pilzinfektion zum Verwechseln ähnelt und oft fälschlich als ‚Mundpilz‘ oder ‚Mundschwamm‘ bezeichnet wird. Der Erreger dieser Krankheit, *Flexibacter columnaris,* gehört zu den Bakterien (s. dort).

Pilzbefall innerer Organe

Es sind mehrere Pilzformen bekannt, die bei Fischen innere Organe oder das Körpergewebe befallen können. Der bekannteste dieser Pilze ist *Ichthyosporidium hoferi,* der alle Organe befallen kann. Entsprechend ist auch das Krankheitsbild sehr unterschiedlich. Wirksame Behandlungsmethoden sind bisher nicht bekannt. Befallene Fische gehen nach und nach ein; es kommt nie zu einem plötzlichen Massensterben.
Ohne genaue Untersuchung in einem veterinärmedizinischen Speziallaboratorium läßt sich jedoch ein Befall durch diesen Pilz nicht von der Fischtuberkulose (s. dort) unterscheiden. Da auch bei der Fischtuberkulose jede Behandlung zwecklos ist, kann Aquarienfreunden nur geraten werden, von diesen Krankheiten befallene Fische abzutöten. Aquarien, die infizierte Fische beherbergt haben, müssen vor erneuter Anwendung desinfiziert und ihr Bodensand ausgekocht werden.

Bakterielle Erkrankungen

Bei Fischen kommt eine größere Anzahl durch Bakterien verursachter Krankheiten vor, die sich jedoch nur anhand von Untersuchungen von Fachlaboratorien bestimmen lassen. Sehr häufig bei Labyrinthfischen ist:

Fischtuberkulose

Die Fischtuberkulose wird durch verschiedene Arten der Gattung *Myobacterium* verursacht. Die Erreger dieser Krankheit kommen nach Schubert praktisch in jedem Aquarienwasser vor. Schlechte Haltungsbedingungen fördern den Ausbruch von akuten Erkrankungen. Erkrankte Fische magern ab und zeigen oft aufgetriebene Bäuche. Es kommen auch Löcher im Körpergewebe, besonders an den Körperseiten, und Glotzaugenbildung vor. Eine wirksame Behandlungsmethode ist nicht bekannt. Erkrankte Fische sind abzutöten. In gut gehaltenen Fischbeständen dürfte Fischtuberkulose kaum spontan auftreten. Besonders aus südostasiatischen Großzüchtereien eingeführte Labyrinthfische sind häufig von dieser Krankheit befallen. Die Frage, ob es sich wirklich um Fischtuberkulose oder möglicherweise um einen Befall mit *Ichthyosporidium hoferi* handelt, ist lediglich von akademischem Interesse, die Fische müssen in jedem Fall abgetötet werden.

Columnaris

Bei Labyrinthfischen tritt diese Erkrankung vorzugsweise bei Schleierkampffischen auf. Sie wird durch das Bakterium *Flexibacter columnaris* verursacht und äußert sich in Form von kleinen, gut abgegrenzten weißen Fleckchen auf der Haut. Besonders stark wird meist die Mundpartie befallen. Das Aussehen der angegriffenen Hautstellen gleicht einem Pilzbefall, und häufig wird diese Krankheit mit Pilzangriffen verwechselt, so daß sie fälschlich oft als ‚Mundpilz' bezeichnet wird. Die Behandlung befallener Fische erfolgt zweckmäßig mit Furanace®. Dosierung: 3–4 mg je Liter Aquarienwasser, Badedauer 3 Tage.
Auch bei anderen Infektionen, die durch Bakterien verursacht werden, oder bei solchen, an denen Bakterien beteiligt sind (Mischinfektionen), kann eine Behandlung mit Furanace® versucht werden. Im Wasser gelöst, wird dieses Präparat vom Fischorganismus über die Kiemen schnell aufgenommen und hat oft eine erstaunlich gute Wirkung. Bei Abschluß der Behandlung wird die Hälfte des Wassers ausgewechselt und der Rest des Medikamentes über Aktivkohle abgefiltert.

Parasitenbefall

Gegenüber Parasiten zeigen Labyrinthfische im allgemeinen eine sehr gute Widerstandskraft. Nur ganz selten wird ein Befall durch Krebstierchen, Würmer usw. zu einem Problem. Von dem Krebstierchen *Lernaea* werden Guramis gelegentlich angegriffen. Dieser Parasit bohrt sich tief in die Haut ein, verrät aber seine Anwesenheit durch Eiersäcke der Weibchen, die aus dem Körper des Fisches wurmartig heraushängen.
Alle parasitierenden Krebstiere bei Fischen können durch Neguvon® (Bayer) abgetötet werden. Dieses Präparat tötet gleichzeitig eventuell vorhandene Kiemen- und Hautwürmer ab. Die geringe zur Behandlung erforderliche Konzentration von 0,3 mg je Liter Aquarienwasser läßt sich am einfachsten über eine Stammlösung von 1 g Neguvon auf 1 Liter Wasser erreichen. Von dieser Stammlösung werden dem Wasser im Behandlungsaquarium 3 ml auf jeweils 10 Liter Aquarienwasser zugesetzt.
Bei Wurmbefall wird zweckmäßig Masoten in der Dosierung 0,5 mg je Liter Wasser eingesetzt.

Organische Erkrankungen

Erkrankungen organischer Natur können bei Fischen normalerweise kaum behandelt werden. Eine solche Erkrankung, die leider auch bei Labyrinthfischen ziemlich häufig ist, kann mit einem Sammelbegriff als **Eingeweideverfettung** bezeichnet werden. Die Verfettung innerer Organe, insbesondere die der Eierstöcke und die der Leber, können das Fortpflanzungsvermögen störend beeinflussen und zur vollständigen Sterilität führen. Auf Dauer gesehen ist vor allem die Verfettung des Lebergewebes tödlich; die für den Gesamtorganismus unentbehrlichen Leberfunktionen werden dabei durch eine Degenerierung des Lebergewebes gestört, so daß der betroffene Fisch eingeht. Ursächlich ist dafür die Ansammlung ungesättigter Fettsäuren im Lebergewebe verantwortlich. Diese Erkrankung dürfte im Aquarium bei Labyrinthfischen eine der häufigsten Todesursachen sein. Nur durch sachgemäße Ernährung (vgl. Kapitel Fütterung) kann man dieser Krankheit entgegenwirken.

Vergiftungen

Vergiftungen können bei Labyrinthfischen nicht nur durch giftige Substanzen im Wasser oder im Futter verursacht werden, vielmehr können auch Gifte von der Luft aus über das Labyrinthorgan auf den Organismus einwirken, so z. B. Tabakrauch, Abdünstungen von Lösungsmitteln usw. Eindeutige Vergiftungen sind bei Labyrinthfischen durch Lösungsmittel im Zusammenhang mit Malerarbeiten bekannt geworden. Vor umfassenderen Anstricharbeiten sollte man daher Aquarien bzw. ihren Fischbesatz aus Räumen, in denen solche Arbeiten ausgeführt werden, entfernen. Auch der Einwirkung von reinem Sauerstoff auf das Labyrinth ist schon so mancher Labyrinthfisch zum Opfer gefallen (besonders bei Transport werden die zur Verpackung der Fische verwendeten Plastikbeutel mit reinem Sauerstoff gefüllt). Solange es sich bei den transportierten Fischen nur um Arten handelt, die über die Kiemen im Wasser gelösten Sauerstoff atmen, ist die Verwendung von Sauerstoff unbedenklich. Bei allen Fischen aber, die über akzessorische Atmungsorgane verfügen, können beim Kontakt mit Sauerstoff schwere Schäden der Schleimhäute in diesen Organen entstehen. Nach meinen Erfahrungen sind Arten, die wie z.B. *Anabas* oder *Trichogaster* über ein sehr gut verzweigtes Labyrinth verfügen, besonders empfindlich. Die Schäden, die der Fisch davonträgt, führen nur ausnahmsweise sofort zum Tode. Meist gehen die betroffenen Fische innerhalb von 3 bis 10 Tagen nach dem Transport ein. Bei einer Sektion eingegangener Fische können schwere nektrotische Schäden im Labyrinth nachgewiesen werden. Direkte Todesursache ist Ersticken.

Artbeschreibungen

Bei den folgenden Artbeschreibungen werden die Labyrinthfische zunächst in asiatische und afrikanische Arten aufgeteilt, wobei mit der Beschreibung der asiatischen Arten begonnen wird. Die Familie der Anabantidae, der sowohl asiatische wie auch afrikanische Arten angehören, bildet dabei den Übergang. Die gattungs- und artreiche Familie der Belontiidae ist in fünf Unterfamilien aufgeteilt. Zwei dieser Unterfamilien, nämlich die Ctenopinae und die Sphaerichthyinae vermehren sich durch Sinkeier, die übrigen drei (Trichogasterinae, Belontinae, Macropodinae) dagegen durch Schwimmeier. Innerhalb der Familien bzw. Unterfamilien sind die Gattungen und in den Gattungen die Arten alphabetisch geordnet. Durch diese Einteilung wird eine Trennung von Arten mit Schwimmeiern und Arten mit Sinkeiern erreicht. Eine Gattungsunterteilung wird bei der Gattung *Betta* vorgenommen, es werden dort die nestbauenden Arten von den maulbrütenden Arten getrennt.

Bei der Beschreibung der Gattung werden ihre gemeinsamen Merkmale zusammengefaßt. Die Artbeschreibung enthält neben dem deutschen und dem wissenschaftlichen Namen auch die wichtigsten Synonyme (Synonyme sind nicht gültige wissenschaftliche Namen, die über einen kürzeren oder längeren Zeitraum angewandt worden sind). Die Kenntnis dieser Synonyme, einschließlich des dazugehörenden Autorennamens, erleichtert oft das Auffinden von Angaben in der älteren Fachliteratur. Weiterhin enthält die Artbeschreibung Angaben über die Maximalgröße und das Aussehen der betreffenden Art sowie Angaben über die geographische Verbreitung und über die ökologischen Verhältnisse, unter denen sie vorkommt. Ergänzt wird diese Beschreibung durch Hinweise zur Pflege im Aquarium. Dabei werden die Haltungsbedingungen besprochen, Fütterungshinweise gegeben und nähere Angaben über die Vermehrung im Aquarium gemacht. Bei Arten, bei denen Mutationsformen bekannt sind oder gar Farbschläge rein herausgezüchtet wurden, werden diese direkt im Anschluß an die Artbeschreibung behandelt. Anschließend an die Beschreibung der Labyrinthfische erfolgt eine Darstellung der Hechtköpfe (Luciocephalidae) und der Schlangenkopffische (Channidae). Bei den letzteren wird dabei das Hauptgewicht auf die kleineren Arten gelegt, die man im Zimmeraquarium nicht nur ehalten, sondern mit etwas Glück auch vermehren kann.

Oben links: Ein Pärchen des Makropoden (*M. opercularis*) unter dem Schaumnest, links das Männchen.
Oben rechts: Männchen des Gestreiften Fadenfisches (*Colisa fasciata*). Diese Art ist über weite Gebiete Indiens verbreitet und äußerst variabel in Färbung und Körperform.
Mitte links: Männchen des Honiggouramis (*Colisa chuna*).
Mitte rechts: Männchen einer roten Zuchtform des Zwergfadenfisches (*Colisa lalia*).
Unten links: Männchen des Zwergfadenfisches (*Colisa lalia*).
Unten rechts: Pärchen des Dicklippigen Fadenfisches (*Colisa labiosa*), links das Männchen.

Beschriebene Gattungen und Arten

Asiatische Labyrinthfische

Familie Belontiidae
Unterfamilie Belontinae
Belontia
B. hasselti (Cuvier, 1831)
B. signata (Günther, 1861)

Unterfamilie Macropodinae
Macropodus
M. chinensis (Bloch, 1790)
M. concolor Ahl, 1937
M. opercularis (Linné, 1758)

Unterfamilie Trichogasterinae
Colisa
C. chuna (Hamilton & Buchanan, 1822)
C. fasciata (Bloch u. Schneider, 1801)
C. labiosa (Day, 1878)
C. lalia (Hamilton & Buchanan, 1822)
Trichogster
T. leeri (Bleeker, 1852)
T. microlepis (Günther, 1861)
T. pectoralis (Regan, 1910)
T. trichopterus trichopterus (Pallas, 1777)
T. trichopterus sumatranus Ladiges, 1933

Unterfamilie Sphaerichthyinae
Parasphaerichthys
P. ocellatus Prashad und Muckerji, 1929

Oben: Ein Paar des Mosaikfadenfisches (*Trichogaster leeri*) unter dem Schaumnest. Durch einen Stups in die Körperseite des Männchens zeigt das Weibchen seine Laichbereitschaft an.
Unten: In seiner ruhigen Art paßt der Mondscheinfadenfisch (*Trichogaster microlepis*) aus Thailand trotz seiner Größe auch in die Gesellschaft kleinerer Fische.

Sphaerichthys
S. acrostoma Vierke, 1979
S. osphromenoides Canestrini, 1860
S. osphromenoides selatanensis Vierke, 1977
S. vaillanti Pellegrin, 1930

Unterfamilie Ctenopinae
Betta (Schaumnestbauer)
B. bellica Sauvage, 1884
B. coccina Vierke, 1979
B. fasciata Regan, 1909
B. foerschi, Vierke 1979
B. imbellis Ladiges, 1975
B. smaragdina Ladiges, 1972
B. splendens Regan, 1909
Betta (Maulbrüter)
B. anabatoides Bleeker, 1850
B. balunga Herre, 1940
B. brederi Myers, 1935
B. macrostoma Regan, 1909
B. picta (Cuvier u. Valenciennes, 1846)
B. pugnax (Cantor, 1850)
B. rubra Perugia, 1893
B. taeniata Regan, 1909
B. unimaculata (Popta, 1905)
Ctenops
C. nobilis McClelland, 1844
Malpulutta
M. kretseri Deraniyagala, 1937
Parosphromenus
P. deissneri Bleeker, 1859
P. filamentosus Vierke 1981
P. paludicola Tweedie, 1952
P. parvulus Vierke, 1979
Pseudosphromenus
P. cupanus (Cuvier u. Valenciennes, 1831)
P. dayi (Köhler, 1909)
Trichopsis
T. pumilus Arnold, 1936
T. schalleri Ladiges, 1962
T. vittatus (Cuvier u. Valenciennes, 1831)

Familie Helostomidae
Helostoma
H. temminckii (Cuvier u. Valenciennes, 1831)

Familie Osphromenidae
Osphronemus
O. goramy Lacépède, 1802

Familie Anabantidae (asiatische Arten)
Anabas
A. testudineus (Bloch, 1795)

Familie Anabantidae (afrikanische Arten)
Ctenopoma
Brutpflegende Ctenopoma-Arten:
C. ansorgii (Boulenger, 1912)
C. congicum Boulenger, 1887
C. damasi (Poll, 1939)
C. fasciolatum (Boulenger, 1899)
C. nanum Günther, 1896
Nicht brutpflegende Ctenopoma-Arten:
C. acutirostre Pellegrin, 1899
C. argentoventer (Ahl, 1922)
C. kingsleyae Günther, 1896
C. maculatum Thominot, 1886
C. multispinis Peters, 1844
C. muriei (Boulenger, 1906)
C. nigropannosum Reichenow, 1875
C. ocellatum Pellegrin, 1899
C. oxyrhynchum (Boulenger, 1902)
C. pellegrini (Boulenger, 1902)
C. petherici Günther, 1864
Sandelia
S. bainsii Castelnau, 1861
S. capensis (Cuvier u. Valenciennes, 1831)
Oshimia *

Hechtköpfe (Luciocephalidae)
Luciocephalus
L. pulcher (Gray, 1830/34)

* Die Gattung *Oshimia* ist nach neuesten Untersuchungen nicht existent.

Schlangenkopffische (Channidae)

Asiatische Arten:
Channa
C. lucia (Cuvier u. Valenciennes, 1831)
C. marulia (Hamilton & Buchanan, 1822)
C. melasoma (Bleeker, 1851)
C. micropeltes (Cuvier u. Valenciennes, 1831)
C. orientalis Bloch und Scheider, 1801
C. pleurophthalma (Bleeker, 1850)
C. punctata (Bloch, 1793)
C. striata (Bloch, 1797)

Afrikanische Arten:
C. africana (Steindachner, 1879)
C. obscura (Günther, 1861)

Asiatische Labyrinthfische

Familie Belontiidae, Unterfamilie Belontinae

Gattung Belontia

Die Gattung *Belontia* wurde von Myers 1923 aufgestellt. Sie umfaßt zwei Arten, die den etwas irreführenden Namen ‚Inselmakropoden' tragen, da sie nämlich den Arten der Gattung Macropodus weder näher verwandt sind, noch ausschließlich auf Inseln vorkommen. So sind neben Vorkommen auf Sri Lanka (*B. signata*), auf Borneo und Sumatra (*B. hasselti*), von der letzteren Art auch Vorkommen auf der malaiischen Halbinsel, also vom asiatischen Festland bekannt.

Bei den *Belontia* handelt es sich um verhältnismäßig große Fische, deren Aussehen eher an Cichliden als an Labyrinthfische erinnert. Ihre Haltung zusammen mit kleineren Fischen im Gesellschaftsaquarium ist nur bedingt möglich. Während der Laichzeit sind sie häufig aggressiv, insbesondere gegenüber Artgenos-

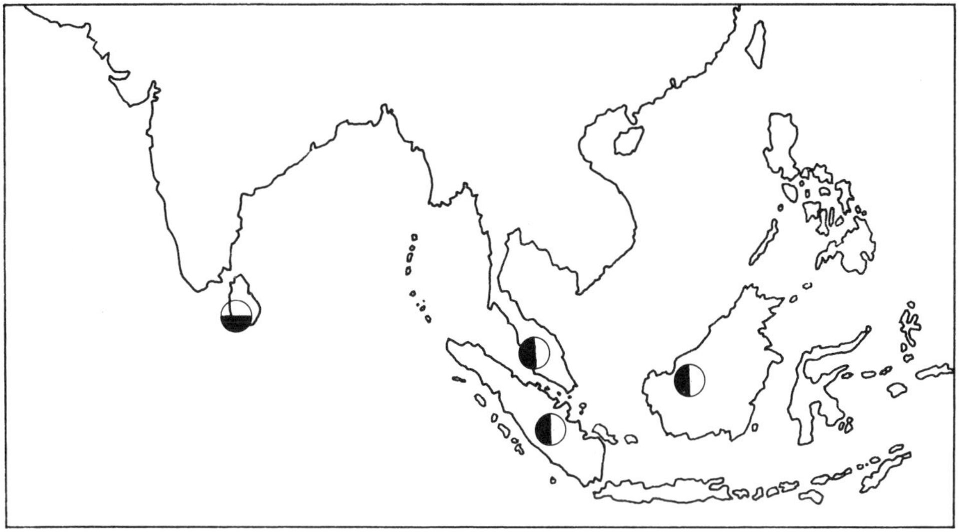

Verbreitungskarte der Gattung *Belontia.*

Belontia signata

Belontia hasselti

sen. Einer Vergesellschaftung ist allenfalls zusammen mit entsprechend großen und unempfindlichen Fischen zu empfehlen.
In der Natur kommen sie vorwiegend in fließenden Gewässern vor, doch sind auch Vorkommen in kleineren stehenden Wasseransammlungen bekannt geworden. Ihr Labyrinthorgan ist verhältnismäßig klein und wenig gefaltet. Die Fische sind bei ihrer Sauerstoffaufnahme nur in begrenztem Umfang auf ihr Labyrinth angewiesen. Sie können sehr lange unter Wasser verweilen, ohne Luft schöpfen zu müssen. Während der Dunkelheit ruhen sie häufig in Seitenlage am Boden, dabei nehmen sie eine andere Zeichnung bzw. Färbung an. In der Regel wird kein Schaumnest gebaut. Kommt es überhaupt zu einem Schaumnest, so wird dieses meist erst nach der Laichabgabe gebaut. Wenn die Revierbildung abgeschlossen ist, erfolgt die Paarung dicht unter der Oberfläche. Dabei wird das Weibchen vom Männchen bogenförmig umschlungen und mit dem Bauch zur Wasseroberfläche gewendet. Die abgegebenen Schwimmeier sind verhältnismäßig groß und haben einen Durchmesser von 1,2–1,5 mm. Zwischen den einzelnen Paarungen werden die Eier hauptsächlich vom Männchen zusammengetragen, doch kommt es auch vor, daß sich das Weibchen an dieser Arbeit beteiligt. Droht eine vermeintliche oder echte Gefahr, nehmen die Männchen die Eier nach und nach ins Maul und tragen sie an eine andere Stelle. Bei ausgewachsenen Fischen kann die Anzahl der Eier bei einer Laichabgabe 400–600 betragen.

Belontia hasselti (Cuvier, 1831)
Wabenschwanzgurami, Archipel-Makropode

Synonyme: Polyacanthus hasselti Cuvier, 1831; *Polyacanthus kuhlii* Bleeker, 1845. Zwei abweichende Formen wurden von Bleeker unter den Namen *Polyacanthus einthovenii* Bleeker, 1851 und *Polyacanthus helfrichii* Bleeker, 1855 beschrieben. Die *Ersteinfuhr* lebender Fische dieser Art erfolgte durch mehrere Importeure gleichzeitig 1966.

Länge: bis 19,5 cm.

Flossenformel: D XVI–XX/9–13, A XV–XVII/11–13.

Vorkommen: Malaiische Halbinsel, Borneo und Sumatra. Soll nach neueren Angaben auch auf Java vorkommen. Gefunden hauptsächlich in langsam fließenden, klaren Gewässern.

Geschlechtsunterschiede: Männchen schlanker als Weibchen. Unpaarige Flossen beim Männchen größer, wobei die hinteren Spitzen länger ausgezogen sind. *B. hasselti* hat ein typisches Fleckenmuser, bei dem die einzelnen Flecken die Form von Bienenwaben haben. Diese Flecken bilden ein gleichmäßiges Muster, das sich auf die Schwanzflosse, den Schwanzstiel und die weichen Teile von Rükken- und Afterflosse erstreckt. Die Grundfärbung ist graubraun, mitunter mit einer leicht grünbraunen Tönung. Die Schuppen haben dunklere Ränder. Während der Dunkelheit ändert sich die Zeichnung, und es zeigt sich eine Bänderzeichnung, die aus dunklen unregelmäßigen Querbändern besteht. Die Färbung im übrigen wird gelblich. Auch bei der Balz können die Fische eine ähnliche Färbung annehmen. Während der Paarungszeit ist die Körperfärbung der Weibchen meist etwas heller als die der Männchen. Stellt keine großen Ansprüche an die Pflegebedingungen und kann in fast jedem Wasser vermehrt werden. Aufgrund ihrer Größe nur für Aquarien über 200 Liter Inhalt geeignet. Liebt hohe Temperaturen und fühlt sich erst etwa von 25 °C an aufwärts richtig wohl. Bei der Aquarieneinrichtung sollte man zahlreiche Versteckplätze, z. B. in Form von Wurzelwerk, anbringen. *B. hasselti* frißt tierische Nahrung jeder Art und auch Pflanzenkost.

Bei der Vermehrung erfolgt das Ablaichen normalerweise ohne Schaumnest, und die Eier werden von beiden Elternfischen bewacht. Bei einer Temperatur von etwa 28 °C schlüpfen die Larven nach 24–30 Stunden. Sie schwimmen drei Tage später frei und können sofort mit Artemianauplien oder entsprechend ausgesiebtem Futter aus dem Freiland angefüttert werden.

Belontia signata (Günther, 1861)
Ceylon-Makropode
Synonym: Polyacanthus signatus Günther, 1861.

Die *Ersteinfuhr* dieser Art erfolgte 1933 durch H. Randow. Während der letzten Jahrzehnte mehrere Male erneut eingeführt.

Länge: bis 14 cm.

Flossenformel: D XVI–XVII/9–10, A XIII–XIV/10–12.

Vorkommen: In verschiedenen Formen in Sri Lanka. Kommt hauptsächlich in Flüssen vor, wurde aber auch in kleineren Wasseransammlungen gefunden.

Bei dieser Art lassen sich zwei Grundtypen unterscheiden. Zum einen eine plumpe hochrückige Form, deren Körperlänge die dreifache Körperhöhe nicht übersteigt und deren Grundfärbung rötlich ist. Diese Form dürfte der Güntherschen Originalbeschreibung zugrunde gelegen haben. Zweitens einen schlankeren Typ mit höherem oder dominierendem Blauanteil in der Färbung und einem deutlichen blaufarbigen Fleck an der Basis der Brustflosse. Die Schwanzflosse hat häufig frei herausragende Strahlen, und die Spitzen der Rücken- und Afterflosse sind länger ausgezogen als bei dem gedrungeren Typ. Zwischen diesen Typen dürften auch noch Übergänge vorkommen. Nach meinen eigenen Erfahrungen waren die Fische des ersten Types auch in ihrem Benehmen erheblich ruppiger als die später importierten schlankeren Formen. Manche Fische zeigen in der Balzfärbung graubraune oder blaurote dunkle Flecken, die aber wahrscheinlich nichts mit der Geschlechtszugehörigkeit zu tun haben.

Geschlechtsunterschiede: Die Männchen haben einen etwas schlankeren Körperbau und länger ausgezogene Rücken- und Afterflossen. Wirklich laichreife Weibchen fallen auch durch ihren Körperumfang auf. Bei noch nicht voll ausgewachsenen Fischen kann es schwierig sein, die Geschlechter zu unterscheiden.

An die Pflege stellt *B. signata* nur bescheidene Ansprüche, doch schätzt er hohe Temperaturen, etwa zwischen 25–30 °C. Neben anderen lebenden Futtertierchen kann man gerne ab und zu mit Laubregenwürmern füttern. Auch gekochter Fisch wird gerne genommen.

Für Zuchtzwecke nicht zu kleine Aquarien verwenden; die Männchen beanspruchen große Reviere und dulden vor der Laichabgabe dort oft selbst das Weibchen nicht. Bei der Laichabgabe fehlt ein Schaumnest, oder es ist lediglich fragmentarisch vorhanden. Nach der Laichabgabe wird das Weibchen in der Regel nicht mehr in der Nähe der Eier geduldet, jedoch soll es bei manchen Paaren auch bei dieser Art vorkommen, daß sich das Weibchen an der Brutpflege beteiligt. Die Larven schlüpfen bei einer Temperatur von 26–28 °C nach etwa 30 Stunden. Die Jungfische schwimmen am vierten bis fünften Tage nach dem Ablaichen frei und sind dann bereits 5–6 mm lang und können direkt mit Artemianauplien angefüttert werden.

Unterfamilie Macropodinae

Gattung Macropodus

Die durch Lacépède 1802 aufgestellte Gattung *Macropodus* besteht entsprechend der heutigen systematischen Auffassung aus drei Arten. Die zeitweilig dieser Gattung als *M. cupanus* bzw. als *M. cupanus dayi* zugeordneten Arten wurden wieder der Gattung *Pseudosphromenus* zugeordnet, die für diese Arten bereits 1879 von Bleeker aufgestellt worden war. Dabei erhielt die als Unterart geführte *M. c. dayi* Artstatus.

Vertreter der Gattung *Macropodus* sind in ganz Ost- und Südostasien weit verbreitet und kommen dort von Korea im Norden bis nach Vietnam im Süden vor. Außerdem sind Vorkommen auf Taiwan, Hainan und den japanischen Riukiu-Inseln bekannt. Bei dem zuletzt genannten Vorkommen kann es sich um eine durch ausgesetzte Exemplare entstandene Population handeln. Die Art *M. concolor* kommt möglicherweise auch auf Borneo vor. Vorkommen dieser Art in Nord-Borneo (Sarawak) sind auf Aussetzungen zurückzuführen.

Die drei *Macropodus*-Arten sind nahe miteinander verwandt und können untereinander gekreuzt werden. Die durch solche Kreuzungen entstandenen Mischlinge zeigen häufig eine deutlich herabgesetzte Fertilität, die sich in schlechten Befruchtungsresultaten und einem hohen Anteil früh absterbender Jungfische äußert, sie sind aber nur selten wirklich steril. Nach Angaben von H. Schwier, der 1939 eine Arbeit über Artbastarde der Gattung *Macropodus* veröffentlichte, sollen die Kreuzungsmännchen steril sein, die Kreuzungsweibchen jedoch fortpflanzungsfähig. Soweit es sich um Kreuzungen mit *M. chinensis* als einem der beiden Partner handelt, läßt sich dieses z. Z. nicht nachprüfen, da keine *M. chinensis* für Versuche zur Verfügung stehen. Bezüglich der Nachzuchttiere aus einer Kreuzung *M. opercularis* × *M. concolor* sind diese Angaben nicht zutreffend. Sicher ist jedoch, daß Kreuzungstiere aus den Kreuzungskombinationen *M. opercularis* Männchen × *M. concolor* Weibchen und umgekehrt, sowohl in

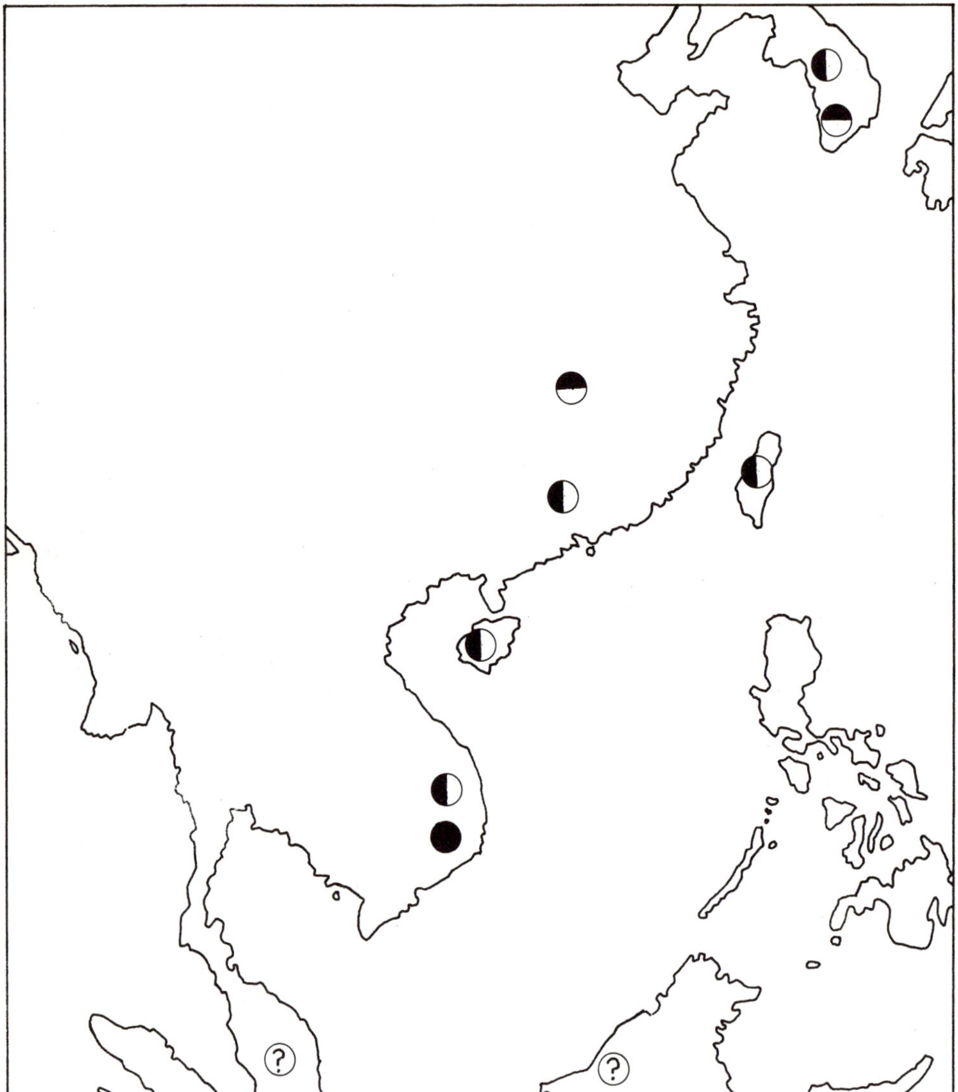

Verbreitungskarte der Gattung *Macropodus*.

Macropodus opercularis

Macropodus chinensis

Angebliche Vorkommen von
? *Macropodus concolor*

Wahrscheinliches Vorkommen von
Macropodus concolor

Rückkreuzung mit Partnern der verwendeten Ausgangsarten, wie auch untereinander fortpflanzungstauglich sind. Nach Schaller (briefl. Mitt.) können Kreuzungstiere ausschließlich untereinander verpaart über Generationen vermehrt werden. Bei einem großen Teil der Nachzuchttiere treten dann zwar Störungen in der Fertilität auf, gewisse Exemplare erwiesen sich jedoch auch noch nach mehreren Generationen als voll fortpflanzungstauglich. In ihrem äußeren Erscheinungsbild stehen die Nachzuchten zwischen denen von *M. opercularis* und *M. concolor.* Das intermedische Erscheinungsbild wird auch im Laufe von Generationen beibehalten und eine Ausmendelung in die Ursprungsformen erfolgt nicht. Kreuzungstiere haben meist den Kiemendeckelfleck wie *M. opercularis,* aber rote Bauchflossen wie *M. concolor.* Ältere Kreuzungsmännchen haben häufig ähnlich wie *M. concolor* freistehende überragende Strahlen in der Schwanzflosse. Eine interessante Beobachtung bei Kreuzungsversuchen zwischen *M. opercularis* und *M. concolor* ist, daß diese Kreuzung meist leichter in der Kombination *M. opercularis* Männchen × *M. concolor* Weibchen gelingt als umgekehrt. Die Ursache kann möglicherweise darin zu suchen sein, daß der leuchtend blaue Kiemendeckelfleck des *M. opercularis* Männchens für das *M. opercularis* Weibchen die Funktion eines Schlüsselreizes beim Paarungsvorspiel hat. Da nun dieser Fleck beim *M. concolor* Männchen fehlt, wird der normale Ablauf des Paarungsvorspieles gestört, und es kann oft Wochen dauern, bis eine Paarung wirklich zustande kommt. Kommt es zum Schluß doch zu einer Paarung, so wird die Laichabgabe oft beendet, bevor alle Eier abgelegt sind. Bei der umgekehrten Paarungskombination, d. h. *M. opercularis* Männchen × *M. concolor* Weibchen dagegen laufen das Paarungsvorspiel und die Paarungen reibungslos ab (Abb. Umschlagseite).

Trotz ihrer augenfälligen nahen Verwandtschaft kann man wahrscheinlich mit Recht alle drei *Macropodus*-Arten als ‚gute Arten' betrachten. Auch zwischen den in ihrer Körperform recht ähnlichen Arten *M. opercularis* und *M. concolor* gibt es Unterschiede in den Werten der Flossenformel und bedeutende Unterschiede in der Färbung und Zeichnung. Hinzu kommen möglicherweise noch ethologische Unterschiede, wie z.B. abweichende Schlüsselreize beim Paarungsverhalten. Andererseits erklärt die nahe Verwandtschaft der *Macropodus*-Arten untereinander manche oft widersprüchlichen Angaben in der älteren Fachliteratur. So betrachtete ein so namhafter Ichthyologe wie G. A. Boulenger (1858–1937) *M. opercularis* als eine domestizierte Form einer wildlebenden Art, möglicherweise von *M. chinensis.* Prof. E. Ahl beschrieb *M. concolor* ursprünglich als eine Unterart von *M. opercularis.* Andere Wissenschaftler wollten in dieser Art sogar eine melanistische Form von *M. opercularis* sehen.

Dieses Beispiel zeigt, wie problematisch die Grenzsituation zwischen Arten bzw. Unterarten sein kann, und wir werden der Fragestellung „Was ist eine Art? – Was ist eine Unterart?" noch bei anderen Labyrinthfischgattungen begegnen. Abgesehen von der Problematik der Fragestellung an sich kommt noch hinzu, daß große Gebiete, in denen diese Fischarten vorkommen, über Jahrzehnte hinweg für die Forschung unzugänglich waren. Ichthyologische Feldstudien waren in Ländern wie Vietnam, Laos, Kampuchea, aber auch Burma, China und in gewissen Teilen Indonesiens praktisch unmöglich.

In der Natur kommen *Macropodus*-Arten in allen erdenklichen Gewässern vor. Besonders im südlichen China und in Vietnam sind sie stellenweise Leitformen für die Fischfauna überfluteter Reisfelder. Sie verfügen über ein gut ausgebildetes Labyrinth und überleben notfalls auch einige Wochen in verschlammten und teilweise ausgetrockneten Bewässerungsgräben. Die nördlichsten Formen sind äußerst klimahart und können zumindest vorübergehend Temperaturen bis etwa +5 °C überstehen. In der Natur dürften Insektenlarven und Anflug den größten Teil ihrer Nahrung ausmachen. Die Männchen sind eifrige Nestbauer, die ihr Schaumnest gerne an einem festen Punkt wie einem Pflanzenstengel oder einem Schwimmblatt verankern. Sind Schwimmpflanzen vorhanden, so bauen sie ihr Nest auch gerne unter deren Blätter. Dem Weibchen gegenüber zeigen sich die meisten Männchen bei Revierbildung und Nestbau nur wenig aggressiv. Meist kann sich das Weibchen in der Nähe des nestbauenden Männchens aufhalten, ohne vertrieben zu werden. Es liegen zahlreiche Berichte vor, daß manche Weibchen von *M. opercularis* sich am Nestbau beteiligen. Selber habe ich diese Beobachtung noch nicht machen können, aber es ist vorgekommen, daß sich Weibchen in der Revierverteidigung engagierten, wenn das Paar zusammen mit anderen Fischen im selben Aquarium gehalten wurde.

Macropodus-Arten sind harte und anspruchslose Fische. Gewisse Exemplare können anderen Fischen gegenüber unverträglich sein, doch bestehen in dieser Hinsicht große Unterschiede. *M. opercularis* schreitet bereits bei einer Temperatur von 20 °C zur Fortpflanzung, aber bei dieser niedrigen Temperatur verzögert sich die Entwicklung der Larven erheblich. Es ist daher anzuraten, alle *Macropodus*-Arten bei Temperaturen zwischen 25–30 °C zu vermehren. Bei dieser Temperatur schlüpfen die Larven nach etwa 35 Stunden, und nach weiteren drei bis vier Tagen schwimmen die Jungfische frei. Sie halten sich anfänglich dicht unter der Wasseroberfläche auf und können im Notfall selbst mit zu Staub zerriebenem Trockenfutter aufgezogen werden. Besser ist es jedoch, sie mit entsprechend ausgesiebtem Futter aus dem Freiland oder mit Pantoffeltierchen anzufüttern. Frisch geschlüpfte Artemianauplien nehmen sie dann nach 5–6 Tagen an. Alle *Macropodus*-Arten laichen willig auch in kleinsten Aquarien. Die Aufzucht einer größeren Anzahl von Jungfischen setzt jedoch Aquarien mit mindestens 40–50 Liter Inhalt voraus.

Macropodus chinensis (Bloch, 1790)
Rundschwanzmakropode

Synonym: Chaetodon chinensis Bloch, 1790; *Polyacanthus chinensis* Cuvier u. Valenciennes, 1831; *Macropodus ctenopsoides* Brind, 1915; *Macropodus chinensis* Myers, 1925. Außerdem haben Günther und Regan diese Art als *Polyacanthus* bzw. *Macropodus opercularis* beschrieben, offenbar davon ausgehend, daß dieser Fisch die Wildform des ‚Paradiesfisches' darstelle.

Ersteinfuhr nach Europa erfolgte 1914. Ist später lediglich ganz vereinzelt eingeführt worden, und heute werden kaum Fische dieser Art in Europa gehalten.

Länge: 7 cm, Weibchen etwas kleiner.

Flossenformel: D XIV–XVIII/5–8, A XVIII–XX/9–12.

Vorkommen: Weit verbreitet von Korea bis nach Südchina.

Geschlechtsunterschiede: Flossenspitzen der Rücken- und Afterflosse beim Männchen länger ausgezogen und mit grünlich schimmernden Zwischenhäuten. Im Gegensatz zu anderen *Macropodus*-Arten hat der Rundschwanzmakropode eine abgerundete Schwanzflosse. Die Spitzen der Rücken- und Afterflosse ragen beim Männchen ein gutes Stück über die Schwanzflosse hinaus. Die Grundfärbung ist gelbbraun bis grünbraun, wobei sich über den Körper eine Anzahl unregelmäßiger dunkelbrauner Querbänder ziehen.

Da diese Art seit etlichen Jahrzehnten nicht

mehr als Aquarienfisch gehalten wurde, liegen neuere Zuchtergebnisse nicht vor. Nach den vorliegenden Angaben dürfte sich die Vermehrung dieser Art nicht von denen anderer *Macropodus*-Arten unterscheiden. Eine erneute Einführung dieser Art läßt hoffentlich nicht allzu lange auf sich warten.

Macropodus concolor Ahl, 1937
Schwarzer Makropode
Synonym: Macropodus opercularis concolor Ahl, 1937.
Die Ersteinfuhr nach Europa erfolgte 1935.
Länge: Männchen 11 cm, Weibchen 8 cm.
Flossenformel: D XII/9, A XVIII/14.
Vorkommen: In der Erstbeschreibung gibt E. Ahl als Herkunftsland ‚Niederländisch-Indien' an (1937). Als Niederländisch-Indien bezeichnete man damals den gesamten niederländischen Kolonialbesitz in diesem Gebiet, d.h. das heutige Indonesien. Der exakte Fundort war Ahl nicht bekannt. Bis heute hat sich nicht einwandfrei feststellen lassen, wo diese Art in der Natur vorkommt. Da *M. concolor* in bezug auf die Wassertemperatur entschieden empfindlicher ist als die beiden anderen *Macropodus*-Arten, dürfte sein Verbreitungsgebiet südlich von dem der beiden anderen liegen. Zuverlässige Angaben über die exakte Verbreitung liegen nicht vor. Schaller (briefl. Mitt.) hält Vorkommen westlich bzw. südlich des Mekong für unwahrscheinlich und Angaben über Funde in Thailand, auf der malaiischen Halbinsel, für zweifelhaft. Die Heimat dieser Art dürfte in den Niederungen Vietnams zu suchen sein. Auch Myers gibt ohne nähere Verbreitungsangaben Vietnam als Heimat an. Sollten sich Angaben über Fundorte auf der malaiischen Halbinsel und Borneo (Sarawak) bestätigen, so sind diese mit hoher Wahrscheinlichkeit auf Aussetzungen zurückzuführen.
Geschlechtsunterschiede: Männchen haben stark verlängerte Flossenspitzen in Rücken-, After- und Schwanzflosse.
Der Körper ist seitlich zusammengedrückt, mäßig hoch, und die Schwanzflosse ist tief gegabelt. Körperfärbung einfarbig braungrau bis schwarzbraun. Ein feines Netzmuster, das von den schwarzumsäumten Schuppen gebildet wird, bedeckt fast den ganzen Körper. Während der Revierbildung, Balz und Brutpflege nimmt das Männchen eine fast schwarze Färbung an, und die verlängerten Bauchflossen werden leuchtend rot. Während des Paarungsvorspieles und während der Paarung zeigen die Weibchen oft eine undeutliche Zeichnung, bestehend aus unregelmäßigen Querbändern und einen hellen Bauch.
In der Regel für Haltung im Gesellschaftsaquarium gut geeignet. Untereinander können die Männchen jedoch recht aggressiv sein, sie vergreifen sich aber kaum an anderen Fischen.

Macropodus opercularis (Linné, 1758)
Makropode oder Paradiesfisch
Synonyme: Labrus opercularis Linné, 1758; *Labrus operculatus* Gmelin, 1788; *Macropodus viridi-auratus* Lacépède, 1802; *Macropodus venustus* Cuvier u. Valenciennes, 1846; *Macropodus viridi-auratus* Günther, 1861.
Damit sind lediglich die wichtigsten Synonyme aufgeführt. Die Erstbeschreibung Linnés wurde bereits in der 10. Auflage von Systema Naturae 1758 veröffentlicht und ist somit genauso alt wie das System der wissenschaftlichen Namensgebung überhaupt. Dementsprechend ist auch die Zahl der Synonyme. Ersteinfuhr nach Europa 1869, nach Deutschland 1876.
Länge: Männchen bis 11 cm, Weibchen bis 9 cm.
Flossenformel: D XIII–XVII/6–8, A XVII–XX/11–15.
Vorkommen: Korea, China, Vietnam sowie die Inseln Taiwan und Hainan. Bewohnt ste-

hende und langsam fließende Gewässer aller Art. Kommt jedoch in erster Linie in seichten Wasseransammlungen, Bewässerungskanälen und überfluteten Reisfeldern vor.

Geschlechtsunterschiede: Männchen wesentlich kräftiger gefärbt und mit länger ausgezogenen Flossen.

Dank seiner wunderschönen Färbung wurde der Makropode schnell populär und überlebte dank seiner Härte in unseren Aquarien bis auf den heutigen Tag. Spätere Einfuhren sind, wenn überhaupt, nur spärlich vorgekommen. Noch ganze 60 Jahre nach seiner Ersteinfuhr, schrieb der Aquarianer-Altmeister J.P. Arnold in dem Buch ‚Fremdländische Süßwasserfische' (1936), „der schönste, anspruchsloseste und haltbarste aller Zierfische". Grundfärbung braunrot, mit blauen Querbändern. Schwanzflosse und die verlängerten Bauchflossen rot. Rücken- und Afterflosse grünlichblau und mit blau-weißlich schimmernden Spitzen. Auf dem Kiemendeckel ein leuchtendblauer Fleck.

Die Männchen sind in der Regel sehr gute Brutpfleger, die ihre Jungfische länger bewachen als andere Labyrinthfische. Es liegen auch zahlreiche Beobachtungen vor, daß sich auch die Weibchen an der Brutpflege beteiligten. Nach einer Beobachtung von Quitschau pflegte ein Weibchen die im Aquarium verbliebenen Jungen weiter, nachdem man das Schaumnest zusammen mit einem Großteil der Jungfische und dem Männchen aus dem Aquarium entfernt hatte.

Für eine Haltung im Gesellschaftsaquarium ist dieser schöne Fisch nicht immer geeignet. Manche Exemplare können recht unverträglich sein, während andere sich überhaupt nicht um ihre Mitinsassen kümmern.

Es hat nicht an Versuchen gefehlt, aus diesem populären Zierfisch besondere Zuchtformen herauszuzüchten. Schon der Zierfischzüchter Paul Matte aus Berlin-Lankewitz präsentierte 1893 einen besonders langflossigen und schön gefärbten Makropoden unter dem Namen ‚Paradiesfisch'. Bereits um die Jahrhundertwende herum begann man, besonders schöne Makropoden auf sogenannten ‚Makropodenschauen' zu zeigen und nach einem einheitlichen Standard zu bewerten. Besonders in Österreich, aber auch in einigen deutschen Städten, waren diese Schauen bis in die dreißiger Jahre populär, und zumindest in Wien sind sie auch noch später durchgeführt worden. In der DDR gab es in den letzten Jahren erneut derartige Makropodenschauen.

Wenn man jedoch von einer Albinoform absieht, bei der von den ursprünglich roten Körperpartien- und Flossen abgesehen der Fisch sonst gelblich weiß ist und rote Augen hat, sind kaum wirklich beständige Farbformen erzielt worden. In Schweden züchtete man während des letzten Krieges eine blaue Form, bei der die Rotfärbung des Körpers und der Flossen bis auf unbedeutende Reste verdrängt war, so daß der Fisch fast blau erschien. Von diesen Fischen gelangten 1950 auch einige Exemplare nach Deutschland, doch scheint diese Form wieder vollständig verschwunden zu sein. Daß es bisher nicht gelang, erbmäßig feste Farbformen des Makropoden herauszuzüchten, hat auch sein Gutes, denn es dürfte schwer sein, die Schönheit der ursprünglichen Färbung dieses Fisches zu übertreffen.

Unterfamilie Trichogasterinae

Gattung Colisa

Cuvier stellte 1831 die Gattung *Colisa* auf. Damit nahm er die vier, 1822 von Hamilton und Buchanan beschriebenen, vorderindischen Fadenfische aus der Gattung *Trichogaster* heraus und stellte sie in eine eigene Gattung. Die Bezeichnung ‚Fadenfische' verdanken die Vertreter beider Gattungen ihren fadenartig verlängerten Bauchflossen. Äußer-

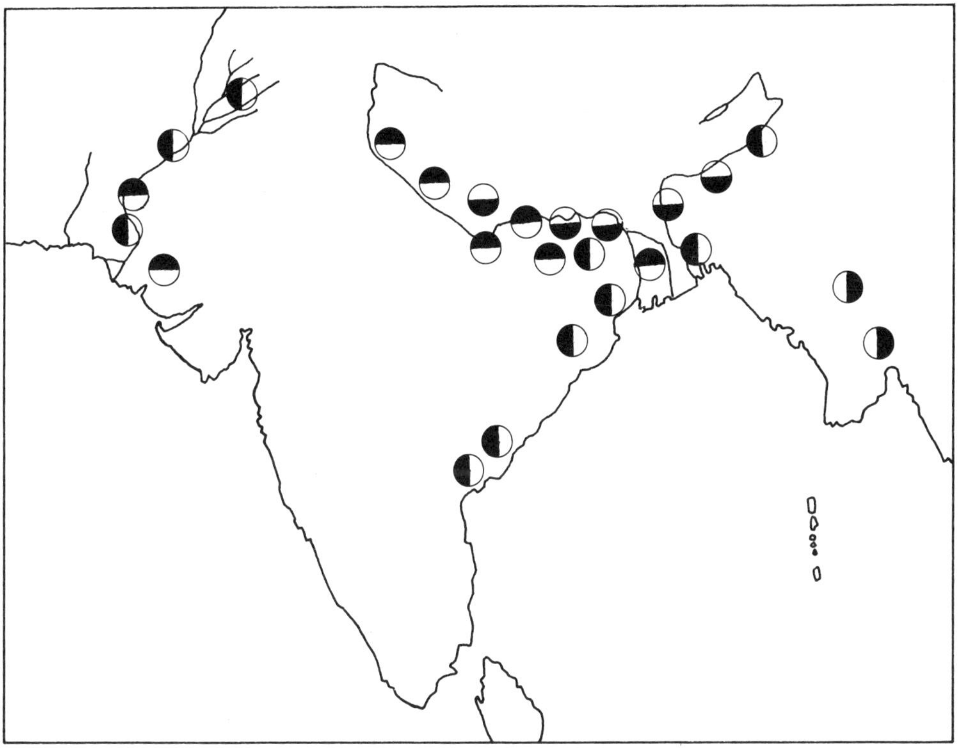

Verbreitungskarte der Gattung *Colisa.*

◐ *Colisa fasciata*

◓ *Colisa lalia*

◒ *Colisa chuna*

◑ *Colisa labiosa*

lich lassen sich die Arten dieser beiden Gattungen leicht unterscheiden. Während bei den *Colisa*-Arten Rücken- und Afterflosse etwa gleich lang sind, ist die Basis der Rückenflosse bei den *Trichogaster*-Arten wesentlich kürzer als die Basis der Afterflosse. Von den vorderindischen *Colisa*-Arten sind *Colisa fasciata* und *C. lalia* altbekannte Aquarienfische, die bereits um die Jahrhundertwende erstmalig nach Europa kamen. Eine dritte Art, *C. chuna,* wurde 1962 importiert und fand ebenfalls schnell weite Verbreitung als Aquarienfisch. Dagegen ist die vierte vorderindische Art, *Colisa sota* (Hamilton und Buchanan, 1822), bisher noch nicht lebend nach Europa gekommen. Bei dieser Art wurde die Vermutung geäußert, daß es sich bei den beschriebenen Fischen möglicherweise um Weibchen von *C. chuna* gehandelt haben könnte.

Was die im Aquarium gehaltenen Arten betrifft, so ist es auch fraglich, ob es sich bei den in Europa und den USA gehaltenen Aquarienfischen, die unter dem Namen *C. labiosa* geführt wurden, um eine selbständige Art handelt oder nicht. Es läßt sich z. Z. auch nicht feststellen, ob diese Fische mit der von Day 1878 beschriebenen Art *C. labiosa* identisch sind oder ob möglicherweise Day einen anderen Fisch beschrieb, der bisher als Aquarienfisch unbekannt ist.

Die Art *C. fasciata* hat in ihrem großen Verbreitungsgebiet eine bedeutende Variationsbreite sowohl in der Körperform wie auch in der Färbung. Die Flossen- und Schuppenformeln der bei uns als *C. labiosa* geführten Fische liegen im Rahmen der von *C. fasciata*. Die Färbungshinweise der Originalbeschreibungen sind anhand von Spiritusmaterial gemacht und somit wertlos. Klarheit könnten lediglich Felduntersuchungen an Ort und Stelle bzw. lebendes Material mit genauen Herkunftsangaben bringen. Da ein solches Material aus burmesischen Gewässern sich z. Z. kaum beschaffen lassen dürfte, muß diese Frage offen bleiben. Ich habe mich selbst während der fünfziger Jahre intensiv mit diesem Problem beschäftigt, und es gelang mir auch, lebendes Material von *Colisa fasciata* aus verschiedenen Teilen Indiens zu beschaffen. Dagegen war es nicht möglich, Fische aus dem burmesischen Raum zu erhalten. Das vorliegende Material von *Colisa fasciata* zeigte sehr gut die große Variationsbreite dieser Art in Körperform und Färbung. Bei Kreuzungsversuchen zwischen den aus Indien importierten *Colisa fasciata* mit ‚Aquarien-C. labiosa' wurden zumindest teilweise fruchtbare Mischlinge erzielt. Daher kam ich zu dem Schluß, daß der ‚Aquarien-labiosa' lediglich eine Unterart von *C. fasciata* sei. Unzweifelhaft gibt es aber doch, abgesehen von der Färbung, einige auffällige Unterschiede zwischen diesen Fischen, besonders wenn man ältere Exemplare miteinander vergleicht. Besonders alte Männchen vom *Colisa fasciata* bekommen eine recht breite und massive Kopfpartie, während die Männchen von ‚*C. labiosa*' ihre spitzere Kopfform beibehalten. Derartige Unterschiede sind jedoch bei räumlich weit voneinander lebenden Unterarten nicht ungewöhnlich und rechtfertigen allein noch keinen Artstatus. Auch temperamentsmäßig sind die bei uns als *C. labiosa* geführten Fische gegenüber *Colisa fasciata* unterschiedlich. *Colisa fasciata* ist lebhafter, beansprucht ein größeres Revier bei der Vermehrung und verhält sich oft auch dem Weibchen gegenüber ruppiger. Daher gibt diese Art meist nur kürzere Gastspielrollen in unseren Aquarien, während die ‚Aquarien-labiosa' seit Jahrzehnten zum festen Bestand an Aquarienfischen gehören. Nun können diese Unterschiede sowohl naturbedingt sein, sie können aber auch das Resultat einer ‚Aquarien-Selektion' darstellen. Die nachfolgende Artbeschreibung von *Colisa labiosa* (Day 1878) erfolgt mit der ausdrücklichen Einschränkung, daß sich die Beschreibung auf die bei uns im Aquarium unter diesem Namen geführten Fische bezieht. Die Frage, ob es sich bei diesen Fischen tatsächlich um die von Day unter diesem Namen beschriebene Art handelt, muß genau so offen bleiben, wie die Frage nach dem Art- oder Unterartstatus dieser Fische. Da diese Fische ganz allgemein in der Aquarienliteratur als *Colisa labiosa* bezeichnet werden, wird dieser Name beibehalten.

Bestimmend für die Lebensverhältnisse der vorderindischen *Colisa*-Arten sind die periodischen Regenfälle mit der damit verbundenen Überflutung weiter, tiefliegender Landstriche. Wenn in diesem Raum etwa Anfang Juli die Monsunregenfälle einsetzen, folgen die Fische den ansteigenden Wassermassen in die Überschwemmungsgebiete. Dort erfolgt im nahrungsreichen, seichten Wasser die Fortpflanzung. Die eigentliche Fortpflanzungsperiode kann sich bis etwa zum Oktober hinziehen. Mit dem Absinken des Wasserspiegels kehren die Fische in tieferes Wasser, meist Flüsse und ähnliche Wasserläufe, zurück. Dort bilden insbesondere die heranwachsenden Jungfische große Schwärme.

Es gibt jedoch auch Abweichungen von den hier beschriebenen Voraussetzungen für die Vermehrung. Besonders *Colisa fasciata* wird in allen erdenklichen Wasseransammlungen angetroffen. In gewissen Landesteilen ist diese Art einer der gewöhnlichsten Fische und dient auch als Speisefisch, der sowohl frisch wie auch getrocknet auf den Märkten angeboten wird. Day wie Regan geben an, daß *C. fasciata* auch in Ober-Burma angetroffen wird, einem Gebiet, das sich klimatisch erheblich von den indischen Tiefländern unterscheidet. Unter welchen Voraussetzungen sich diese Fische dort vermehren, wissen wir jedoch nicht.

Als Aquarienbewohner gehören die *Colisa*-Arten mit zu den dankbarsten Fischen überhaupt. Sie können alle unbedenklich auch mit kleineren Fischen zusammen im Gesellschaftsaquarium gehalten werden. Äußerst reizvoll können auch Spezialaquarien mit mehreren *Colisa*-Arten sein. Besonders gut für eine solche Haltung eignen sich die kleineren Arten *C. lalia* und *C. chuna*. Alle *Colisa*-Arten bauen recht solide Schaumnester, die gerne unter einem Lager von Schwimmpflanzen angelegt werden. *Colisa lalia* baut auch Pflanzenteile mit in das Nest ein. Die einzelnen Phasen des Paarungsvorspieles folgen sehr rasch aufeinander, und bei der Zucht in kleineren Aquarien sind Versteckplätze für die Weibchen angebracht, da sie in den Einleitungsphasen Gefahr laufen, mit einem Männchen verwechselt zu werden. Wenn sie dann keine Möglichkeit haben, schnell zu entkommen, werden sie leicht verletzt.

Colisa chuna (Hamilton & Buchanan, 1822)
Honiggurami

Synonyme: Trichopodus chuna Hamilton & Buchanan, 1822; *Colisa chuna* Cuvier u. Valenciennes, 1831; *Trichogaster chuna* Day, 1878.

Ersteinfuhr nach Europa 1962.

Länge: bis 4,5 cm; im Aquarium nachgezüchtete Fische oft kleiner.

Flossenformel: D XVII–XIX/7–8, A XVII–XX/11–15.

Vorkommen: Die bedeutendsten Verbreitungsgebiete dieser Art sind die Niederungsgebiete des unteren Ganges und Brahmaputra. Die Fortpflanzung erfolgt hauptsächlich im Überschwemmungsgelände, bei niedrigem Wasserstand und hoher Temperatur.

Im Aquarium leicht zu halten. Aufgrund seiner geringen Größe nur für eine Vergesellschaftung mit entsprechend kleinen Fischen zu empfehlen. Das Männchen baut sein Schaumnest gerne unter Schwimmpflanzen. Ist es gezwungen, sein Nest frei an der Oberfläche zu bauen, so fällt es bedeutend größer aus, besteht dann aber lediglich aus einer einzigen dünnen Schicht Schaumblasen. Die Männchen haben eine ausgeprägte Laichfärbung, die sich vollständig von ihrer sonstigen Färbung unterscheidet. Ihr Körper wird dann weinrot, während sich die untere Kopfhälfte, die Brust, der Bauch und der vordere Teil der Afterflosse bläulich-braun verfärben. Die Rückenflosse nimmt eine leuchtend gelbe Färbung an. Die Weibchen haben eine gelbbraune Grundfärbung, und vom Auge bis zur Schwanzwurzel erstreckt sich ein braunes Längsband. Außerhalb der Paarungsperioden gleichen die Männchen den Weibchen. Beim Paarungsspiel tanzt das Männchen, fast senkrecht im Wasser stehend, vor dem Weibchen und versucht es so, in Richtung auf das Nest zuschwimmend, dorthin zu locken. Bei jeder Paarung werden 10–20 Eier abgegeben, insgesamt etwa 200. Es können jedoch auch Gelege mit einer größeren Anzahl von Eiern vorkommen. Sowie die Jungfische zu schwimmen beginnen, sind die Elternfische aus dem Aquarium zu entfernen. Die Jungfische sind sehr klein, aber aufgrund ihrer dunklen Färbung gut zu erkennen. Sie müssen mit feinstem Futter wie Pantoffeltierchen oder Rädertierchen angefüttert werden.

Colisa fasciata (Bloch u. Schneider, 1801)
Gestreifter Fadenfisch
Synonym: Trichogaster fasciatus Bloch u. Schneider, 1801; *Trichopodus colisa* Hamilton & Buchanan, 1822; *Colisa vulgaris* Cuvier u. Valenciennes, 1831; *Trichogaster fasciatus* var. *playfairi* Day, 1878.
Länge: bis 10 cm, Weibchen meist etwas kleiner.
Flossenformel: D XIII–XVI/9–14, A XV–XVIII/11–18.
Ersteinfuhr nach Europa erfolgte bereits 1897 durch den Berliner Zierfischzüchter Paul Matte.
Vorkommen: Kommt mit Ausnahme des äußersten Südens und Südwestens in ganz Vorderindien vor. Lebt sowohl in den Niederungen der großen Ströme wie Indus, Ganges, Godavari, Mahanadi und Narmada sowie auch in zahlreichen kleineren Wasserläufen und sonstigen Gewässern. In diesem großen Verbreitungsgebiet kommen zahlreiche voneinander getrennte Einzelpopulationen vor, die häufig sowohl in Körperform und Färbung voneinander abweichen.
Grundfärbung braunoliv, oberseits dunkler, an den Körperseiten heller. Schräg von oben nach unten ziehen sich eine Anzahl von Querstreifen. Die Färbung dieser Querstreifen kann von unterschiedlicher Art sein und Farbtöne zwischen blau, über grün bis gelblichrot umfassen. Die Rückenflosse ist in ihrem vorderen Teil blaugrün und im hinteren Teil orangerot. Die Afterflosse ist blau- bis blaugrün und hat einen orangefarbigen Saum. Bauch und Brust sind blaugrün, und diese Färbung hat auch die Afterflosse an ihrer Basis, ihr Saum und die fadenartigen Bauchflossen sind rot.
Geschlechtsunterschiede: Das Weibchen ist erheblich matter in der Färbung und meist kleiner als das Männchen. Beim Weibchen sind die Querbänder auf den Körperseiten lediglich angedeutet. Eine dunkle Linie, die sich vom Auge bis zur Schwanzwurzel zieht, ist nicht immer sichtbar. Beim Männchen ist die Rükkenflosse spitz ausgezogen, beim Weibchen abgerundet.
Die Männchen bauen meist recht große Schaumnester, verwenden jedoch keine Pflanzenteile zum eigentlichen Nestbau. Bei Vorhandensein von Schwimmpflanzen werden die Schaumnester gerne unter diesen angelegt. *C. fasciata* ist sehr produktiv, bei einer Laichabgabe können bis zu 1000 Eier abgegeben werden. Bei einer Temperatur von 25–28 °C schlüpfen die Larven nach 24–30 Stunden, die Jungfische schwimmen nach weiteren drei Tagen frei. Sie sind mit feinst ausgesiebten Futtertierchen aus dem Freiland oder mit Pantoffeltierchen anzufüttern.

Colisa labiosa (Day, 1878)
Dicklippiger Fadenfisch
Synonyme: Trichogaster labiosus Day, 1878; *Colisa labiosa* Myers, 1923.
Länge: bis 9 cm, Weibchen kleiner.
Flossenformel: D XVII–XIX/7–9, A XVII–XX/15–20.
Die Ersteinfuhr eines einzelnen Exemplares erfolgte 1904 durch Hans Stüve, Hamburg. 1911 führte die Firma Scholze und Poetzschke (Berlin) eine Anzahl von Exemplaren ein, die unter denselben Namen in den Handel gebracht und bald auch reichlich vermehrt wurden. Schon Arnold (1936 und 1950) machte darauf aufmerksam, daß diese Fische nicht derselben Art wie das zuerst eingeführte

Exemplar anzugehören schienen, da sie z. B. keine Schuppen auf dem weichen Teil der Analflosse aufwiesen.

Vorkommen: Nach Day kommt *C. labiosa* im Stromgebiet des Irawadi von der Mündung an aufwärts bis etwa in der Höhe von Mandalai vor. Nach Regan wird diese Art außerdem noch im Tenasserim und den Shan-Staaten gefunden.

Die im Aquarium unter diesem Namen gehaltenen Fische sind in der Regel nicht länger als 6 cm.

Die Männchen haben eine braungelbe Grundfärbung und werden während der Vermehrungsperiode schwarzbraun. Über ihre etwas helleren Körperseiten ziehen sich etwas schräg von oben nach unten eine Anzahl grünblauer Querbinden. Rücken-, Schwanz- und Afterflosse ebenfalls schwarzbraun, die Rückenflosse mit rotem und die Afterflosse mit weißem Saum. Die Weibchen sind wesentlich blasser von mehr gelbbrauner Grundfärbung mit schwach bläulichen Querbändern. Rückenflosse gelblich mit einigen roten Tupfen im weichen Teil. Schwanzflosse fast farblos, Afterflosse bläulich und mit rosafarbigem Saum. Beim Männchen ist die Rückenflosse spitz ausgezogen, beim Weibchen abgerundet. Vermehrung wie bei *C. fasciata* angegeben.

Als Aquarienfisch äußerst dankbar und leicht zu halten. Eignet sich vorzüglich auch für eine Haltung im Gesellschaftsaquarium.

Colisa lalia (Hamilton & Buchanan, 1822)
Zwergfadenfisch

Synonyme: Trichopodus lalius Hamilton & Buchanan, 1822; *Colida lalius* Cuvier u. Valenciennes, 1831. Außerdem wurden unter den Namen *Colisa unicolor* Cuvier u. Valenciennes, 1831 und *Trichogaster unicolor* Günther, 1861 Fische beschrieben, die wahrscheinlich Weibchen von *Colisa lalia* waren.

Länge: bis 5,5 cm.

Flossenformel: D XV–XVII/7–10, A XVII–XVIII/13–17.

Ersteinfuhr nach Europa 1903 durch Hans Stüve, Hamburg.

Vorkommen: Die hauptsächlichsten Vorkommen dieser Art liegen in den Stromgebieten von Indus, Ganges und Brahmaputra. Die Art wird darüber hinaus in fast allen tiefgelegenen Landesteilen Nordindiens gefunden. Auch in den Bewässerungskanälen der Reisfelder kommen sie häufig vor.

Ohne Zweifel ist *C. lalia* einer der farbenprächtigsten Süßwasserfische überhaupt. Die Männchen haben eine blaugrüne, stark irisierende Grundfärbung, auf der rote Querbänder, die schräg von oben nach unten über die Körperseiten laufen, und zahlreiche Striche und Flekken derselben Farbe in den Flossen, die ein harmonisches Muster bilden. Die Weibchen sind fast einfarbig grau, mit lediglich angedeuteten bläulichen Querbändern. Beim Männchen ist die Rückenflosse hinten spitz, beim Weibchen gerundet. Dieser Unterschied ist bereits bei halbausgewachsenen, noch nicht ausgefärbten Jungfischen vorhanden.

Sehr gut für eine Haltung in einem gut bepflanzten Gesellschaftsaquarium geeignet. Die Männchen bauen auch dort ihre mit Pflanzenteilen verstärkten Nester und verteidigen diese unerschrocken auch gegen erheblich größere Fische. Zu ihrem Recht kommen sie aber nur, wenn das Aquarium reichliche Deckungsmöglichkeiten bietet und die Hälterungstemperatur mindestens 25 °C beträgt. Für planmäßige Zucht möglichst große Aquarien verwenden. Schwimmpflanzen oder feinfiedrige Wasserpflanzen, die zum Nestbau verwendet werden können, sollten nicht fehlen. Manche Männchen bauen große Nester, die bis gut 3 cm hoch sein können. Bei jeder Paarung werden zwischen 40–50 Eier abgegeben, und große Weibchen können 500–600 Eier bei einer Laichabgabe legen. Bei einer Temperatur von

28°C schlüpfen die Larven bereits nach 24 Stunden, und die Jungfische schwimmen nach weiteren 3 Tagen frei. Sie gehören zu den kleinsten Jungfischen im Aquarium überhaupt. Der Erfolg der Aufzucht hängt daher weitgehend davon ab, ob sie in ihren ersten Lebenstagen genügend kleines Futter in Form von Rädertierchen oder Pantoffeltierchen erhalten. Eine weitere kritische Periode kommt für die heranwachsenden Jungfische mit der Ausbildung des Labyrinthes, etwa in der vierten bis fünften Lebenswoche. So leicht es nämlich ist, von dieser Art Nachzucht zu erhalten, genau so schwer kann es sein, den zahlreichen Nachwuchs erfolgreich aufzuziehen.

Leider sind die heute im Handel geführten *C. lalia* oft von schlechter Qualität, überempfindlich gegenüber Infektionen und nicht selten Träger von Krankheiten, wie z. B. von Fischtuberkulose. Es ist möglich, daß es sich bei diesen Erscheinungen um eine wirkliche Degeneration als Folge schlechter bzw. fehlender Zuchtauswahl handelt. Genauso gut kann aber auch der unkontrollierte Gebrauch aller erdenklichen bakterienhemmenden Mittel in der kommerziellen Fischzucht, insbesondere in südostasiatischen Großzüchtereien, die Ursache sein. Durch den ständigen Einsatz von Antibiotika- und Sulfonamidpräparaten bekommen die heranwachsenden Fische überhaupt keine Möglichkeit, eine natürliche Widerstandskraft gegen bakterielle Erkrankungen aufzubauen. Kommen die Fische schließlich – noch geschwächt durch einen anstrengenden Transport – nach Europa, fallen sie leicht einer Infektion zum Opfer. Es kann daher schwierig sein, wirklich gute Tiere dieser Art zu erhalten. Am sichersten ist noch der Erwerb von Fischen aus Liebhaberzuchten.

Zuchtformen verschiedener Farbtypen sind von *C. lalia* während der letzten Jahre bekannt geworden. Mehrere blaue und rote Formen wurden etwa von 1979–1980 an in den Handel gebracht. Die meisten von ihnen scheinen erblich nicht stabil zu sein, oder es wurden lediglich die Männchen der Farbformen zusammen mit normalen wildfarbenen Weibchen geliefert. Bei einer leuchtend-hellroten Form war die intensive Rotfärbung möglicherweise das Resultat eines bestimmten Farbfutters. Diese Fische verblaßten nämlich nach einiger Zeit und wurden nach und nach der Wildform ähnlich, ohne jedoch deren Farbintensität richtig zu erreichen. Von den verschiedenen Zuchtformen, die soweit bekannt alle aus südostasiatischen Züchtereien stammen, hat sich bis heute lediglich eine kupferrote Form, mit wunderschöner blauer Rückenflosse, als erblich stabil erwiesen. Im Handel ist diese Form unter dem Namen ‚Regenbogen-Lalia‘ verkauft worden. Die zu dieser Farbform gehörenden Weibchen sind einfarbig hellgrau-silberfarbig, ohne jede Streifenzeichnung. Mit den dazugehörigen Weibchen verpaart erhält man von den kupferroten Männchen Nachzuchttiere derselben Färbung. Bei Verpaarung mit wildfarbigen *C. lalia* wird der entsprechende Erbfaktor rezessiv vererbt. Bei mir brachte eine Paarung zwischen einem kupferfarbigen Männchen mit wildfarbigem Weibchen in der F_1-Generation ausschließlich wildfarbige Nachkommen. Erst bei weiterer Verpaarung des Nachwuchses untereinander tauchten in der F_2-Generation wieder rote Männchen auf. Die Erfahrungen, die bisher gesammelt werden konnten, sind doch noch allzu gering, um in dieser Hinsicht etwas End-

Oben: Der Schaufelfadenfisch (*Trichogaster pectoralis*), ursprünglich in Kampuchea, dem östlichen Thailand, und im südlichen Vietnam beheimatet, ist als geschätzter Speisefisch heute an vielen Plätzen Südostasiens anzutreffen.
Unten links: Goldgurami, eine Zuchtform von *Trichogaster trichopterus.*
Unten rechts: Der Punktierte Fadenfisch (*Trichogaster trichopteris trichopterus*).

gültiges sagen zu können. Sicher ist lediglich, daß durchaus nicht alle Farbformen, die angeboten werden, rein durchgezüchtete Zuchtstämme sind. So bleibt der Kauf dieser Fische, wenn er mit der Absicht erfolgt, sie nachzuzüchten, immer ein wenig ein Lotteriespiel.

Gattung Trichogaster

Die Gattung *Trichogaster* – aufgestellt durch Bloch 1801 – umfaßt 4 Arten, eine davon mit zwei verschiedenen Unterarten. Sowohl in ihrem Aussehen wie auch in ihrem Verhalten weisen sie Ähnlichkeit mit den *Colisa*-Arten auf. Genau wie bei diesen sind die Bauchflossen fadenartig verlängert. Deshalb bezeichnet man die Vertreter beider Gattungen als ‚Fadenfische'. In ihrer Verbreitung schließen sie sich östlich an die *Colisa*-Arten an. Während das Verbreitungsgebiet der *Colisa*-Arten Indien und Burma umfaßt, findet man *Trichogaster*-Arten östlich davon, in Vietnam, Thailand, Kampuchea, Malaysia bzw. südöstlich auf Sumatra, Borneo, Java und Bali. Vorkommen östlich der als ‚Wallace-Linie' bezeichneten tiergeographischen Grenzlinie, auf den kleinen Sundainseln Lombok und Sumbawa, auf der zu den Molukken gehörenden Insel Obi und auf der Philippineninsel Luzon, sind wahrscheinlich durch Aussetzungen zustande gekommen. Nicht nur als Speisefische sind Fischarten in fremde Gewässer ausgesetzt worden, bei etlichen Faunenverfälschungen dürften auch Aquarienfreunde Pate gestanden haben. So setzte man in Europa nordamerikanische Sonnenbarsche und Welse aus, die heute mancherorts fast schon als ‚einheimisch' betrachtet werden. Heutzutage gibt es aber auch unter Malaien und Chinesen Aquarienfreunde, die im indomalaiischen Raum kleinere Fischarten in Gewässern ausgesetzt haben, in denen diese Fische ursprünglich nicht heimisch waren.

Die nach dem britischen Zoologen A. R. Wallace benannte tiergeographische Grenze teilt im indomalaiischen Raum erstaunlich genau die Tierwelt der orientalischen Region von der Tierwelt der australischen Region. Diese Trennung gilt in großen Zügen auch für die dort lebenden Süßwasserfische. So hat z. B. Borneo eine gänzlich andere Süßwasserfischfauna als das benachbarte Celebes. Diese tiergeographische Grenze teilt die Inseln des malaiischen Archipels in zwei Teile und verläuft dabei zwischen den Inseln Bali und Lombok und zwischen Borneo und Celebes. Nach Norden fortsetzend, läuft sie westlich der Philippinen. Man kann davon ausgehen, daß Labyrinthfischvorkommen östlich von dieser Linie verhältnismäßig jung sind. Meist hat der Mensch zur ihrer Entstehung beigetragen.

Die größte *Trichogaster*-Art, der Schaufelfadenfisch (*T. pectoralis*), der gut 20 cm lang werden kann, wurde als Speisefisch auch in Gewässern ausgesetzt, die weit entfernt von dessen ursprünglichem Verbreitungsgebiet liegen. Diese Art kommt heute nicht nur auf Sri Lanka vor, sie wird auch auf mehreren Antilleninseln in Mittelamerika angetroffen. Unter den *Trichogaster*-Arten findet man auch Fische, die zumindest zeitweise im Brackwasser angetroffen werden, dies gilt für *T. trichopterus* und *T. pectoralis*.

Die *Trichogaster*-Arten sind größer als ihre weiter westlich lebenden Verwandten, die *Colisa*-Arten. Alle vier *Trichogaster*-Arten wer-

Oben links: Junges Männchen des Blauen Fadenfisches (*Trichogaster trichopterus sumatranus*).
Oben rechts: Cosby-Gurami oder Marmorierter Fadenfisch, eine Zuchtform des Blauen Fadenfisches.
Mitte links: *Parasphaerichthys ocellatus,* eine äußerst seltene und bisher nur in Einzelstücken importierte Art aus dem nördlichen Burma.
Mitte rechts: Ein Männchen des Spitzmäuligen Schokoladenguramis (*Sphaerichthys acrostoma*).
Unten links: *Sphaerichthys osphromenoides selatanensis,* eine Unterart des Schokoladenguramis.
Unten rechts: Schokoladengurami (*Sphaerichthys osphromenoides*). Das abgebildete Exemplar stammt von der Malaiischen Halbinsel.

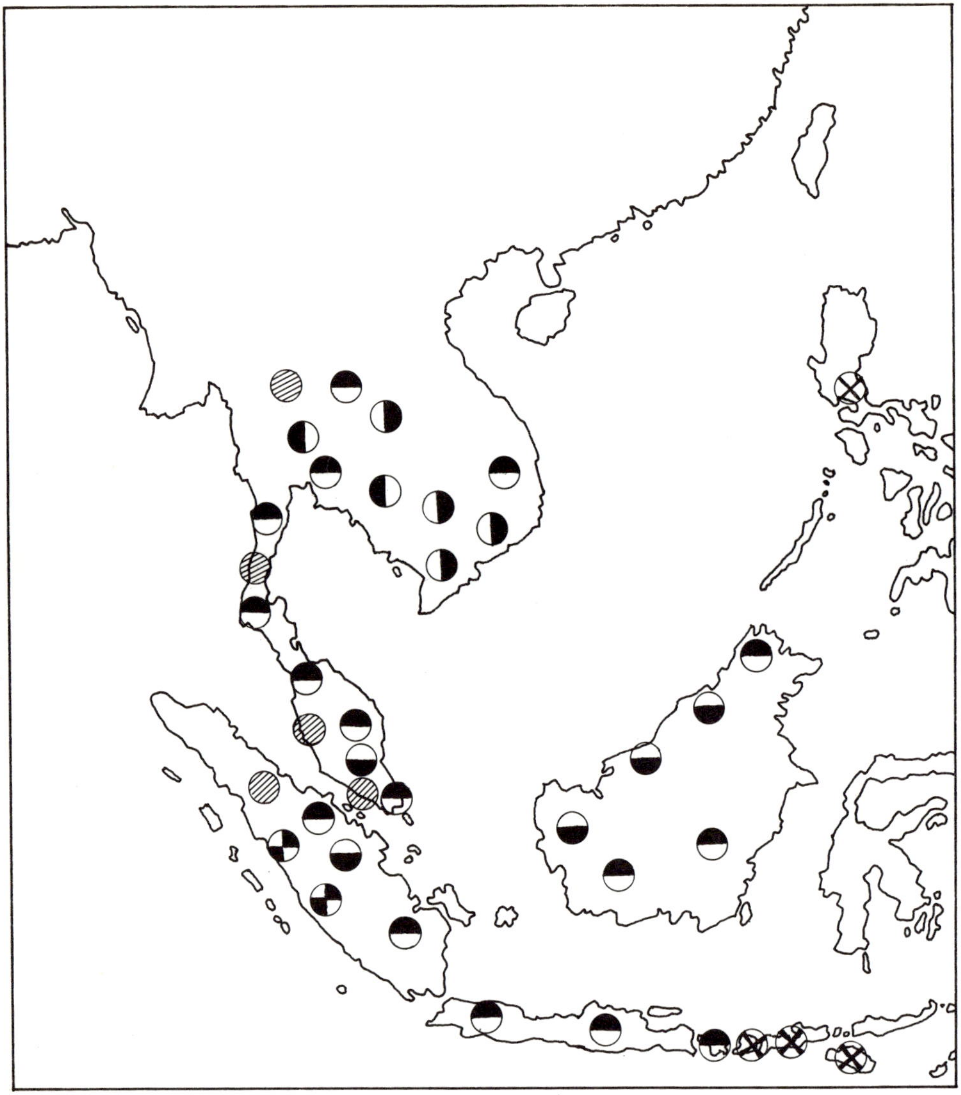

Verbreitungskarte der Gattung *Trichogaster*.

◓ *Trichogaster leeri*

◐ *Trichogaster microlepis*

◑ *Trichogaster pectoralis*

◍ *Trichogaster pectoralis* (durch Aussetzung entstandene Populationen)

◒ *Trichogaster trichopterus trichopterus*

◕ *Trichogaster trichopterus sumatranus*

⊗ *Trichogaster trichopterus trichopterus* (wahrscheinlich durch Aussetzung entstandene Populationen) den länger als 10 cm. Im Aquarium erreichen dic größten von ihnen ihre Maximallänge nur in sehr großen Behältern. Bereits gut halbwüchsig sind sie geschlechtsreif. Von den *Colisa*-Arten unterscheidet man sie leicht durch die in der Basislänge wesentlich kürzere Rükkenflosse. Auch die fadenartigen Bauchflossen sind etwas unterschiedlich ausgeformt. Bei den *Colisa*-Arten bestehen diese aus einem einzigen, fadenartig verlängerten Flossenstrahl; bei den *Trichogaster*-Arten kann man bei genauem Hinsehen noch zwei zusammengewachsene Flossenstrahlen erkennen. Ihre Schwanzflosse ist immer etwas eingekerbt. Bei manchen Arten ist die Rücken- wie Afterflosse der Männchen deutlich vergrößert.

Als Nahrung schätzen die *Trichogaster*-Arten kleinere Futtertierchen sehr, die sie eindeutig größeren vorziehen. Sie fressen auch gerne Ersatzfutter aller Art und nehmen Algenkost zu sich. Einseitig mit Trockenfutter ernährte Fische neigen stark zu ‚Organverfettung', ihre Nahrung sollte daher reichlich Ballaststoffe enthalten. Bei sachgemäßer Fütterung werden Angehörige der Gattung *Trichogaster* jedoch älter als die meisten anderen Labyrinthfische, und es ist nicht ungewöhnlich, daß sie 7–8 Jahre alt werden.

Die Nestbaumethode ist in freien Gewässern stark von den lokalen Verhältnissen abhängig. In schwach fließendem Wasser suchen sich die Männchen dazu mit erstaunlicher Umsicht störungsfreie Stellen aus. Ihre festen und aus sehr feinen Blasen bestehenden Schaumnester findet man häufig zwischen Schwimmblättern von Seerosengewächsen, stets dort, wo die Strömung stark reduziert oder gar durch Hindernisse aufgehoben ist. Beim Nestbau schöpfen die Männchen an der Oberfläche zunächst Luft, die sie dann in Form einer Unzahl feiner Bläschen durch den Mund und durch die Kiemendeckelöffnung von sich geben. In stehenden Gewässern werden von Schwimmpflanzen bedeckte Stellen für den Nestbau vorgezogen.

Im Aquarium bauen sie meist reine Schaumnester, Pflanzen- und Pflanzenteile werden dabei nur selten verwendet. Eine Ausnahme macht in dieser Hinsicht *T. microlepis,* der sehr viele Pflanzenteile für seinen Nestbau benötigt. Das Paarungsvorspiel enthält nur wenige voneinander getrennte Momente. Nur selten sieht man, daß das Männchen dem Weibchen vorausschwimmend versucht, dieses zum Nest zu locken. Die meisten Paarungen werden durch spontanes Aufsuchen des unter dem Nest stehenden Männchens durch das Weibchen eingeleitet. Nachdem es das Männchen zunächst mit der Mundpartie einige Male in die Körperseite stößt, umschlingt das Männchen das Weibchen. Zunächst verharrt das umschlungene Paar eine Weile, wobei das Weibchen in seiner normalen Lage verbleibt. Erst nach 20–30 Sekunden erfolgt dann die Drehung, so daß das Weibchen mit der Bauchseite nach oben liegt. In dieser Lage werden die Eier ausgestoßen. Zwischen den einzelnen Paarungen pflegt das Männchen das Weibchen aus der Nähe des Nestes zu verjagen. Die Anzahl der bei jeder Paarung abgegebenen Eier beträgt 40–80. Insgesamt legen größere Weibchen zwischen 1500–2000 Eier. Eingeleitet wird das Paarungsgeschäft in der Regel mit einigen Scheinpaarungen, d. h. Paarungen, bei denen keine Eier abgegeben werden. Bei einer Temperatur von 24–25 °C schlüpfen die Larven schon nach 36 Stunden, bei 28–30 °C schon nach 24 Stunden. Die Jungfische, die drei Tage später frei schwimmen, sind sehr schnellwüchsig, tendieren jedoch dazu, ungleichmäßig zu wachsen. Die Aufzucht umfangreicherer Bruten gelingt nur dann, wenn entweder gleich von Anfang sehr große Zuchtaquarien verwendet werden, bzw. wenn die zahlreiche Brut bald auf mehrere Aquarien verteilt wird. Beim Verteilen sortiert man da-

bei, falls notwendig, die Jungfische größenmäßig.
Auch für eine Haltung in Gesellschaftsaquarien eignen sich die *Trichogaster*-Arten gut. Da sie ausgesprochen friedlich, selbst kleinsten Fischen gegenüber, sind, eignen sie sich auch für eine Haltung zusammen mit kleinen Fischen in großen Aquarien. Ein derartiger Einschlag von einigen größeren Fischen ist häufig aus ästhetischen Gründen erwünscht, und dazu eignen sich *Trichogaster*-Arten besser als z. B. Karpfenfische oder gar Buntbarsche. Eine prächtige, für diesen Zweck bestens geeignete Art ist der Mosaikfadenfisch (*T. leeri*). Auch eine gemeinsame Haltung mehrerer *Trichogaster*-Arten in einem ‚Trichogaster-Aquarium' kann sehr reizvoll sein.

Trichogaster leeri (Bleeker, 1852)
Mosaikfadenfisch
Synonyme: Trichopus leerii Bleeker, 1852; *Osphromenus trichopterus* var. *leeri* Günther, 1861; *Trichopodus leeri* Regan, 1909.
Benannt wurde die Art nach ihrem Entdecker, einem holländischen Arzt, mit dem Namen van Leer.
Ersteinführung 1933 durch die Firma Härtel in Dresden.
Länge: bis 12 cm.
Flossenformel: D V–VII/8–10, A XII–XIV/25–30.
Vorkommen: Die malaiische Halbinsel, Sumatra und Borneo. Angaben, nach denen diese Art auch auf Java vorkommen soll, sind zweifelhaft. Einzelne Funde aus der Umgebung von Bangkok (Thailand) sind möglicherweise das Resultat von aus Züchtereien entwichener bzw. ausgesetzter Fische oder auch, wie J. Vierke vermutet, lediglich Verwechslungen mit *T. microlepis.*
Der Körper ist ziemlich hoch und seitlich stark zusammengedrückt. Grundfärbung silbergrau. Auf dem Rücken vor der Rückenflosse graubraun. Zahlreiche hellere Flecken mit dunklerer Umrandung bedecken den größten Teil des Körpers sowie Rücken, After- und Schwanzflosse. Das von diesen Flecken gebildete Mosaikmuster irisiert bei auffallendem Licht. Die Zeichnung ist bei beiden Geschlechtern gleich, jedoch beim Männchen deutlicher ausgeprägt. Ausgewachsene Männchen haben außerdem erheblich größere Rücken- und Afterflossen. Der schönste Schmuck der Männchen ist die rote Färbung der Unterseite, die sich von der unteren Kopfhälfte über die Brust bis zur vorderen Bauchhälfte erstreckt und den vorderen Teil der Afterflosse mit einschließt. Während der Balz und während der Brutpflege nimmt die Intensität der Rotfärbung deutlich zu.
Bauen meist große Schaumnester, die aus sehr feinen Blasen bestehen. Abgegebene Eier werden im Schaum eingebettet bzw. mit Schaum unterbaut. Pflanzenteile werden nur selten beim Nestbau verwendet. Meist recht produktiv, doch erfordert die Aufzucht großer Bruten viel gut ausgesiebtes Futter aus dem Freiland. Artemianauplien werden etwa vom 6. bis 7. Tag nach dem Freischwimmen angenommen.

Trichogaster microlepis (Günther, 1861)
Mondscheinfadenfisch
Synonyme: Ospromenus microlepis Günther, 1861; *Trichopus microlepis* Sauvage, 1881; *Trichopodus microlepis* Regan, 1909.
Länge: bis 18 cm, im Aquarium doch nur selten länger als 12 cm.
Flossenformel: D III–IV/7–10, A X–XI/34–40.
Ersteinfuhr 1951 durch die Firma Aquarium, Hamburg.
Vorkommen: Thailand und Kampuchea.
Die Grundfärbung ist einfarbig silbrig, mit einem stark irisierenden bläulichen Schimmer. Bei erwachsenen Tieren kann man die Ge-

schlechter an der Farbe der fadenförmigen Bauchflossen erkennen, die beim Männchen orangefarbig bis rot, beim Weibchen dagegen gelblich sind. Andere Unterschiede sind nicht vorhanden und die Flossen bei beiden Geschlechtern gleich groß. Laichreife Weibchen zeigen jedoch einen größeren Bauchumfang als die Männchen.

In der Nestbauweise unterscheidet sich der Mondscheinfadenfisch von den anderen *Trichogaster*-Arten. Stehen den Fischen genügend Pflanzen, möglichst Schwimmformen des Wasserfarnes (*Ceratopteris*) zur Verfügung, so bauen sie umfangreiche Pflanzennester. Auch andere Schwimmpflanzen und abgerissene Teile von Stengelpflanzen werden mit verbaut. Fehlen geeignete Pflanzen, so baut der Mondscheinfadenfisch notfalls auch ein gewöhnliches Schaumnest, jedoch habe ich es noch nie erlebt, daß er keine Pflanzen verwendete, wenn solche zugänglich waren. Die großen Haufen der sich bald zersetzenden Pflanzen, den die Nester darstellen, sind ein ausgezeichneter Nährboden für verschiedene Infusorienformen, die den sehr kleinen Jungfischen während der ersten Lebenstage als Nahrung dienen. Unter guten Bedingungen, das heißt in großen Aquarien mit reichlichem Bestand an Wasserpflanzen, können diese Fische Nester bis zu einem Durchmesser von 30 cm bauen, die in der Mitte bis 15 cm hoch sind. Die Jungfische sind mit feinst ausgesiebtem Futter aus dem Freiland oder mit Pantoffeltierchen anzufüttern.

In seinem Benehmen erinnert diese Art stark an *T. leeri*. In der Natur kommen beide Arten jedoch anscheinend nirgendwo gemeinsam vor.

Trichogaster pectoralis (Regan, 1910)
Schaufelfadenfisch
Synonyme: Trichopodus pectoralis Regan, 1909; *Trichogaster pectoralis* Smith, 1933.
Länge: bis 20 cm, eine Lokalform noch größer.
Flossenformel: D VII/10–11, A IX–XI/36–38.
Vorkommen: Ursprünglich im südlichen Vietnam, Kampuchea und im östlichen Thailand beheimatet, wird diese Art heute auch an vielen anderen Stellen in Südostasien angetroffen. Schon um 1920 herum wurde sie in der Umgebung Singapurs eingebürgert, und einige Jahre später wurden sie an anderen Stellen in Gewässer der Malaiischen Halbinsel ausgesetzt. Heute ist sie dort mancherorts, wie z. B. im Stromgebiet des Perak, eine der am häufigsten vorkommenden Fischarten. Andere durch Aussetzung entstandene Populationen findet man auf Sri Lanka und auf den Antilleninseln Haiti und Great Inagua.

Man findet diesen sehr schnellwüchsigen und anspruchslosen Fisch in fast jedem Gewässertyp. In Flüssen und Kanälen, in Teichen und Bewässerungsgräben, in überfluteten Reisfeldern und im Delta des Mekong sogar im Brackwasser. Im zentralen Thailand kommt eine besonders große und hochrückige Form vor. Es ist jedoch nicht sicher, ob es sich dabei um eine natürliche Lokalrasse oder um die Nachkommen einer züchterisch veredelten Speisefischrasse handelt. Denn genauso wie man in Europa schon seit Jahrhunderten raschwüchsige und hochrückige Speisekarpfen herausgezüchtet hat, so haben auch die Völker Ost- und Südostasiens Speisefische veredelt. Besonders die Chinesen, die ja auch zahlreich in allen Ländern Südostasiens vertreten sind, waren auf diesem Gebiet erfolgreich.

Ersteinfuhr durch die Importfirma J. Wolmer, Hamburg 1914. Die Art wurde 1952 und 1954 durch die Firma Aquarium, Hamburg, erneut eingeführt.

Grundfärbung: Grüngrau, an den Seiten mehr silberfarbig. Längs der Körpermitte zieht sich ein Längsband, welches aus einer Anzahl dunkler Flecken besteht. Zwischen diesen Flecken ziehen sich vom Rücken zur Bauchseite hellere Bänder. Bei älteren Fischen verblaßt das Längsband und verschwindet während der Laichzeit vollständig, die Querbinden treten dann deutlicher hervor.

Geschlechtsunterschiede: Die Männchen sind etwas schlanker und haben eine spitz ausgezogene Rückenflosse. Beim Weibchen ist diese kleiner und abgerundet.

Als Aquarienfische sieht man sie nur selten, obwohl sie im Zimmeraquarium kaum größer als 12–14 cm werden und genauso friedlich sind wie andere *Trichogaster*-Arten. Nach Richter bauen sie verhältnismäßig kleine Schaumnester. Ausgewachsene Weibchen legen mehrere tausend Eier, ihre Zucht erfordert große Aquarien.

Im Körperbau unterscheidet sich der Schaufelfadenfisch von den übrigen *Trichogaster*-Arten durch einen rundlicheren Körperquerschnitt.

Trichogaster trichopterus (Pallas, 1777)
Punktierter Fadenfisch

Synonyme: Labrus trichopterus Pallas, 1777; *Trichogaster trichopterus* Bloch u. Schneider, 1801; *Trichopodus trichopterus* Lacépède, 1801; *Trichopus trichopterus* Cuvier u. Valenciennes 1831; *Trichopus sepat* Bleeker, 1845; *Osphromenus siamensis* Günther, 1861; *Trichopus siamensis* Sauvage, 1881; *Osphromenus saigonensis* Borodin, 1930. Die zahlreichen Synonyme sind teilweise damit zu erklären, daß untereinander abweichende Lokalformen als Arten beschrieben wurden.

Ersteinfuhr durch die Hamburger Firma Umlauf im Jahre 1896.

Länge: 12 cm.

Flossenformel: D VII–IX/8–10, A X–XII/33–38.

Vorkommen: Weit verbreitet im hinterindischen und malaiischen Bereich (vergleiche Karte). Vorkommen im peripheren Bereich seiner Ausbreitung sind zum Teil durch menschliche Hilfe zustande gekommen. In ihrem großen Verbreitungsgebiet ist diese Art sehr variabel, und es kommen eine ganze Reihe von Lokalformen vor. Eine nähere Bearbeitung dieser Lokalformen ist bisher nicht vorgenommen worden. Bisher wurde lediglich eine aus Sumatra stammende blaue Form als Unterart beschrieben.

Der Punktierte Fadenfisch kommt in fast allen Gewässertypen vor. Besonders an verkrauteten Flußufern, in Kanälen, Teichen und Seen, die entweder Unterwasserpflanzen oder Schwimmpflanzen aufweisen. Lebt periodisch auch in überfluteten Reisfeldern und wird, zumindest zeitweise, sogar im Brackwasser gefunden.

Typisch für ihr Aussehen sind zwei dunkle Flecke, von denen sich einer auf der Mitte der Körperseite und einer auf der Schwanzwurzel befindet. Diese Zeichnung, die der Art ihren deutschen Namen einbrachte, ist immer sichtbar. Die Grundfärbung und die Zeichnungsmuster können je nach Herkunft recht unterschiedlich sein. Manche Exemplare haben eine schöne Marmorzeichnung auf grüngrauem oder gelbgrünlichem Grund. Andere sind mehr einfarbig grüngrau, aber es kommen auch Fische von mehr bräunlicher Grundfärbung vor. Geschlechtsunterschiede: Beim Männchen ist die Rückenflosse länger und spitz ausgezogen. Auch die Afterflosse ist beim Männchen größer und an ihrem unteren Rande mit einer Reihe von leuchtenden, orangefarbigen oder gelben Punkten verziert. Bereits gut halbwüchsig geschlechtsreif.

Vermehrung wie bei der Gattungsbeschreibung angegeben.

Trichogaster trichopterus sumatranus
Ladiges, 1933
Blauer Fadenfisch

Ist eine aus Sumatra stammende Unterart von leuchtend blauer Grundfärbung. Soweit feststellbar, handelt es sich um eine in der Natur entstandene Farbmutationsform. Sie wurde 1933 erstmalig eingeführt und als Aquarienfisch schnell beliebt. Heute wird sie weitaus häufiger gehalten als die Nominatform. Eine nennenswerte Zeichnung ist meist nicht vorhanden, und selbst die beiden dunklen Flecke auf der Körperseite sehen bei erwachsenen Exemplaren mehr oder weniger verwaschen aus.

Zuchtformen
Während der letzten Jahrzehnte sind mehrere herausgezüchtete Farbformen von *T. trichopterus* auf den Markt gekommen. Es läßt sich meist nicht sicher feststellen, ob eine bestimmte Farbform, ausgehend von der Nominatform oder aus der blauen Unterart *T. t. sumatranus,* herausgezüchtet wurde. Diese Zuchtformen sollte man lediglich mit einem passenden deutschen Namen belegen und nicht, wie das leider auch in der Aquarienliteratur vorkommt, mit ‚wissenschaftlich klingenden' Namen. Auch Bezeichnungen wie var. (= Varietät) oder forma (= Form) sollte man für solche Zuchtprodukte nicht verwenden. Die bekanntesten dieser Zuchtformen sind:

Goldgurami: Ist eine Zuchtform von goldgelber Grundfärbung mit entweder schwarzen oder rotbraunen Augen. Die meisten Exemplare zeigen eine deutlich hervortretende Marmorzeichnung. Dies legt die Vermutung nahe, daß diese Zuchtform, ausgehend aus einer xanthoristischen (gelbfarbigen) Mutation der Nominatform herausgezüchtet wurde.

Silbergurami: Haben eine silberfarbige Grundfärbung. Es kommen Exemplare vor, die eine deutlich markierte Marmorzeichnung haben, aber auch solche, bei denen diese nur ganz schwach angedeutet ist. Über das Ausgangsmaterial dieser Zuchtform ist nichts bekannt. Als Aquarienfisch hat der Silbergurami im Gegensatz zum Goldgurami keine große Verbreitung gefunden.

Cosby-Gurami oder Marmorierter Fadenfisch: Ist eine Zuchtform, die wahrscheinlich in USA zuerst auftauchte. Ausgangsmaterial war unzweifelhaft *T. trichopterus sumatranus.* Als Jungfische haben sie auf blauem Grund einige dunkle Flecken von tiefblauer Färbung. Bei älteren Fischen wirken diese mehr verwaschen und machen einer dunkleren Marmorzeichnung Platz. Viele Exemplare ähneln jedoch mit zunehmendem Alter sehr den gewöhnlichen blauen Fadenfischen. Die sehr markant gezeichneten Jungfische sind äußerst populär. Besonders diese Zuchtform ist mit allen möglichen ‚wissenschaftlich' anmutenden Namen wie *‚Trichogaster cosby'*, *‚Trichogaster sumatranus* var. *cosby'* oder *‚Trichogaster sumatranus* forma *cosby'* bezeichnet worden.

Unterfamilie Sphaerichthyinae

Gattung Parasphaerichthys
Diese Gattung, die der nachfolgenden sehr nahe steht, wurde als monotypische Gattung für die folgende Art aufgestellt:
Parasphaerichthys ocellatus Prashad und Muckerji, 1929
Diese Art wurde ursprünglich anhand von zwei halberwachsenen Exemplaren von etwa 2,5 cm Länge beschrieben, die aus Nordburma stammten. Erst kürzlich konnten ein paar lebende Exemplare dieser äußerst seltenen Art mit Genehmigung der zuständigen Behörden lebend nach Europa eingeführt werden, ihr Aussehen geht am besten aus der Abbildung (Seite 96) hervor.

Gattung Sphaerichthys
Aufgestellt wurde diese Gattung 1860 durch Johann Canestrini. Soweit feststellbar, erfolgte

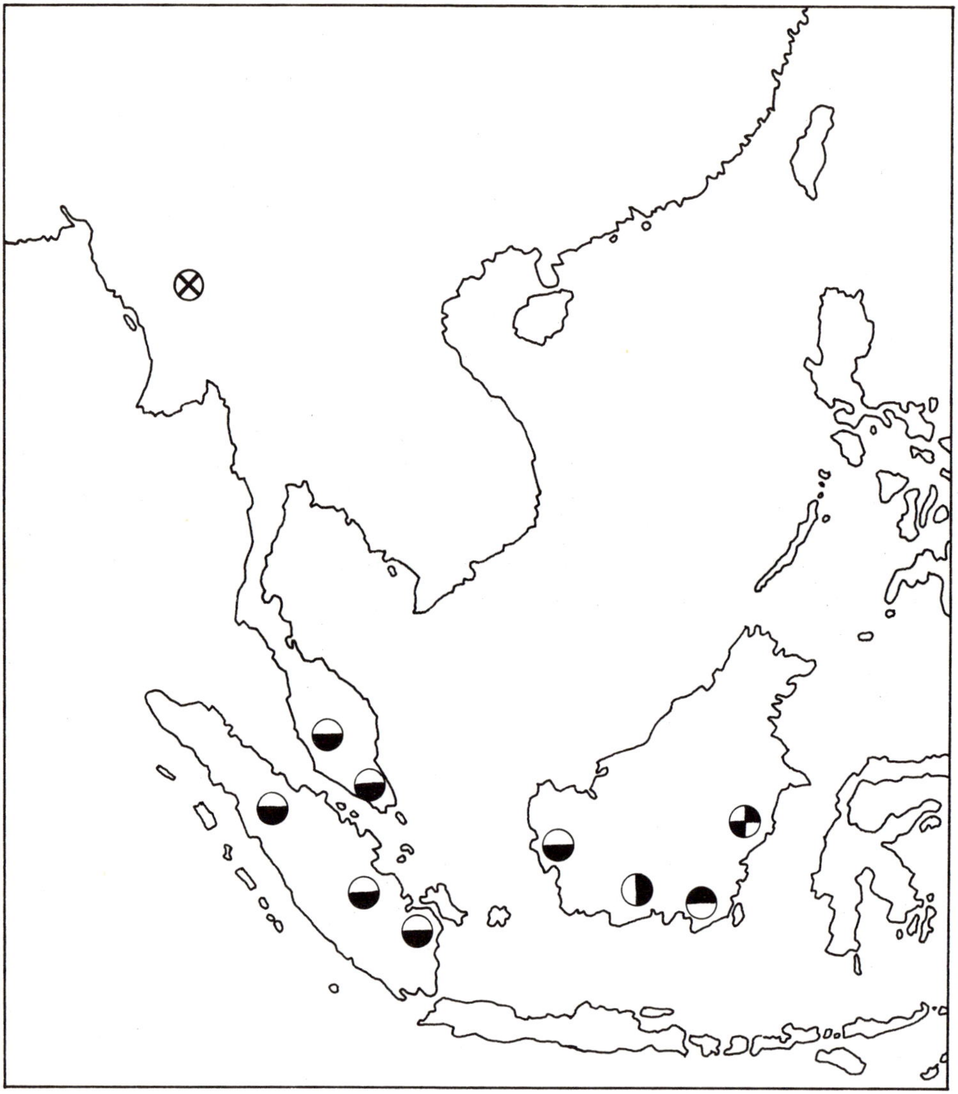

Verbreitungskarte der Gattung *Sphaerichthyinae*.

⊗ *Parasphaerichthys ocellatus*

Sphaerichthys acrostoma

Sphaerichthys osphromenoides

Sphaerichthys osphromenoides selantanensis

Sphaerichthys vaillanti

die Gattungsaufstellung anhand eines einzigen Exemplares, dessen exakte Herkunft nicht bekannt war; die Fundortangabe Indien ist mit Sicherheit falsch (falls Canestrini überhaupt einen Schokoladengurami beschrieben hat?). Sicher ist, daß nicht einmal so leicht feststellbare Merkmale wie die Anzahl der Flossenstrahlen in Rücken- und Afterflosse stimmen. Diese Mängel der Beschreibung veranlaßten den damaligen Direktor des Hamburger Zoologischen Museums, Georg Dunker, eine neue Beschreibung des Schokoladengouramis vorzunehmen, die unter dem Namen *Osphromenus malayanus* Dunker 1904 veröffentlicht wurde. Diese Dunkersche Beschreibung – obwohl sie aus nomenklatorischen Regelgründen nicht gültig ist – ist viel genauer als die von Canestrini, und ihr liegt Material von der Malaiischen Halbinsel zugrunde. Bis zum Jahre 1930 war aus der Gattung *Sphaerichthys* nur die Art *S. osphromenoides* bekannt. In diesem Jahr beschrieb Pellegrin eine weitere Art aus Kalimantan (Borneo) unter dem Namen *S. vaillanti.* Ob es sich bei dieser Art – die anscheinend noch nie lebend nach Europa gelangte – nun um eine eigene Art handelt, oder ob sie lediglich eine auf Borneo vorkommende Unterart von *S. osphromenoides* ist, wie J. Vierke vermutet, ist eine offene Frage. Mit dem Nachweis eines ‚Sphaerichthys' auf Borneo wurde das Verbreitungsgebiet dieser Gattung jedoch erheblich erweitert. Daß Vertreter dieser Gattung auch in anderen Teilen Borneos vorkommen, konnte durch E. Korthaus und W. Foersch 1978 nachgewiesen werden, die von einer Sammelreise nach Süd-Borneo eine weitere Unterart von *S. osphromenoides* sowie eine bisher noch vollständig unbekannte neue Art dieser Gattung lebend mit nach Europa bringen konnten.

Über die Verbreitung dieser Fische auf Borneo weiß man natürlich bisher nichts genaueres, ja selbst die exakte Verbreitung der schon lange bekannten Art *S. osphromenoides* ist nicht bekannt. In diesem Zusammenhang sei darauf hingewiesen, daß die beiden Inseln Sumatra und Borneo ein Areal umfassen, das etwa fünfmal so groß ist wie die Bundesrepublik Deutschland. Viele der Gewässer auf diesen Inseln sind noch unerforscht, besonders auf Borneo, wo es periodisch mehr oder weniger überflutete Gebiete von bedeutenden Ausmaßen gibt.

Vorwiegend scheinen diese Fische flache Wasseransammlungen aller Art zu bewohnen. Schokoladengouramis sind in stark mit Pflanzen bewachsenem Sumpfgelände ebenso gefunden worden wie in Wasserlöchern ohne jeden Pflanzenwuchs und mit einem recht sauren Wasser. Andere Fundstellen waren Kanäle, deren Wasser häufig verschmutzt war. Sie wurden aber auch in langsam fließenden Bächen im Bereich des tropischen Regenwaldes gefunden, in einem Wasser, das nicht selten eine kaffeebraune Färbung aufwies. Das Wasser vieler Fundstellen zeichnete sich durch einen äußerst niedrigen Mineralgehalt aus. Einige dieser Fundstellen wiesen so extreme Verhältnisse auf, daß die Fische dort zumindest zeitweise hauptsächlich vom Anflug leben müssen. Der ganzen Natur dieser Fundstellen nach ist es wahrscheinlich, daß die Vorkommen häufig aus einer Anzahl voneinander getrennter Populationen bestehen.

Auch über das Fortpflanzungsverhalten liegen teilweise widersprüchliche Angaben vor. Dies gilt jedoch nur für *S. osphromenoides,* die als einzige Art bisher im Aquarium vermehrt werden konnte. Reichelt, der den Schokoladengurami 1905 erstmalig lebend mit nach Europa brachte, nahm zunächst an, daß die Art lebendgebärend sei. Im Transportwasser hatte er nämlich bei einem Umpacken in Singapur ‚neugeborene' Jungfische gefunden. Später stellte sich heraus, daß diese Art Maulbrüter ist, mit dem Weibchen als brutpflegendem Teil. Als nun nach dem Zweiten Weltkrieg, etwa von der Mitte der fünfziger Jahre an, diese Art regelmäßiger importiert wurde, tauchten Berichte auf, nach denen manche dieser Fische Schaumnester bauen sollten. Andere Berichte dagegen sprachen von einem symbolischen Blasenspucken als Einleitung des Paarungsvorspieles und von Laichabgaben, bei denen die Eier erst später aus rudimentären Schaumnestern ins Maul genommen wurden. Einige Jahre später konnte eine eindeutige Maulbrutpflege beobachtet und auch fotografisch festgehalten werden, bei der das Weibchen als Maulbrüter auftrat. Viele Aquarienfreunde haben danach die älteren Angaben als unzutreffend abgetan. Ich selbst möchte mich in dieser Frage der Ansicht von J. Vierke anschließen, daß man diese Beobachtungen dennoch ernst nehmen sollte. Interessant in diesem Zusammenhang ist nämlich folgendes: Fast alle (wenn nicht alle) Fische, bei denen derartige Verhaltensweisen beobachtet wurden, stammten aus denselben Importen und wurden innerhalb einer kurzen Zeitspanne eingeführt. Es ist somit möglich, ja sogar sehr wahrscheinlich, daß alle zu dieser Zeit eingeführten Fische von ein und derselben Fundstelle stammen; spätere Importe dagegen können aus ganz anderen Gebieten (bzw. Gewässern) gekommen sein. Bei Importfischen – wenn es sich dabei wirklich um Wildfänge handelt – weiß man nur selten die genaue Herkunft, es sei denn, man fängt die Fische selbst.

Vieles an der Maulbrutpflege von *S. osphromenoides,* ja an der Brutpflege maulbrütender Labyrinthfische insgesamt, deutet darauf hin, daß diese Brutpflegeformen entwicklungsgeschichtlich sehr jung sind. Gewisse Momente des Brutpflegeverhaltens wirken wenig gefestigt, und sehr häufig wird die Brutpflege vorzeitig abgebrochen. Bei Importfischen von *S. osphromenoides* habe ich in den frühen fünfziger Jahren sowohl Schaumspucken wie auch verspätete Eiaufnahme aus rudimentären Schaumnestern beobachtet, ohne allerdings die eigentliche Eiablage beobachten zu können. Die Eier wurden mit dem Maul aufgenommen, wenn sie zwischen den wenigen Schaumblasen ihren Halt verloren und zu Boden sanken. Bei den Paarungen von Fischen aus neueren Importen kam es in Bodennähe zu einer teilweisen Umschlingung, bei der das Weibchen nicht herumgewendet wurde. Die abgegebenen Eier wurden direkt vom Boden aufgenommen und hatten einen Durchmesser von 1,2–1,5 mm und eine helle Farbe von gelblicher Tönung. Bisher habe ich jedoch noch nie beobachten können, daß es dem Weibchen gelungen wäre, alle abgegebenen Eier aufzunehmen. Einige Eier, für die im Maul (Kehlsack) offensichtlich kein Platz vorhanden war, blieben immer zurück. In den weitaus meisten Fällen waren die Eier drei oder vier Tage später aus dem Maul verschwunden, wobei es sich nicht feststellen ließ, ob sie aufgefressen oder ausgespuckt worden waren. Ähnliche Beobachtungen wurden auch von anderer Seite (F. Schneider und D. W. Godfrey) gemacht. Bis heute kann auch noch nicht davon gesprochen werden, daß es gelungen wäre, diese Art im Aquarium planmäßig zu vermehren. Kommt es zu einer Zeitigung der Jungfische, so werden diese nach 13–14 Tagen aus dem Maule entlassen. Zu diesem Zeitpunkt sind sie 5–6 mm lang und dank ihrer dunklen Pigmentierung leicht zu entdecken. Vorwiegend halten sie sich dicht unter der Oberfläche zwischen Schwimmpflanzen auf. Sie können direkt mit Salinenkrebschen (Artemianauplien) angefüttert werden. Da dieses Futter schnell zu Boden sinkt, ist anzuraten, die Jungfische vorsichtig mit einem Löffel in flache Glasschalen zu überführen, die man mit Wasser aus dem Jungfischaquarium gefüllt hat.

Ohne extrem anspruchsvoll zu sein, fühlen sich

Schokoladenguramis in einem weichen und etwas sauren Wasser am wohlsten. Sie sind empfindlich sowohl gegenüber hohen Nitratkonzentrationen wie auch gegenüber Hautparasiten und einer Anhäufung von Infusorien im Wasser. Daher sind sie nur für eine Haltung im Spezialaquarium zu empfehlen. Allein gehalten sind jedoch zumindest Importfische – und die im Handel geführten Schokoladenguramis sind fast immer Importfische – recht scheu und verstecken sich bei der geringsten Störung zwischen den Pflanzen. Die Vergesellschaftung mit einigen kleinen, nicht scheuen Fischen hilft ihnen, ihre eigene Scheu zu überwinden. Größere und gut bepflanzte Aquarien eignen sich am besten. Das Wasser sollte möglichst weich sein und die Wasserhärte auf keinen Fall 10 dH übersteigen. Eine Filterung des Wassers über Torf ist angebracht. Besonderes Augenmerk gilt der Fütterung. Von allen Labyrinthfischen ist wahrscheinlich der Schokoladengurami am meisten durch Organverfettung gefährdet. Das beste Futter für diese Fische sind kleinere Mückenlarven, Cyclops und kleinere Daphnien. Trockenfutter wird oft nur zögernd und von manchen Exemplaren überhaupt nicht angenommen. Sehr gerne dagegen fressen Schokoladenguramis kleinere Fluginsekten. Essigfliegen sind für diese Fische ein ausgezeichnetes Futter.

Wenn sie erschreckt werden, nehmen Schokoladenguramis eine helle Schreckfärbung an; das gilt auch für die anderen *Sphaerichthys*-Arten. Untereinander können sie zuweilen recht unverträglich sein, doch nehmen die zwischen ihnen vorkommenden Geplänkel selten schwerere Formen an. Gegenüber anderen Fischen sind sie friedlich, doch ist eine Vergesellschaftung, schon wegen der besonderen Pflegeanforderungen, die diese Fische stellen, kaum empfehlenswert. Bei sehr scheuen Importfischen kann dagegen die Gesellschaft von einigen lebhaften Fischen, wie z. B. *Rasbora heteromorpha,* günstig auf die Futteraufnahme einwirken. Am besten hält man *Sphaerichthys*-Arten in größeren Aquarien, mit hygienisch einwandfreien Wasserverhältnissen. Das verwendete Wasser sollte mineralarm sein und dessen pH-Wert eher ein wenig sauer. Für die Bepflanzung verwendet man, da die Fische eindeutig ein etwas gedämpftes Licht vorziehen, Arten, die keine allzu großen Ansprüche an die Lichtintensität haben, wie z. B. *Cryptocoryne*-Arten.

Sphaerichthys acrostoma Vierke, 1979
Spitzmäuliger Schokoladengurami
Vorkommen: Süd-Borneo. Die Art wurde 1978 etwa 250 km nordwestlich von Banjarmasin von E. Korthaus und W. Foersch entdeckt.
Länge: cirka 7 cm.
Flossenformel: D VI/9, A IX/20.
Geschlechtsunterschiede: Von den bisher bekannten Arten unterscheidet sich diese Art durch ihre Größe und durch ihre spitzere Kopfform. Nach W. Foersch sind geschlechtsreife Männchen hellgrau und haben eine deutlich vorgewölbte Kehle. Die Weibchen wirken etwas gedrungener und ihre Kehle ist nicht vorgewölbt, wodurch ihr Kopf spitzer erscheint als der des Männchens. Im Verhalten ist *S. acrostoma* lebhafter als der Schokoladengurami. Einige Male konnten Weibchen mit Eiern im Maule beobachtet werden, doch waren diese nach einigen Tagen wieder verschwunden.

Sphaerichthys osphromenoides
Canestrini, 1860
Schokoladengurami
Synonym: Osphromenus malayanus Dunker, 1904.
Länge: bis 5,5 cm.
Flossenformel: D VIII–XII/7–10, A VIII–X/18–22.
Die Angaben der harten und weichen Flossen-

strahlen erfolgen hier mit Vorbehalt. Die angegebenen Ziffern bilden einen Durchschnitt der bisher ermittelten Strahlenzahlen. Sie schließen somit auch die von Canestrini angegebenen hohen Werte mit ein. Fast sämtliche Schokoladenguramis, wenn nicht sogar alle, haben in Rücken- wie auch Afterflosse weniger Hartstrahlen als Canestrini angibt. Ganz besonders gilt dieses für Fische aus Borneo, für die Vierke als Flossenformel D VII/8–9, A VII/21–23 angibt.

Vorkommen: Malaiische Halbinsel, Sumatra, Borneo. Vorwiegend kommen diese Fische in mineralarmem Wasser mit Härtewerten zwischen 0,5–5° dH Gesamthärte und mit pH-Werten zwischen 6,5–5 pH vor.

Ersteinfuhr durch Reichelt 1905. Die Hamburger Firma Winkelmann importierte die Art erneut 1934. Nach 1950 ziemlich regelmäßig eingeführt und häufig im Handel erhältlich.

Körperform oval und seitlich stark zusammengedrückt. Kopfform spitz und Augen verhältnismäßig groß. Fische, die sich wohlfühlen, zeigen eine sattdunkelbraune Färbung. Von der Stirn zum Auge läuft ein schmales Band von gelbweißer Farbe. Ein breiteres Band von gleicher Färbung läuft vom Nacken über die Kiemendeckel bis zur Basis der Bauchflossen. Über den Hinterkörper laufen vier weitere Bänder. Das erste davon etwa über die Körpermitte, fast senkrecht von oben nach unten. Das zweite vom Ende der Rückenflossenbasis bis etwa zur Hälfte des weichen Teiles der Afterflosse. Das dritte läuft über die Schwanzwurzel und das vierte direkt entlang der Schwanzflossenbasis. Das dritte Band kann bei manchen Exemplaren vollständig fehlen oder lediglich in der oberen Hälfte sichtbar sein.

Geschlechtsunterschiede: Beim Männchen ist die Rückenflosse zugespitzt, ein Merkmal, das nicht immer sichtbar ist, da die Rückenflosse nur selten ausgespreizt getragen wird. Beim Weibchen ist die Rückenflosse abgerundet.

Während der Paarungszeit zeigen Männchen, die in guter Verfassung sind, dies durch hell umrandete Flossen an, laichreife Weibchen werden sichtbar rundlich. Außerdem gibt es noch ein weiteres Merkmal, das jedoch nicht bei allen Fischen sichtbar ist: Manche Weibchen zeigen zwischen den Querbinden ein verschwommenes Längsband, das bei anderen Weibchen vollständig fehlen kann.

Sphaerichthys osphromenoides selatanensis Vierke, 1979

Ist eine Unterart des Schokoladenguramis aus Südost-Borneo. Von der Nominatform unterscheidet sich diese Unterart teils durch eine geringere Anzahl Hartstrahlen sowohl in der Rücken- wie Afterflossse sowie durch bedeutende Unterschiede in der Zeichnung. *S. o. selaphtanensis* zeigt bei Wohlbefinden ein deutlich sichtbares Längsband und fünf Querbänder. Den hinteren Teil der Bauchkante ziert ein gelbweißer Saum.

Sphaerichthys vaillanti Pellegrin, 1930

Diese Art wurde bereits 1893 durch Vaillant beschrieben, der allerdings ihren Status nicht erkannte und sie mit *Ctenops nobilis* verwechselte.

Vorkommen: Südliches Borneo.

Länge: bis 5 cm.

Flossenformel: D VII–VIII/7–8, A IX–XI/16–18.

Grundfärbung kupferrot, über den Körper ziehen sich etwa 10 helle Querstreifen (nach Ladiges). Ob es sich bei diesem Fisch wirklich um eine eigene Art handelt oder um eine Unterart von *S. osphromenoides,* ist unsicher. Während der letzten Jahre sind einige Male einige Exemplare dieser Art lebend nach Europa mitgebracht worden.

Unterfamilie Ctenopinae

Gattung Betta

Arten der Gattung *Betta* kommen von Thailand, Kampuchea und dem südlichen Vietnam bis nach Java im Süden vor. Von der sonst bei Labyrinthfischen meist gültigen Regel, daß sich ihre Artzugehörigkeit leicht feststellen läßt, weicht die Gattung *Betta* insoweit ab, als ihre Systematik schwierig und oft äußerst verworren ist. Einerseits sind manche Arten mehrere Male beschrieben worden, so daß es zahlreiche Synonyme gibt. Andrerseits werden laufend noch wissenschaftlich bisher unbekannte Arten gefunden und durchaus nicht nur in den erst wenig erschlossenen Gewässern Borneos. Alle *Betta*-Arten – oder Kampffische, wie sie mit einem deutschen Sammelnamen auch bezeichnet werden – vermehren sich durch Sinkeier. Ihre Brutpflege ist jedoch nicht einheitlich, und es kommen in dieser Gattung sowohl Schaumnestbauer wie auch Maulbrüter vor. Äußerlich lassen sich schaumnestbauende Arten von Maulbrütern unterscheiden. Maulbrütende Arten haben – sicher als Anpassung an ihr Brutpflegeverhalten – größere Köpfe als die schaumnestbauenden Arten. Besonders bei den Männchen, die ja bei

Kopfformen bei der Gattung *Betta*.
A = Schaumnestbauer-Typ; B = Maulbrüter-Typ.

den maulbrütenden *Betta*-Arten der brutpflegende Teil sind, ist häufig auch die Kehlpartie deutlich vorgewölbt. Möglicherweise kommen auch, zumindest bei einer Art (*Betta pugnax*), rudimentäre Reste einer früheren Brutpflegeform vor. Lediglich aus der Sicht des Aquarienfreundes betrachtet, ist es zweckmäßig, die *Betta*-Arten in schaumnestbauende und maulbrütende Arten aufzuteilen. Bei den folgenden Artbeschreibungen wird eine solche Aufteilung vorgenommen. Es ist möglich, daß nach einer Überarbeitung der Gattung *Betta* diese auch systematisch geteilt wird. Nach den derzeitigen Erkenntnissen und bei den großen Schwierigkeiten, aus allen Teilen ihres Verbreitungsgebietes Untersuchungsmaterial zu beschaffen, dürfte dies z. Z. noch nicht möglich sein.

a) Schaumnestbauende Betta-Arten

Von den bisher bekannten Arten sind 6 mit Sicherheit Schaumnestbauer, eine weitere Art ist es mit großer Wahrscheinlichkeit. Schaumnestbauende Arten kommen in Laos, Kampuchea, Thailand, der Malaiischen Halbinsel, Sumatra und wahrscheinlich auch auf Borneo vor. *B. splendens* findet man heute in zahlreichen Gebieten, in denen diese Art ursprünglich nicht heimisch war. Bei dieser Art ist es nicht mehr möglich, ihr ursprüngliches Verbreitungsgebiet exakt zu umreißen. In der Natur findet man die schaumnestbauenden Kampffische häufig in verkrauteten Gewässern von Niederungen, in Gräben, Tümpeln und ähnlichen stehenden Gewässern. Wo man sie in fließendem Wasser findet, haben sie Gelegenheit, zeitweise überschwemmte Areale aufzusuchen. Die Männchen bauen solide Nester aus verhältnismäßig großen Luftblasen. Beim Nestbau spucken sie in der Regel Blase um Blase, also nicht mehrere Blasen gleichzeitig. Häufig wird das Nest an Pflanzensten-

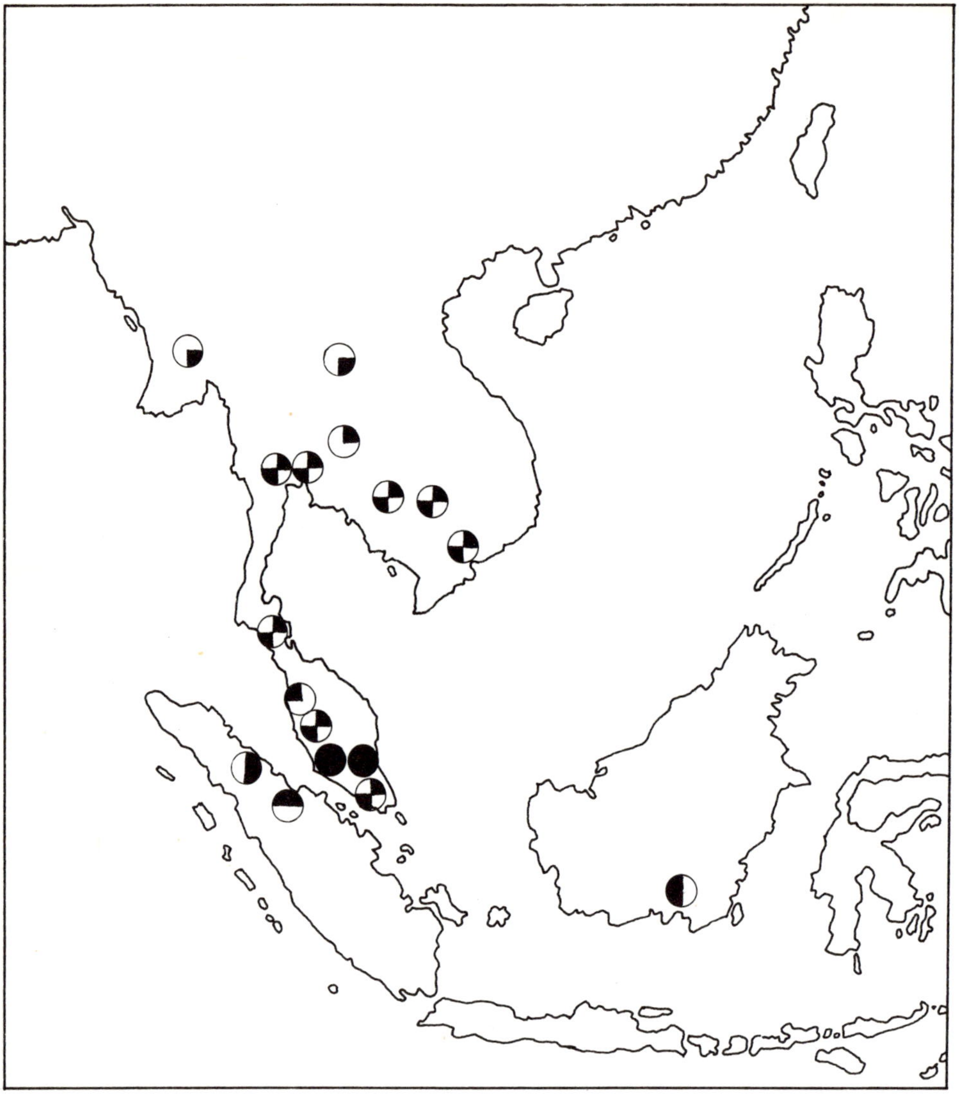

Verbreitungskarte schaumnestbauender Betta-Arten.

- *Betta bellica*
- *Betta coccina*
- *Betta fasciata*
- *Betta foerschi*
- *Betta imbellis*
- *Betta smaragdina*
- *Betta splendens*
- *Betta splendens* (Wahrscheinlich durch Aussetzung entstandene Populationen)

geln oder Schwimmblättern verankert. In der Nähe des Nestes oder im selben Aquarium wird nur das wirklich laichreife Weibchen geduldet. Ihre Laichbereitschaft zeigen die Weibchen dadurch an, daß sie vor dem durch Flossenspreizen imponierenden Männchen nicht fliehen. Sowie ein Männchen seine Imponierpose annimmt, schwimmt ein laichbereites Weibchen auf dieses Männchen zu. Dabei nimmt es eine etwas schräge Haltung an, den Kopf ein wenig nach unten gerichtet. Die Weibchen von *B. splendens* und *B. imbellis* zeigen dabei oft einige dunklere Querstreifen.

Die Laichabgabe wird meist durch einige Scheinpaarungen eingeleitet, bei denen noch keine Eier abgegeben werden. Haben die Fische erst einmal mit dem Ablaichen begonnen, so entfernt sich das Paar nur selten weiter vom Nest. Bei der Umschlingung wird das Weibchen gewendet, so daß die Bauchseite nach oben zu liegen kommt. Es ist nicht ungewöhnlich, daß die Drehung nur unvollständig ausgeführt wird. Die abgegebenen Laichkörner haben eine gelbliche bis weiße Farbe und sind sehr gut zu erkennen. Bei der Paarung gleiten die Eier, nachdem sie aus der Genitalpapille ausgestoßen wurden, zunächst längs der Afterflosse des Männchens und fallen danach zu Boden. Ehe die Eier dort angelangen, löst sich das Männchen aus der Umschlingung und beginnt, die herabsinkenden Eier mit dem Maule aufzusammeln. Die Weibchen verharren häufig noch längere Zeit starr in ihrer Lage und geben noch weitere Eier ab. Die aufgesammelten Eier spuckt das Männchen ins Nest und unterbaut sie mit weiteren Luftblasen, ehe es zu einer weiteren Paarung kommt. Die Anzahl der bei einer Laichabgabe gelegten Eier kann bei *B. splendens* 200–300 und im Ausnahmefall sogar bis 500 betragen, während die Weibchen von *B. imbellis* und *B. smaragdina* nur 100–150 Eier legen. Nach Untersuchungen von S. Frank sind die Eier von *B. splendens* kleiner als die von *B. imbellis* (0,8 mm bzw. 1,05 mm). Nach Franks Untersuchungen entwickeln sich auch die Jungfische von *B. imbellis* schneller als die von *B. splendens*. Zwar kommt es vor, daß Jungfische von schaumnestbauenden Kampffischen direkt nach dem Freischwimmen frisch geschlüpfte Artemianauplien annehmen, sicherer ist es jedoch, sie mit Pantoffeltierchen oder mit fein ausgesiebten Futtertierchen aus dem Freiland anzufüttern. Je nach Herkunft bestehen nämlich bei *Artemia salina* Unterschiede in der Größe des ersten Nauplienstadiums. Daher weiß man nicht immer genau, ob die Jungfische direkt nach dem Freischwimmen dieses Futter auch bewältigen können oder nicht.

Die Arten *B. imbellis, B. splendens* und *B. smaragdina* stehen einander sehr nahe und können untereinander gekreuzt werden. Mit Tieren aus Kreuzungen zwischen *B. splendens* × *B. smaragdina* ist meines Wissens noch keine weitere Nachzucht erzielt worden. Dagegen sollen die Mischlinge zwischen *B. splendens* × *B. imbellis* nach Richter fortpflanzungsfähig sein.

Auch die Arten *B. bellica* und *B. fasciata* dürften einander sehr nahe stehen, wenn sie nicht sogar lediglich geographische Unterarten derselben Art sind. Leider werden Fische dieser Arten nur sehr selten und dann meist auch nur als Einzelexemplare nach Europa gebracht, so daß unsere bisherigen Kenntnisse keine Rückschlüsse über ihr Verhalten zulassen.

Aufgrund der äußerst problematischen Systematik der Gattung *Betta* werden bei den Artbeschreibungen außer den Formeln von Rükken- und Afterflosse auch die der übrigen Flossen und die Formel der Schuppen angegeben. Eine sichere Artbestimmung ist jedoch auch mit Hilfe dieser Angaben durchaus nicht immer möglich.

Betta bellica Sauvage, 1884
Länge: 11 cm.
Flossen- und Schuppenformel: D I/9–10, A II/27–30, V 1/5, C/11, mLR 35, AR 9½.
Vorkommen: Malaiische Halbinsel, im Niederungsbereich des Perak und seiner Nebenflüsse.
Ersteinfuhr nach Europa durch Reichelt, Berlin, 1905. Später nur vereinzelt und fast immer nur im männlichen Geschlecht mitgebracht.
Die Grundfärbung sich wohlfühlender Männchen ist gelbbraun bis rotbraun. Die Schuppen auf den Körperseiten haben leuchtend grünlich schimmernde Ränder. Flossen rotbraun mit grünlich schimmernden Zwischenhäuten. Bei Fischen, die sich nicht wohlfühlen, zeigen sich 4–5 dunkle Querbänder. Über die Färbung der Weibchen ist nichts Genaueres bekannt. Es ist zu vermuten, daß ihre Färbung in den Grundtönen derjenigen des Männchens ähnlich, aber blasser ist. In Malaysia soll diese Art mancherorts auch für Fischkämpfe verwendet werden. Ein mir bekannter schwedischer Aquarienfreund brachte aus Malaysia zwei Männchen dieser Art mit, die er in einem Tümpel am Kinta, einem Nebenfluß des Perak, gefangen hatte. Diese Männchen bauten große Schaumnester und balzten hinzugesetzte Weibchen von *B. splendens* an, ohne daß es zu einer Laichabgabe kam. Im Aquarium sind diese Fische wie *B. splendens* zu pflegen.

Betta coccina Vierke, 1979
Länge: 4,5 cm.
Flossen- und Schuppenformel: D II/7–10, A III/24–26, V I/5, mLR 29 + 2–30 + 2.
Vorkommen: Sumatra.
Ersteinfuhr: Nach Vierke wurden die ersten eingeführten Fische dieser Art bei einem Händler entdeckt. Die angestellten Nachforschungen ergaben, daß diese Fische von der Firma ‚Vivaria Indonesia' in Jakarta geliefert waren.
Nach Vierke zeigen lebende Männchen als halbwüchsige Fische eine dunkel weinrote Färbung. Auge und ein Fleck auf der Körperseite, etwa unterhalb des vorderen Ansatzes der Rückenflosse, sind leuchtend grün. Ausgewachsene Männchen haben eine mehr bräunliche Grundfarbe. Der leuchtende Seitenfleck verblaßt mit zunehmendem Alter. Nach Schaller ist diese Art Schaumnestbauer.

Betta fasciata Regan, 1909.
Streifenkampffisch
Länge: 10 cm.
Flossen- und Schuppenformel: D I/9–10, A II/30, mLR 34–36.
Vorkommen: Sumatra. In kleinen Wasseransammlungen mit oft stark verunreinigtem Wasser.
Ersteinfuhr nach Europa erfolgte 1906 unter der Bezeichnung *Betta bellica,* später nur ganz vereinzelt eingeführt.
Nach Arnold-Ahl ein schlanker Fisch mit fast rundem Körperquerschnitt. Grundfärbung dunkelblau. Schuppen an den Körperseiten mit smaragdfarbigen Tupfen geziert. Neun bis zehn dunkle Querbinden zeigen die Fische nur, wenn sie sich nicht richtig wohlfühlen. Die Angaben Arnolds, nach denen diese Art Schaumnester baut, sind mit Sicherheit korrekt. Seinem ganzen Typus nach, insbesondere dem Verhältnis Kopfgröße–Körperlänge entsprechend, ist diese Art ein Schaumnestbauer.

Oben: Rote Form des Schleierkampffisches (*Betta splendens*). Die langflossigen Schleierkampffische sind im Aquarium herausgezüchtete Formen; sie sind nicht identisch mit den Zuchtformen, die in Thailand für Fischturniere verwendet werden.
Unten: Ein Pärchen von *Betta smaragdina.* Das Männchen imponiert durch Flossenspreizen vor dem Weibchen.

Betta foerschi Vierke, 1979
Länge: 6,5 cm.
Flossen- und Schuppenformel: D 0–I/8–9, A I/5, mRL 31 + 2–4.
Vorkommen: Die Fische wurden im Mentaya-Flußsystem 250 km nordwestlich von Banjarmasin in Südborneo gefangen.

Körper langgestreckt und seitlich zusammengedrückt. Kopf klein und breit. Ein stark verlängerter Weichstrahl der Bauchflossen reicht angelegt ein gutes Stück über den vorderen Afterflossenansatz hinaus. Nach Foersch zeigen Fische, die sich wohlfühlen, eine fast schwarze Grundfärbung, dies gilt auch für die Flossen. Zwei Querbinden auf den Kiemendeckeln sind beim Männchen goldfarbig, beim Weibchen rot. Erschreckt zeigten die Fische eine Anzahl hellerer Querbinden, während der Rücken hell bleibt. Die Querbinden auf den Kiemendeckeln sind dann beim Männchen schwarz und beim Weibchen schwarzrot. Ihrem schlanken Körperbau nach und aufgrund ihres kleinen Kopfes liegt die Vermutung nahe, daß es sich um eine schaumnestbauende Art handelt. Konkrete Beobachtungen dazu liegen jedoch nicht vor.

Oben links: *Betta splendens* (Männchen), die „Wildform" des Schleierkampffisches. Die Männchen haben auf den Kiemendeckeln Querbinden, die im Erregungszustand deutlicher sichtbar sind. Der abgebildete Fisch stammt aus einer Population in Süd-Thailand und wurde von P. Nagy gesammelt.
Oben rechts: *Betta coccinia,* Männchen.
Mitte links: *Betta foerschi,* Männchen in Erregungsfärbung (dunkel mit goldenen Querbinden auf den Kiemendeckeln).
Mitte rechts: *Betta anabatoides,* Männchen.
Unten links: *Betta pugnax,* Männchen, von der Insel Penang (Malaysia).
Unten rechts: *Betta edithae,* Männchen. Von diesem erst 1978 auf Borneo entdeckten Fisch nahm man zunächst an, daß es sich um eine Form von *Betta taeniata* handele. Inzwischen hat sich jedoch herausgestellt, daß dies eine neue Art ist, die soeben als *Betta edithae* Vierke, 1884 beschrieben wurde.

Betta imbellis Ladiges, 1975
Kleiner Kampffisch
Länge: 5,5 cm.
Flossen- und Schuppenformel: D 0–I/7–9, A III/22–25, C 11, mLR 27–30.
Vorkommen: Malaiische Halbinsel. In sumpfigen Gewässern, Kanälen und überfluteten Reisfeldern. Nach Linke betrug die Wassertemperatur an einem der Fangplätze 34 °C. Die Waserhärte 8–10° dH und der pH-Wert etwa 7 pH. Der Artname ‚imbellis' (nicht kriegerisch) wird leider mitunter als friedlicher Kampffisch' ins Deutsche übersetzt. Möglicherweise sind andere Kampffische wie z. B. *B. splendens* rauflustiger, aber friedlich ist *B. imbellis* keineswegs.

Grundfärbung des ausgewachsenen Männchens rotbraun, bei auffallendem Licht bläulich irisierend. Die Schwanzflosse hat einen breiten roten Saum. Bauchflossen und die äußerste Spitze der Afterflosse sind rot. Bei voll ausgefärbten Männchen haben die Bauchflossen weiße Spitzen. Die Weibchen sind blasser in den Farben und zeigen meist 4 Querbänder. Während der Laichperiode werden sie dunkler und ihre Querbänderung verschwindet fast vollständig. Auf kleinem Raum gehalten, sind die Männchen des kleinen Kampffisches anderen Männchen ihrer Art gegenüber genauso aggressiv wie andere schaumnestbauende *Betta*-Arten. Da sie sich aber mit einem wesentlich kleineren Revier begnügen als beispielsweise *B. splendens,* kann man in einem größeren Aquarium mehrere Männchen halten. Laichreife Weibchen erkennt man außer am Bauchumfang an der bei ihnen gut sichtbaren weißlichen Genitalpapille. Bei einer Laichabgabe werden zwischen 80–150 Eier gelegt. Gute Fütterung vorausgesetzt, kann ein Zuchtpaar vier- bis fünfmal, mit jeweils 8–10 Tagen Abstand, hintereinander ablaichen. Es soll nach mehreren übereinstimmenden Angaben bei dieser Art vorkommen, daß sich die Weibchen daran beteiligen, die Eier ins Nest zu tragen. Bei einer Temperatur von 26°C schlüpfen die Larven nach 35 Stunden, und schon am dritten, spätestens am vierten Tage nach der Laichabgabe schwimmen die Jungfische frei. Am besten zum Anfüttern geeignet sind Pantoffeltierchen oder fein ausgesiebtes Futter aus dem Freiland. Die Jungfische des kleinen Kampffisches sind sehr raschwüchsig und schon im Alter von 3–4 Monaten laichreif.

Betta smaragdina Ladiges, 1972
Länge: 6 cm.
Flossen- und Schuppenformel: D I–II/7–9, A IV–V/22–26, mLR 31–35.
Vorkommen: Östliches Thailand. Schaller gibt an, die Fische in der Umgebung von Korat (Naklion Ratschsima) gefangen zu haben. Die Fundstelle war ein fast ausgetrockneter Teich. Die von Schaller 1970 eingeführten Fische konnten durch E. Roloff vermehrt werden. Aus der Roloffschen Nachzucht erhielt ich ein Paar, auf welches sich die folgenden Angaben stützen.

Das ausgewachsene Männchen ist bei Wohlbefinden dunkel-olivbraun. Auf jeder Schuppe befindet sich ein hellerer Fleck. Besonders an der Körperseite irisieren diese Flecken leuchtend hellgrün. Kiemendeckel und die Zwischenhäute von Rücken- und Schwanzflosse haben ebenfalls eine grünliche Färbung. Afterflosse weinrot- bis rotbraun. Bauchflossen rot und mit weißen Spitzen. Das Weibchen zeigt eine ähnliche Färbung, nur sind alle Farbnuancen wesentlich matter. Wenn sich die Fische verunsichert fühlen, zeigen sich 4 Querbänder. Besonders produktiv scheint diese Art nicht zu sein. Pro Laichabgabe wurden kaum mehr als 100 Eier abgelegt. Die Jungfische nehmen erstaunlich grobes Futter an und konnten sofort mit Artemianauplien gefüttert werden.

Betta splendens Regan, 1909
Siamesischer Kampffisch
Synonyme: Macropodus pugnax var. Cantor, 1850; *Betta pugnax* Bause, 1897; *Betta pugnax* var. *rubra* Köhler, 1906.
Länge: 6 cm.
Flossen- und Schuppenformel: D I–II/8–10, A II–V/21–26, P 5, V I/5, C 11, mLR 27–31.
Vorkommen: Südliches Vietnam, Kampuchea, Thailand und die malaiische Halbinsel. Vorkommen in Laos und Burma sind wahrscheinlich durch Aussetzung zustande gekommen. In der Natur trifft man *B. splendens* in Wasseransammlungen aller Art, sowohl in stehenden wie auch in fließenden Gewässern. Auch in überfluteten Reisfeldern und den dazugehörigen Bewässerungssystemen ist er häufig. Er verfügt über ein gut ausgebildetes Labyrinth und kann erstaunlich hohe Temperaturen überleben, ohne Schaden zu nehmen.

Sprechen Aquarienfreunde von ‚Kampffischen', so ist meist *B. splendens* gemeint. Zwar wurde diese Art erst 1909 wissenschaftlich beschrieben, aber lebend nach Europa kam sie bereits viel früher. Unter dem Namen *B. pugnax* wurde sie bereits 1874 erstmalig nach Frankreich eingeführt. Es gelang jedoch damals nicht, von diesen Importfischen Nachzucht zu erhalten. Erst 1892 gelang Jeunet, aus einem erneuten Import, die erste Nachzucht in Europa. Nach Deutschland gelangten diese Fische erst einige Jahre später auf dem Umweg über Moskau.

Es ist schwer, ja unter den heute in Südostasien herrschenden Verhältnissen unmöglich, festzustellen, wie dieser Fisch ursprünglich aussah. In Thailand haben sich verschiedene geographische Formen mit ausgesetzten domestizierten Fischen so vermischt, daß ihr ursprüngliches Aussehen nur erahnt werden kann. So bestehen nach Ladiges und Vierke z. B. in Thailand beträchtliche Unterschiede zwischen den ‚Wildbettas' in der Nähe großer

Ansiedlungen und den Fischen, die in mehr dünn bevölkerten Gebieten dieses Landes vorkommen. Bettas, die in den Klongs von Bangkok gefunden werden, unterscheiden sich beträchtlich von ihren Artgenossen, die aus den Gewässern des Korat-Plateaus, in der Nähe der Grenze nach Kampuchea, stammen, oder den Fischen aus den Niederungen des Menam. Diese Unterschiede betreffen sowohl den Körperbau wie auch die Anzahl der Hartstrahlen in der Afterflosse. Da die Herauszüchtung domestizierter Kampffische für Fischkämpfe in Thailand eine weit zurückreichende Tradition hat – zu denen dann noch, von etwa 1910 an, Schleierkampffische kamen –, kann nicht ausgeschlossen werden, daß etliche Kampffischbestände in thailändischen Gewässern überhaupt auf ausgesetzte Fische zurückgehen. Interessant in diesem Zusammenhang ist, daß die Thailänder selbst den Fisch, den alle Welt ‚Siamesischer Kampffisch' nennt, ‚pla kat khmer' nennen, wobei khmer für das Land der Khmer, also für Kampuchea, steht.

Thailändische Wildbettas aus dem Süden des Landes haben meist eine blaue Grundfärbung mit rötlichen Schuppenrändern auf den Körperseiten. Die Rückenflosse der Männchen ist groß und gerundet und hat entweder oben einen roten Rand oder lediglich hinten eine rote Zone. Die Schwanzflosse hat rote Zwischenhäute. Afterflosse rot oder rotbraun und mit einem blauen oder weißblauen Saum. Bauchflossen rot mit weißen Spitzen. Es kommen jedoch auch Farbtypen vor, die andere farbliche Kombinationen der Grundfarben blau und rot aufweisen. Weiter im Süden auf der malaiischen Halbinsel, d. h. im südlichen Malaysia und in der Umgebung von Singapur, kommen *B. splendens* von mehr rötlicher Grundfärbung vor.

Die Wildformen von *Betta splendens* trifft man nur sehr selten als Aquarienfische an. Zwar werden diese Fische öfter sowohl aus Thailand wie auch aus Singapur eingeführt, meist sind sie jedoch schon kurze Zeit nach ihrer Einfuhr wieder aus unseren Aquarien verschwunden.

Haltung und Zucht: Die folgenden Angaben gelten auch für die anschließend behandelten Zuchtformen von *B. splendens.* An die Aquariengröße stellen Siamesische Kampffische keine großen Ansprüche, man kann sie in Wasser von sehr unterschiedlicher Beschaffenheit vermehren. Das vorhandene Leitungswasser ist auch für die Zucht fast immer verwendbar. Einzelne Paare kann man gut auch in Gesellschaft anderer Fische halten. Trotz ihres ‚kämpferischen' Namens sind sie anderen Fischen gegenüber durchaus friedlich, ihre Aggressivität tritt nur gegenüber Artgenossen in Erscheinung. Siamesische Kampffische lieben Wärme. Unter 25 °C sollte man sie nicht halten und zur Zucht die Temperatur noch auf 28–30 °C erhöhen. Für die Vermehrung genügen kleinere Aquarien, etwa mit einem Inhalt von 25 Liter an aufwärts. Eine Bepflanzung, die dem Weibchen Versteckplätze bietet, ist angebracht. Für diesen Zweck ist Javamoos (*Vesicularia dubyana*) sehr gut geeignet. Einige Büschel dieses Mooses sind ausgezeichnete Versteckplätze für allzu hart verfolgte Weibchen. Im Zuchtaquarium sollte weder durchlüftet noch gefiltert werden. Das Schaumnest besteht bei *B. splendens* aus verhältnismäßig großen Luftblasen und ist empfindlich gegen Wasserbewegungen. Während sich die Larven in Schwimmeiern, die ohne Schaumnest an der Oberfläche treiben, normal entwickeln, müssen die Sinkeier der schaumnestbauenden Kampffische bis zum Freischwimmen der Jungfische durch das Schaumnest schwebend gehalten werden. Eine normale Entwicklung der Larven ist nur in einem intakten Schaumnest gewährleistet. Die Unterscheidung der Geschlechter ist einfach, da die Männchen eine intensivere Färbung aufweisen und größere Flossen haben. Die Weibchen von Schleierkampffischen zeigen häufig drei dunklere Längsbänder. Auch ihre Genitalpapille ist fast immer gut zu erkennen. Man sieht diese als eine kleine Erhöhung von gelblich-weißer Färbung direkt neben der Analöffnung. Zur Zucht verwendet man am besten voll ausgewachsene, aber nicht zu alte Fische. Siamesische Kampffische sind sehr raschwüchsig und kurzlebig, von Fischen, die älter als ein Jahr sind, ist kaum Nachzucht zu erwarten. Ganz besonders gilt dieses für Schleierkampffische. Hat man bei Schleierkampffischen die Möglichkeit, für die Zucht ein Männchen zu wählen, welches ohne Isolierung auf engstem Raum aufgewachsen ist, so ist dies vorzuziehen. Männchen, die in engen Gläsern – mit einem oder mehreren unerreichbaren Antagonisten ständig neben sich – heranwachsen, haben eine sehr niedrige Aggressivitätsschwelle. Beim Fehlen eines männlichen Antagonisten entlädt sich diese Aggressivität sehr leicht dem Weibchen gegenüber. Männchen, die ohne Isolierung aufgewachsen sind, sind den Weibchen gegenüber oft weniger aggressiv als viele andere Labyrinthfische. Nach dem Laichgeschäft ist das Weibchen aus dem Zuchtaquarium zu entfernen. Am vierten bis fünften Tag nach der Laichabgabe schwimmen die Jungfische frei. Sie sind etwa 3–3,5 mm lang und werden am besten mit Pantoffeltierchen oder fein ausgesiebten Futtertierchen aus dem Freiland angefüttert.

Häufig wird angeraten, die jungen Männchen möglichst frühzeitig zu isolieren. Nach meinen eigenen Erfahrungen ist dies nicht notwendig, auch bei Schleierkampffischen nicht. Läßt man nämlich die Jungfische einer Brut in einem größeren Aquarium heranwachsen – man sollte sie schon mit 1–1,5 cm Größe umsetzen –, so kann man sie dort belassen, bis sie fast ausgewachsen sind. Voraussetzung ist jedoch, daß abgesehen von einem regelmäßigen teilweisen Wasserwechsel, keinerlei Veränderungen im Aquarium vorgenommen werden (auf keinen Fall dürfen Fische herausgefangen oder hinzugesetzt werden). Von einem gewissen Zeitpunkt an kann nämlich jede Veränderung der Startschuß für eine Massenschlägerei sein. Natürlich muß man die Fische gut überwachen.

Zuchtformen

Wie lange bereits *B. splendens* für Fischturniere in Südostasien gezüchtet werden, wissen wir nicht genau, doch hat diese Zucht eine mindestens 120jährige Geschichte. Möglicherweise wurden in Kampuchea derartige Fische sogar noch früher gezüchtet. Als Aquarienfreunde haben wir an diesen Fischen nur wenig Interesse. Es kann jedoch davon ausgegangen werden, daß die Stammväter unserer Schleierkampffische Mutanten waren, die bei der Zucht der für Fischkämpfe bestimmten Fische auftauchten. Derartige Fische mit stark vergrößerten Flossen wurden um die Jahrhundertwende herum in Thailand bekannt. In den zwanziger Jahren kamen solche Schleierkampffische nach Europa. Die Bremer Importfirma Stoop & Hellemann führte 1925 erstmalig blau-rote Schleierkampffische ein, und ein Jahr später konnte der Hamburger Zierfischimporteur Eimeke reinfarbig blaue Schleierkampffische anbieten. Diesen folgten bald reinrotfarbige Fische, denen schließlich 1932 die ersten smaragdgrünen folgten. Heute gibt es Schleierkampffische in vielen Farbschlägen, neben hell- und dunkelroten, hell- und dunkelblauen, smaragdgrünen, gelben und gelbroten, schieferfarbigen und braunen auch Albinos und sogar schwarze. Möchte man reinfarbige Nachzuchten erhalten, so sollte man stets Elterntiere desselben Farbschlages miteinander verpaaren.

Farbmerkmale werden bei Schleierkampffischen in der Regel intermediär vererbt. Das heißt, die Farbanlagen beider Elterntiere treten bei der Nachzucht (F_1-Generation) gemischt in Erscheinung. So erhält man z. B. aus einer Verpaarung eines blauen mit einem roten Schleierkampffisch blau-rote Nachzucht, also Fische, die abgesehen von den langen Flossen der Männchen, wilden *B. splendens* ähneln. Verpaart man rote mit roten oder blaue mit blauen Elterntieren, so erhält man rote bzw. blaue Nachzucht. In der Praxis kommen bei fast allen Stämmen – auch bei solchen, die als reinerbig bezeichnet werden – immer wieder Farbabweichungen vor. In Einzelfällen kann es sich dabei um echte Mutationen handeln, meist aber sind Farbrückschläge damit zu erkläre, daß neben der intermediären Vererbung vereinzelt auch verschiedene Kombinationen mit dominant-rezessiven Vererbungsgängen vorkommen. Interessant dabei ist, daß bei allen Farbschlägen Rückschläge in die Kombination blau-rot, also in die Farbelemente, die man bei wilden *B. splendens* findet, weitaus am häufigsten sind.

Eine besondere Technik ist erforderlich, wenn man schwarze Kampffische vermehren will. Schwarzfärbung (Melanismus) kommt bei einzelnen Tierarten auch in der Natur vor. So gibt es in manchen Teilen Europas melanistische Kreuzottern oder auf Neuguinea melanistische Loripapageien. Auch von einigen lebendgebärenden Zahnkarpfen der Gattung *Poecilia* kommen melanistische Formen in der Natur vor. Weitaus häufiger dürfte es jedoch sein, daß einzelne melanistische Exemplare, die als Mutation hier und dort auftreten, schnell wieder ausgemerzt werden, ebenso wie dies bei albinistischen Exemplaren der Fall ist. Sowohl eine zu starke Anhäufung dunklen Farbpigmentes in den Hautzellen (Melanismus) wie auch das Fehlen solcher Pigmentstoffe (Albinismus) sind, von ganz seltenen Ausnahmen abgesehen, Eigenschaften, die im Kampf ums Dasein sich negativ auswirken. Eine bei melanistischen Exemplaren nicht ungewöhnliche Erscheinung ist, daß sie bei einer Paarung untereinander nicht fertil sind. Zwei schwarze Exemplare miteinander verpaart bringen oft keine Nachzucht, oder sie stirbt vor Erreichen der Geschlechtsreife ab – bei Fischen oft schon, bevor sie überhaupt zu schwimmen beginnen. Bei einer Verpaarung zweier schwarzer Schleierkampffische ist dies in der Regel der Fall. Am ehesten gelingt die Reproduktion schwarzer Schleierkampffische in der Kombination schwarzer Elternteil × schiefergrauer Elternteil. In der Nachzucht treten zu einem Teil schwarze Jungfische auf. Es ist anzuraten, diese schwarzen Jungfische recht bald auszusortieren, da sie sich langsamer entwickeln als ihre andersfarbigen Geschwister. Auch die Verpaarung eines schwarzen Elternteils mit einem blauen Elternteil kann in einem Teil schwarzer Nachzucht resultieren.

Im Gegensatz zu den Farbeigenschaften werden den Erbeigenschaften, die die Flossenform bestimmen, dominant-rezessiv vererbt. Dabei scheint nach allen bisher gemachten Erfahrungen Langflossigkeit (Schleier) gegenüber Kurzflossigkeit dominant zu sein. Verpaart man also einen Schleierkampffisch mit einem wilden Artgenossen, so haben in der ersten (F_1) Generation alle Nachzuchttiere lange Flossen, eine Eigenschaft, die sich jedoch nur bei den Männchen zeigt. Nur wenn außer der Erbanlage für Langflossigkeit männliche Geschlechtshormone vorhanden sind, kommt die entsprechende Erbanlage zum Ausdruck. Das bedeutet auch, daß die Weibchen der Nachzucht Träger der Erbeigenschaft für Langflossigkeit sind und diese Eigenschaft auf ihre Nachkommen vererben. Daß die ‚Langflossigkeit' bei ihnen nicht in Erscheinung tritt, beruht auf dem Mangel an entsprechenden männlichen Geschlechtshormonen. Man hat solche Weibchen experimentell schon mit entsprechenden Hormonen behandelt, wobei dann auch bei ihnen die Flossen auswuchsen.

Bei weiterer Zucht mit Nachkommen der F_1-Generation untereinander treten in der F_2-Generation etwa 25 % kurzflossige Nachkommen auf, die die Erbeigenschaft für Kurzflossigkeit reinerbig aufweisen. Von den übrigen Nachzuchttieren sind 25 % reinerbig-langflossig, die restlichen 50 % langflossig mit rezessiver Anlage für Kurzflossigkeit. Äußerlich lassen sich jedoch die reinerbig-langflossigen Fische nicht von den gemischterbigen-langflossigen Fischen unterscheiden. Fortgesetzte Zucht mit diesen Fischen – mit Reinerbigkeit als Zuchtziel – ist daher ein reines Zufallsspiel. Bei der praktischen Zuchtarbeit kommt erschwerend hinzu, daß sich die Weibchen in ihrem Erscheinungsbild nicht unterscheiden lassen, ganz gleich, ob sie nun reinerbig-kurzflossig, gemischterbig oder reinerbig-langflossig sind. Dieses Problem sei hier lediglich aufgezeigt, weil es gut veranschaulicht, wie schwierig es ist, ein genetisches Zuchtschema – das ja auf dem Papier so einfach und logisch aussieht, in die Praxis umzusetzen. Die aus praktischer Zuchterfahrung gewonnene Erkenntnis, daß Langflossigkeit über Kurzflossigkeit dominant ist, scheint auch für Kreuzungen von *B. splendens* mit nahe verwandten Arten zu gelten. Nach Richter sind Kreuzungstiere der F_1-Generation der Kreuzung *B. splendens* (Schleierkampffisch) × *B. imbellis* langflossig.

Neben einfachen Schleierformen kommen seit einigen Jahren auch Schleierkampffische mit in der Mitte geteilten Schwanzflossen vor. Die Erbeigenschaft ‚geteilte Schwanzflosse' wird rezessiv-dominant vererbt. Bei Paarung eines gewöhnlichen Schleierkampffisches mit einem Exemplar, das eine geteilte Schwanzflosse hat, treten in der F_1-Generation nur gewöhnliche langflossige Fische auf. Erst in der F_2-Generation haben etwa 25 % der Nachkommen geteilte Schwanzflossen (50 % der Nachzucht hat diese Anlage rezessiv). Züchtende Aquarienfreunde, die sich näher über genetische Probleme bei der Zucht von Schleierkampffischen und anderen Zuchtformen unterrichten möchten, seien auf die Spezialliteratur verwiesen (s. Literaturverzeichnis).

Die stark vergrößerten Flossen der Schleierkampffische sind jedoch nur teilweise das Resultat einer angeborenen erblichen Eigenschaft. Die Anlage ‚Langflossigkeit' wird außerdem durch Haltungsbedingungen gefördert, welche den Flossenzuwachs stark stimulieren. Sowie man bei den jungen Schleierkampffischen die Geschlechter unterscheiden kann, setzt man die Männchen einzeln in kleine Gläser und stellt diese nebeneinander, so daß sich die Fische ständig sehen. Durch den Anblick des nicht erreichbaren Gegners gleich nebenan angeregt, spreizen nun die jungen Männchen fortwährend ihre Flossen, um dem Nachbarn zu imponieren. Das ständige Flossenspreizen fördert, zusammen mit einem täglichen Wasserwechsel, das Wachstum der Flossen beträchtlich. Männchen aus der gleichen Nachzucht, die man zum Vergleich in einem normalen Aquarium aufwachsen läßt, bekommen keine so großen Flossen wie ihre Brüder, die in kleinen Gläsern isoliert sind. Die schöne lange Beflossung bei Schleierkampffischen ist also das Resultat von sowohl erblich bedingten Eigenschaften, wie auch das Resultat von flossenwuchsfördernden Haltungsbedingungen. Auch bei Makropoden kann durch eine Haltung von jungen Männchen in kleinen Gläsern ein gewisses Wachstum der Flossen über das Normale hinaus erreicht werden.

b) Maulbrütende Betta-Arten

Die maulbrütenden Arten der Gattung *Betta* trifft man häufiger als ihre schaumnestbauenden Verwandten auch in fließenden Gewässern an. Überhaupt dürfte die Maulbrutpflege

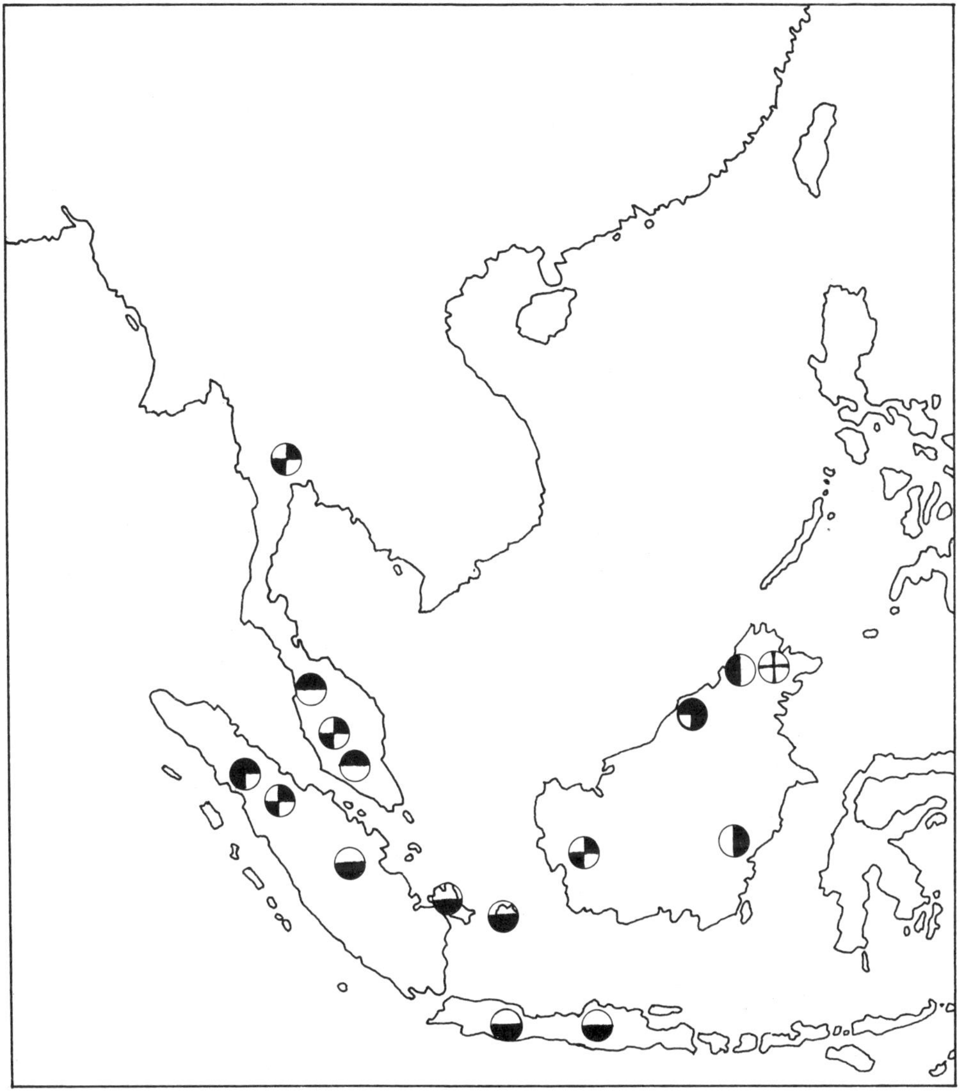

Verbreitungskarte maulbrütender *Bettaarten.*

- *Betta anabatoides*
- *Betta baluga*
- *Betta macrostoma*
- *Betta picta*
- *Betta pugnax*
- *Betta rubra*
- *Betta taeniata*
- *Betta unimaculata*

bei diesen Fischen in erster Linie eine Anpassung an die Lebensbedingungen in Gewässern sein, in denen ein Schaumnestbau nicht mehr möglich ist. Einige von ihnen kommen auch in schnell strömenden Gewässern vor, und Arten wie *B. picta* und *B. unimaculata* sind sogar in Gebirgsbäche vorgedrungen. Andere Arten maulbrütender Kampffische kommen aber in denselben Gewässern vor, in denen auch schaumnestbauende Arten gefunden werden.

Äußerlich lassen sich die Maulbrüter ohne Schwierigkeiten von den Schaumnestbauern unterscheiden. Bei den Maulbrütern ist der Kopf im Verhältnis zur Körperlänge (Standardlänge) länger als bei den Schaumnestbauern. Vierke gibt für die maulbrütenden *Betta*-Arten ein Verhältnis von Kopflänge zu Standardlänge von 1 zu 3–3,3 an. Bei den schaumnestbauenden Arten ist dieses Verhältnis 1 zu 3,5–5. In der Färbung sind die Maulbrüter unscheinbarer. Außerhalb der Laichperiode kann es schwierig sein, die Geschlechter zu unterscheiden. Die Unterschiede in der Beflossung sind unbedeutend und eine Unterscheidung der Geschlechter mit Hilfe von Flossenmerkmalen ist nicht immer möglich.

In ihrem Verhalten unterscheiden sich die maulbrütenden Arten beträchtlich von allen schaumnestbauenden Labyrinthfischen. Die Männchen der Maulbrüter bilden keine Reviere, und die Fische sind, abgesehen von einer kurzen Zeitspanne direkt während des Laichgeschäftes, auch Artgenossen gegenüber friedlich. Bei der Paarung, die meist in Bodennähe erfolgt, umschlingt das Männchen das Weibchen, ohne es herumzudrehen. Der ersten richtigen Paarung gehen meist einige Scheinpaarungen voraus. Nach der Paarung löst sich das Weibchen zuerst aus der Umschlingung, während das Männchen mit rechwinklig zum Körper gehaltener Afterflosse liegen bleibt. Auf der Afterflosse des Männchens liegen die bei der Paarung abgegebenen Eier, jeweils zwischen 2–15, mitunter auch noch mehr. Die auf der Afterflosse liegenden Eier werden vom Weibchen mit dem Maule aufgesammelt. Anschließend stellen sich die Fische Kopf an Kopf, und das Weibchen spuckt die Eier aus. Beide Geschlechter versuchen nun, die ausgespuckten Eier mit dem Maule zu schnappen. Die Eier, die vom Weibchen erhascht wurden, werden erneut ausgespuckt, und dieses Spiel wird solange fortgesetzt, bis alle Eier im Maule des Männchens liegen. Solange das Weibchen noch Eier im Maule hat, erfolgt keine neue Paarung. Das ganze Laichgeschäft kann sich über mehrere Stunden erstrecken. Werden die Fische während des Laichgeschäftes von anderen Aquarienbewohnern gestört, so ist es in erster Linie das Weibchen, welches den Eindringling vertreibt. Das eiertragende Männchen steht ein wenig schräg mit dem Kopf nach oben dicht unter der Oberfläche. Bei günstigen Lichtverhältnissen kann man die Eier durch die Kiemendeckel und die verbindende Zwischenhaut hindurchschimmern sehen. Bei einer Temperatur von 25 °C schlüpfen Jungfische von *B. taeniata* nach etwa 4 Tagen. Nach weiteren 4–5 Tagen ist ihr Dottersack aufgezehrt, und sie werden aus dem Maul entlassen. Einmal ausgeschwommene Jungfische werden nicht mehr erneut im Maul aufgenommen. Beim Verlassen des Maules sind die Jungfische bereits 5–6 mm lang. Sie können sofort mit Artemianauplien gefüttert werden. Die Entwicklung verläuft auch bei den übrigen Arten, soweit man ihre Vermehrung kennt, in ähnlicher Weise. Geringfügige Unterschiede im Entwicklungstempo können temperaturbedingt sein oder mit der Sauerstoffsättigung des Wassers zusammenhängen.

Leider sind Nachzuchterfolge bei maulbrütenden Kampffischen im Aquarium nicht gerade häufig. Diese biologisch so interessanten, aber etwas unscheinbaren, Arten werden nur selten eingeführt. Ihre Vermehrung ist keineswegs einfach. Bisher sind wohl nur von *B. taeniata* häufiger Nachzuchten gelungen. Von anderen Arten wurden nur vereinzelte Zuchterfolge gemeldet. Dabei sind gut gehaltene Fische durchaus laichwillig. Allerdings werden die Jungfische nur selten bis zum Ausschwimmen gepflegt. Abgelegte und ordnungsgemäß aufgenommene Eier sind meist nach ein paar Tagen wieder verschwunden. Es liegt die Vermutung nahe, daß diesen Fischen in unseren Aquarien die für eine normale Brutpflege notwendigen Voraussetzungen fehlen, bzw. daß wir ihre Brutpflege nicht vollständig genug kennen, um ihr in allen Phasen Rechnung tragen zu können.

Eine Grundvoraussetzung für das Gelingen der Nachzucht bei den recht kräftigen und robusten maulbrütenden Betta-Arten ist eine sachgemäße Fütterung der Zuchttiere. Diese Fische sind starke Fresser, die kräftiges, aber nicht zu fettes Futter benötigen, wenn es überhaupt zu einem Ansatz von Geschlechtsprodukten kommen soll. Ein ausgezeichnetes Futter, um diese Fische in Laichverfassung zu bringen, sind Mückenlarven jeder Art.

Die systematische Zuordnung der maulbrütenden Kampffische ist äußerst schwierig. Etliche Arten dürften doppelt beschrieben sein. Die maulbrütenden Kampffische gehören zwei verschiedenen Grundtypen an. Vierke spricht die Vermutung aus, daß die Mehrzahl der bisher beschriebenen Arten lediglich Unterarten dieser beiden Grundtypen darstellen. Er bezeichnet diese Grundtypen vorläufig als ‚*taeniata*-Typ' und ‚*pugnax*-Typ'. Als Unterschiede zwischen diesen Grundtypen gibt Vierke an: Maximale Länge beim *taeniata*-Typ 8 cm, beim *pugnax*-Typ 10 cm oder mehr. Die Spitze der Afterflosse beim erwachsenen Männchen erreicht beim *taeniata*-Typ nie bis in die hintere Schwanzflossenhälfte, beim *pugnax*-Typ reicht sie darüber hinaus. Beim *taeniata*-Typ ist die Schwanzflosse gerundet und ihr Rand erscheint häufig, durch ein wenig überstehende Flossenstrahlen, wie gezähnt. Bei den Männchen des *pugnax*-Types dagegen ist die Schwanzflosse in der Mitte ausgezogen. Die Männchen des *pugnax*-Types haben deutlich verlängerte Bauchflossen, beim *taeniata*-Typ sind diese kürzer. Soweit Vierke. Natürlich gibt es bezüglich der Einteilung der maulbrütenden Kampffische mehrere Theorien und Vermutungen, auf die hier nicht näher eingegangen werden kann. Vierkes Vermutung, daß es sich bei den maulbrütenden Kampffischen um wenige Arten handelt, die in zahlreiche Unterarten aufzuteilen wären, erscheint mir nach dem jetzigen Stand unserer Kenntnisse am logischsten. Bei der Einordnung eventuell neu eingeführter maulbrütender Kampffische wird eine derartige Einteilung bis auf weiteres genügen müssen. Eine umfassende Überarbeitung des ganzen Komplexes dürfte in absehbarer Zeit nicht zu erwarten sein.

Besonders Importfische sind im Aquarium häufig recht scheu, und es ist anzuraten, ihnen zahlreiche Versteckplätze anzubieten. Bei Zuchtversuchen ist es am besten, sichere Paare einzeln zu halten. Hält man eine größere Anzahl Fische im selben Aquarium, so kann es bei *B. taeniata* vorkommen, daß nur ein Männchen farblich sein Geschlecht anzeigt, während die übrigen Männchen dieselbe Färbung wie die Weibchen zeigen. Es ist wahrscheinlich, daß ein ähnliches Verhalten auch bei anderen nahe verwandten Arten vorkommt. Einige dieser Fische, die aus höheren Lagen stammen und in schneller fließendem Wasser zu Hause sind, sollten nicht bei allzu hohen Temperaturen gehalten werden. Entsprechende Hinweise werden bei den Artbeschreibungen gegeben.

Betta anabatoides Bleeker, 1850
Länge: bis 12 cm.
Flossen- und Schuppenformel: D I/7–9, A II/25–30, P 13, V I/5, mLR 31–34, QR 10 1/2.
Vorkommen: Die der Originalbeschreibung zugrunde liegenden Fische stammten aus Südost-Borneo. Die Art soll außerdem auf Sumatra, Sumba und in der Umgebung von Singapur vorkommen. Es ist jedoch bei allen Fundortangaben außerhalb Borneos zweifelhaft, ob es sich bei den dort festgestellten Kampffischen tatsächlich um *B. anabatoides* gehandelt hat. Die von W. Foersch 1978 aus Borneo mitgebrachten Fische waren wahrscheinlich die ersten, die von dieser Art lebend nach Europa gelangten. Vierke (1979) macht darauf aufmerksam, daß auch die von Kühme (1961) verhaltensmäßig untersuchten Fische nicht *B. anabatoides* gewesen sein können, wie angegeben wurde, sondern höchstwahrscheinlich *B. taeniata,* was natürlich den Wert von Kühmes vergleichender Arbeit zwischen nestbauenden und maulbrütenden *Betta*-Arten in keiner Hinsicht mindert. Foersch konnte bei den von ihm eingeführten Fischen den Laichvorgang beobachten, der sich nicht von dem bei maulbrütenden Betta-Arten üblichen unterscheidet.
Bei *B. anabatoides* handelt es sich um einen verhältnismäßig kompakten Maulbrüter mit großem Kopf und einer in der Mitte etwas ausgezogenen Schwanzflosse. Die Grundfärbung ist bräunlich, mit einem unregelmäßigen dunkleren Streifenmuster auf der unteren Körperhälfte. Während der Balz und Fortpflanzung ist das Männchen etwas kräftiger in der Färbung. Haltung am zweckmäßigsten in weichem Wasser, bei Temperaturen zwischen 24–27 °C.

Betta balunga Herre, 1940
Balunga Kampffisch
Länge: bis 7 cm.
Flossen- und Schuppenformel: D I/7, A 28–29, mLR 30–31. Die hier angegebene Formel ist revidiert, denn Herre gibt für die Afterflosse 3 Hartstrahlen an. Nach Inger und Chin ist dieses nicht zutreffend, da Herre sich bei seiner Beschreibung einer nicht mehr gültigen Definition des Begriffes ‚Hartstrahlen' bediente.
Vorkommen: Nördliches Borneo, wo dieser Fisch im Balung-Fluß gefunden wurde.
Bisher nicht lebend eingeführt.
Über die Färbung lebender Exemplare ist nichts bekannt.

Betta macrostoma Regan, 1909
Länge: 10 cm.
Flossen- und Schuppenformel: D 11, A 26, mLR 32. Diese Art hat keine Hartstrahlen.
Ursprünglich wurde die Art durch Regan anhand eines einzigen konservierten Exemplares bestimmt, von dem man lediglich wußte, daß es aus Nordborneo stammte. Lebende Fische dieser Art waren nicht bekannt. Neuerdings konnte H. R. Axelrod die Art im Sultanat Brunei in Nordborneo auffinden und auch lebende Fische von dort mitbringen, deren Vermehrung im Aquarium inzwischen gelungen ist. Die Art ist Maulbrüter, und das Männchen trägt die Eier bis zum Ausschwimmen der Jungfische 7–10 Tage im Maul.
Typisch für die Art ist eine auffallend tiefe Maulspalte und ein markanter Pfauenaugenfleck im hinteren Teil der Rückenflosse. Die Jungfische haben ein aus zwei Fleckenreihen bestehendes Zeichnungsmuster.
Gefunden wurden die Fische in strömendem Wasser, in einem Biotop, das dem von *Betta unimaculata* (s. dort) ähnlich ist. Genau wie diese Art ist auch *B. macrostoma* ein ausgezeichneter Springer, der sich streckenweise über Land fortbewegen kann.

Betta picta (Cuvier und Valenciennes, 1846)
Javanischer Kampffisch
Synonyme: Panchax pictum Cuvier und Valenciennes, 1846. Auch *Betta trifasciata* Bleeker,

1850, scheint mit dieser Art identisch zu sein.
Länge: bis 5,5 cm.
Flossen- und Schuppenformel: D I/6–8, A II/18–22, P 12, mLR 28–30, QR 9 ½–10 ½.
Vorkommen: Java, Sumatra und die Sumatra östlich vorgelagerten Inseln Bangka und Belitung. Angaben, nach welchen diese Art auch auf Borneo und der Malaiischen Halbinsel vorkommen soll, sind unsicher. Auf Java wurde diese Art auch in Höhen von etwa 1500 m angetroffen.
Erstimport nach Europa 1935. Färbung hellbraun mit drei dunkleren Längsbändern und einigen dunkleren Flecken auf dem Vorderrücken. Haltung am zweckmäßigsten in weichem Wasser bei Temperaturen zwischen 20 bis 24 °C. Schon öfter im Aquarium nachgezogen. Sehr raschwüchsig und im Alter von 6 Monaten ausgewachsen.

Betta pugnax (Cantor, 1850)
Maulbrütender Kampffisch
Synonyme: Macropodus pugnax Cantor, 1850. Auch *Betta brederi* Myers, 1935, ist wahrscheinlich lediglich eine Lokalform (Unterart?) von *Betta pugnax* aus Johore, im Süden der Malaiischen Halbinsel. Sie unterscheidet sich von *B. pugnax* lediglich durch eine mehr grünliche Färbung.
Länge: bis 10 cm.
Flossen- und Schuppenformel: D I/7–9, A II/22–26, P 12, V I/5, C 11, mLR 28–30.
Vorkommen: Wurde ursprünglich nach Exemplaren von der Insel Penang beschrieben, die der Westküste Malaysias vorgelagert ist. Sie kommt jedoch an vielen anderen Stellen auf der Malaiischen Halbinsel ebenfalls vor. Wird in der Natur in recht unterschiedlichen Gewässern gefunden und soll auch in schnell strömenden Bächen vorkommen.
Ersteinfuhr nach Europa 1905 durch Reichelt, Berlin. Spätere Einfuhren nur unregelmäßig und in geringer Anzahl.
Färbung sehr variabel und stark von der Stimmung abhängig. Fühlen sich die Fische wohl, so haben sie eine rotbraune Grundfarbe und auf jeder Schuppe zeigt sich ein stark irisierendes grünliches oder bläuliches Pünktchen. Die Kehle schimmert grünlich, und die Afterflosse hat einen grünlich schimmernden Saum. Fische, die verunsichert sind oder sich nicht richtig wohlfühlen, sind gelbbraun und zeigen 8 oder 9 dunklere Querbänder.
B. pugnax sollte in einem nicht zu harten Wasser gehalten werden. Eine Temperatur von 23–25 °C reicht vollständig aus. In hartem Wasser und besonders bei allzu hohen Temperaturen gehalten, ist diese Art recht empfindlich. Die Zucht dieses maulbrütenden Kampffisches ist schon häufiger gelungen. Füttert man die Elternfische gut und abwechslungsreich, so stellen sie nach meiner Erfahrung ihren Jungfischen nur wenig nach. Sie sind raschwüchsig und wachsen im Laufe von 6 Monaten vollständig heran.

Betta rubra Perugia, 1893
Länge: 5 cm.
Flossen- und Schuppenformel: D I/7, A III/21, mLR 30.
Vorkommen: Im 900 m über dem Meer gelegenen Toba-See auf Sumatra. Eine bisher nicht lebend nach Europa eingeführte Art mit unsicherem Status. Hier nur erwähnt, da in der älteren Aquarienliteratur wilde *B. splendens* mit rötlicher Grundfärbung aus der Umgebung Singapurs oft fälschlich als ‚*Betta rubra*‘ bezeichnet wurden.

Betta taeniata Regan, 1909
Synonyme: Betta trifasciata Karoli, 1882; *Betta macrophthalma* Fowler, 1934.
Länge: bis 7 cm.
Flossen- und Schuppenformel: D I/7–9, A II/20–25, P 12–14, C 11, V I/5, mLR 28–30, QR 9 ½–10 ½.

Vorkommen: Die von Regan beschriebenen Fische stammten von Borneo (Kalimantan). Weitere Vorkommen sind aus Sumatra bekannt. Auch auf der Malaiischen Halbinsel und in Thailand kommt diese Art vor. Linke fand sie etwa 80 km nördlich von Singapur. *B. taeniata* ist keineswegs mit *B. pugnax* identisch, wie dies Tweedie für die Vorkommen in Malaysia angibt. In der Natur kommt diese Art in verschiedenen Gewässertypen vor, sowohl in fließendem wie auch in stehendem Wasser. Im Aquarium ist sie gut haltbar und wahrscheinlich am leichtesten von allen maulbrütenden Kampffischen im Aquarium zu vermehren.

Grundfärbung: Gelbbraun bis braun, gewisse Exemplare auch rotbraun. Zwei dunklere Längsbänder sind fast immer zu erkennen. Eines läuft von der Schnauzenspitze durch das Auge zur Schwanzwurzel. Das andere beginnt am Kiemendeckelrand und endet im unteren Teil des Schwanzstieles. Geschlechtsunterschiede schwer feststellbar, laichreife Weibchen erkennt man am Bauchumfang.

Haltung am zweckmäßigsten in einem gut bepflanzten Aquarium bei einer Temperatur von etwa 25 °C. Am wohlsten fühlen sich diese Fische unzweifelhaft in einem nicht zu harten und leicht sauren Wasser, ohne deshalb in bezug auf die Wasserverhältnisse empfindlich zu sein. Untereinander sind sie verhältnismäßig friedlich, und man kann gut mehrere Exemplare zusammen halten. Ihre Vermehrung gelingt am einfachsten, wenn man, sobald eine Eiaufnahme festgestellt wird, alle anderen Fische vorsichtig aus dem Aquarium herausfängt, so daß nur das eitragende Männchen übrigbleibt. Die 5–6 mm langen Jungfische, die nach 8–10 Tagen aus dem Maule entlassen werden, können sofort mit Artemianauplien angefüttert werden.

Möglicherweise sind einzelne Exemplare dieser Art bereits in den dreißiger Jahren unerkannt importiert worden. E. Roloff brachte 1956 zwei Exemplare aus Thailand mit und konnte von diesen Fischen Nachzucht erhalten. Aus den Roloffschen Nachzuchten erhielt ich ein Pärchen. Ein Bekannter, der diese Fische bei mir sah, versicherte mir, daß er bereits 1938 zwei Exemplare dieses Fisches bei der Hamburger Importfirma H. Miehm erworben und mit nach Schweden gebracht hätte. Es ist also nicht auszuschließen, daß einzelne Fische schon früher als ‚Beifang' mit Fischen aus Singapur nach Europa gelangten. Die meisten Fische, die von dieser Art in den sechziger und siebziger Jahren angeboten wurden, stammten wahrscheinlich von den durch Roloff importierten Fischen ab. Die übereinstimmenden Zuchtberichte von Roloff, Kuenzer, Armbrust u. a., die auch fotografisch gut dokumentiert sind, und mit meinen eigenen Erfahrungen übereinstimmen, liegen der vorausgegangenen Zusammenfassung der maulbrütenden Kampffische zugrunde.

Betta unimaculata (Popta, 1905)
Synonyme: Parophiocephalus unimaculatus Popta, 1905; *Betta ocellata* De Beaufort, 1933.
Länge: bis 11 cm.
Flossen- und Schuppenformel: D 0–I/6–11, A 0–I/26–33, mLR 31–35.
Vorkommen: Nördliches Borneo, in Gewässern verschiedener Art. Nach Inger und Chin schwimmen diese Fische auch schnell fließende Wasserläufen weit hinauf und überwinden dabei springend kleinere Stromschnellen und andere Hindernisse. Sie sind, allem Anschein nach, auch in der Lage, größere Hindernisse springend auf dem Landwege zu umwandern. So wurden sie oberhalb von Wasserfällen gefunden, wie auch in kleinen Tümpeln, die lediglich durch schnell strömende Rinnsale verbunden waren. Ihre Ernährung unter diesen Bedingungen dürfte hauptsächlich aus dem Anflug bestehen.

Die Grundfärbung ist gelblich bis bräunlich mit an den Körperseiten stark irisierenden grünlichen Schuppen. Als Aquarienfische sind sie unempfindlich und anspruchslos. Als Futter schätzen sie besonders Mückenlarven jeder Art. Ihr Sprungvermögen ist beachtlich, man sollte daher das Aquarium sorgfältig abdekken. Untereinander sind sie friedlich und Auseinandersetzungen kommen kaum in ernsterer Form vor. Meist begnügen sich die Fische damit, einem Gegner gegenüber Imponierhaltung einzunehmen.

In ihrem Fortpflanzungsverhalten unterscheiden sie sich etwas von den anderen maulbrütenden *Betta*-Arten, soweit deren Fortpflanzungsverhalten überhaupt bekannt ist. Bei der Laichabgabe werden die Eier ohne Mithilfe des Weibchens direkt vom Männchen aufgenommen. Bei einer Temperatur von 25 °C werden die Jungfische nach 9–10 Tagen aus dem Maule des Männchens entlassen. Die Jungfische nehmen direkt Artemianauplien an und sind sehr raschwüchsig.

Die Geschlechtsunterscheidung ist bei noch nicht voll ausgewachsenen Fischen schwierig. Voll ausgewachsen sind die Männchen etwas größer und zeigen in Prachtfärbung gelbgrüne Schuppen auf den Kiemendeckeln und an den Körperseiten. Die Weibchen haben zwar dieselben Farbnuancen, doch erheblich matter.

Gattung Ctenops

Eine monotypische Gattung, d.h. eine Gattung mit nur einer Art. McClelland stellte diese Gattung eigens für diesen eigentümlichen Fisch auf. Bleeker stellte 1877 außerdem die Art *Trichopsis vittatus* (unter dem Namen *Osphromenus vittatus*) hinzu. Diese falsche Eingliederung führte dazu, daß in der Aquarienliteratur *Trichopsis vittatus* lange fälschlich als *Ctenops vittatus* bezeichnet wurde.

Ctenops nobilis McClelland, 1844
Synonym: Osphromenus nobilis Day, 1876.
Länge: bis 10 cm.
Flossen- und Schuppenformel: D V–VII/7–8, A IV–V/24–28, mLR 29–33.

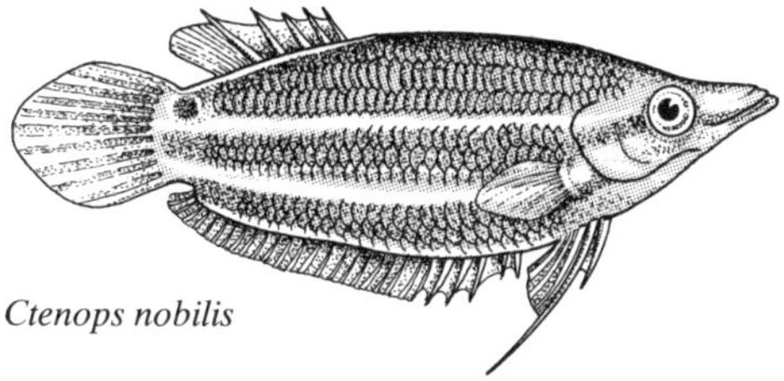

Ctenops nobilis

Typisch für das Aussehen dieses eigentümlichen Labyrinthfisches ist der zusammengedrückte Kopf mit seiner spitz ausgezogenen Mundpartie sowie die sehr weit hinten auf dem Rücken angesetzte Rückenflosse.

Verbreitung: Vorkommen sind aus dem Tiefland längs des Unterlaufes des Brahmaputra und aus den Deltagebieten von Brahmaputra und Ganges bekannt. Scheint jedoch im gesamten Verbreitungsgebiet selten zu sein.

Färbung (nach Day): Grundfärbung braun, ein silbriges Längsband, gewöhnlich unterbrochen, erstreckt sich vom Auge bis zur Mitte der Schwanzflossenbasis. Ein zweites ähnliches Längsband erstreckt sich von den Brustflossen längs der Körperseiten und ein drittes entlang der Basis der Afterflosse. Manchmal ist ein schwarzer Augenfleck mit hellem Hof im oberen Teil der Schwanzflosse vorhanden. Nach Ladiges machen die Jungfische während des Heranwachsens eine förmliche Farbmetamorphose durch. Jungfische mit einer Länge von 10–15 mm haben eine breite beigefarbige Querbinde, die vorne und hinten durch eine dunkelbraune Zone begrenzt wird. Afterflosse und Schwanzflosse sind ebenfalls beige. Jungtiere von 15–25 mm Länge sind einfarbig dunkel, mit etwa 15 undeutlichen Längsstreifen. Größere Jungtiere zeigen eine verwaschene Scheckung, von der sich deutlich zwei schmale Binden abheben. Die eine beginnt am vorderen Rückenflossenansatz und endet an der Bauchflossenbasis, die andere läuft vom hinteren Rückenflossenansatz zur Schwanzflossenbasis.

Über die Biologie dieser Art und insbesondere über deren Fortpflanzung ist nichts bekannt. Sowohl mit Hinblick auf ihre systematische Stellung, in die Nähe der Gattung *Trichopsis,* wie auch ihrer geographischen Verbreitung kann man lediglich vermuten, daß sie ein Schaumnestbauer ist. Nach Rachow wurde *C. nobilis* erstmalig durch die Hamburger Firma Kropac im Jahre 1912 eingeführt. Später ist sie noch einige Male in wenigen Exemplaren eingeführt worden. Die ‚Deutsche Indien-Expedition' (von Maydell) konnte 1957 15 Jungfische von verschiedener Größe mitbringen. Im Aquarium soll diese Art recht hinfällig sein. Aufgrund der wenigen bisher lebend eingeführten Tiere liegen bisher nur äußerst unvollständige Erfahrungen über die Haltung dieses Fisches vor. Anstelle einer Fotografie, die nicht zur Verfügung steht, hier eine Zeichnung, die die eigentümliche Körperform dieser Art wiedergibt (Seite 119).

Gattung Malpulutta

Eine monotypische Gattung, die 1937 durch Deraniyagala aufgestellt wurde. In ihrer Verbreitung ist diese Gattung auf Sri Lanka beschränkt.

Malpulutta kretseri Deraniyagala, 1937
Gefleckter Spitzschwanzgurami

Länge: Männchen bis 9 cm, von denen allerdings 3,5 cm auf die Schwanzflosse entfallen. Nicht alle Männchen haben jedoch derartig lange Schwanzflossen. Die Weibchen werden nicht länger als 5 cm.

Flossen- und Schuppenformel: D VIII–X/4–6, A XIII–XVII/7–11, P 12, V I/5, C 13–15, mLR 29–30.

Vorkommen: Sowohl im Nordwesten wie auch im Westen von Sri Lanka. Geisler, Radda u. a. fanden sie auch in kleinen, stark verkrauteten Gewässern im Kottawa-Forest-Reserve am Abhang des südlichen Hochlandes im Süden der Insel. Nach Geissler wurde sie zusammen mit *Belontia signata* und verschiedenen *Puntius-* und *Rasbora*-Arten auch in Bewässerungsgräben und Bächen angetroffen. Man findet diese Art in der Natur in mineralarmem und oft leicht saurem Wasser. Die Meßwerte an verschiedenen Fundstellen bewegen sich zwischen 0,2–4° dH (Gesamthärte) und pH-Werten zwischen 6,2 und 6,6 pH. Die Wassertemperaturen lagen zwischen 25–28°C.

Deraniyagala hat die Art *M. kretseri* 1958 in zwei Unterarten aufgeteilt. Die eine ist mehr rötlich in der Färbung und etwas größer, sie wird als Nominatform betrachtet. Eine kleinere Form aus der Provinz Sabaragamuva, mit bläulicher Grundfärbung, erhielt den Namen *M. kretseri minor.* Soweit bekannt ist, sind bisher nur Fische der roten Form lebend nach Europa gelangt. Ob die genannte Aufteilung berechtigt ist, kann hier nicht erörtert werden. Ähnliche Erscheinungen, d. h., daß dieselbe Art in verschiedenen Teilen Sri Lankas in verschiedenen Farbvarianten – und zwar jeweils eine rötlichere und eine bläulichere – vorkommen, sind nicht ungewöhnlich. Ähnliche Farbformen sind so z. B. von *Belontia signata, Puntius titteya* und von *Rasbora vaterifloris* bekannt.

Im Aquarium ist *M. kretseri* gut haltbar, wenn man sie für sich hält. Für eine Vergesellschaftung sind sie nicht geeignet. Möglicherweise können sie mit anderen kleinen Labyrinthfischen, wie z. B. *Trichopsis*-Arten, zusammen gehalten werden. *M. kretseri* ist ein sehr vorsichtiges und scheues Fischchen, das die Kunst, sich zu verstecken, meisterhaft beherrscht. Hält man diese Fische in einem gut bepflanzten Aquarium, so bekommt man nicht viel von ihnen zu sehen. Importfische nehmen anfänglich nur lebendes Futter an und gewöhnen sich erst nach längerer Zeit an tote Futterstoffe.

Es kommt vor, daß diese Art in Höhlungen unter Wasser ablaicht. Dabei wird jedoch, soweit ich beobachten konnte, immer ein Schaumnest gebaut. Auch Schaumnester, unter dem Wasserspiegel in den Wölbungen von Cryptocorynenblättern angelegt, kommen vor. Sind jedoch auf der Oberfläche Schwimmpflanzen vorhanden, wird das Nest meist unter diesen gebaut. Zahlenmäßig größere Aufzuchtresultate sind nicht zu erwarten, dafür wachsen die Jungfische schnell, und sie sind einfach aufzuziehen.

Das der Paarung vorausgehende Vorspiel kann sich bei dieser Art über mehrere Tage hinziehen. Die Laichabgabe wird vom Weibchen eingeleitet, welches seinem Partner seine Laichbereitschaft durch ein Stupsen mit dem Maul in die Körperseiten anzeigt. Bei der Umschlingung kommt das Weibchen in der Regel in eine seitliche Lage, und so umschlungen sinkt das Paar zu Boden. Die dabei abgegebenen und befruchteten Eier (Sinkeier) bleiben zunächst auf der Afterflosse des Männchens liegen. Erst wenn sich die Fische aus der mit der Paarung verbundenen Starre lösen, gleiten die Eier längs der Afterflosse zu Boden. Dort werden sie von beiden Partnern mit dem Maule aufgesammelt und in das Nest gebracht. Dabei ist das Weibchen meist der aktivere Teil, und es kommt vor, daß es mit dem Aufsammeln schon beginnt, während die Eier noch auf der Afterflosse des Männchens liegen. Bei jeder Paarung werden 4 bis 8 Eier abgegeben und nicht selten werden zwischen Paarungen mit Eiabgabe Scheinpaarungen eingelegt. Bei einer Temperatur von 25 °C schlüpfen die Larven nach etwa 48 Stunden, und 6 Tage nach der Laichabgabe schwimmen die Jungfische frei. Die Elterntiere stellen ihren Nachkommen nur wenig nach; legt man daher auf besonders zahlreiche Nachkommenschaft keinen Wert, so kann man die Jungfische bei den Eltern belassen. Dies gilt natürlich nur, wenn das Aquarium nicht allzu klein und gut bepflanzt ist. Wünscht man zahlreiche Nachkommenschaft, so entfernt man entweder die Elternfische aus dem Zuchtaquarium, oder man schöpft die an der Oberfläche schwimmenden Jungfische vorsichtig ab und bringt sie in einem besonderen Aufzuchtaquarium unter. Zum Anfüttern der Jungfische können sofort Artemianauplien verwendet werden.

Auf ihr Labyrinth ist diese Art nur wenig angewiesen, und in Wasser mit normaler Sauerstoffsättigung können die Fische stundenlang, ohne Luft zu schöpfen, an einer geschützten Stelle verweilen. Fühlen sie sich bedroht, so versuchen sie häufig springend zu entkommen. Im Aquarium springen sie leider nicht selten mit ‚tödlicher' Sicherheit durch schmalste Spalten oder Öffnungen der Deckscheiben aus dem Aquarium heraus.

Der gefleckte Spitzschwanzgurami ist ein Fisch, der nur in einem besonders für ihn hergerichteten Aquarium voll zu seinem Recht kommt. Ein überaus interessanter Fisch für wirkliche Spezialisten.

Gattung Parosphromenus

Nach unseren heutigen Kenntnissen umfaßt die durch Bleeker 1879 aufgestellte Gattung *Parosphromenus* 4 Arten. Zu den beiden schon früher bekannten Arten sind in jüngster Zeit zwei neue Arten aus Borneo gekommen. Ursprünglich beschrieb Bleeker 1859 einen winzigen Labyrinthfisch von der Insel Bangka anhand eines einzigen Exemplares als *Osphromenus deissneri*. Im Zusammenhang mit der Bearbeitung seines umfangreichen Materiales kam ihm dieser Fischzwerg so eigentümlich und von allen bis dahin bekannten Labyrinthfischen abweichend vor, daß er 1879 für ihn die Gattung *Parosphromenus* aufstellte. Über Jahrzehnte hinweg verblieb das Bleekersche Exemplar der einzige bekannte Fisch seiner Art. Es sollte ganze 75 Jahre dauern, bis Herre diese Art erneut fand. Es hat sich inzwischen herausgestellt, daß diese Art in ihrer Verbreitung durchaus nicht nur auf die Insel Bangka beschränkt ist, sondern auch auf Sumatra und auf der Malaiischen Halbinsel vorkommt. Mehr als 90 Jahre nach der Entdeckung der ersten *Parosphromenus*-Art fand Tweedie auf der Malaiischen Halbinsel die zweite Art dieser Gattung, *Parosphromenus paludicola.* Inzwischen sind zwei weitere *Parosphromenus*-Arten durch Foersch, Korthaus und Hanrieder auf Borneo entdeckt und lebend nach Europa gebracht worden. Die Entdeckungsgeschichte dieser winzigen Labyrinthfische ist ein schlagender Beweis, daß es sehr schwierig sein kann, derartige kleine und wenig bewegliche Fische in freien Gewässern zu entdecken. Es ist somit durchaus möglich, daß von dieser Gattung noch weitere Arten gefunden werden.

Bei normaler Sauerstoffsättigung des Wassers kommen diese Fischzwerge gut ohne ihr Labyrinth aus. Foersch konnte so z. B. nachweisen, daß *P. deissneri,* denen der Weg zur Oberfläche versperrt war, über 100 Tage gut überlebten. Sie zeigten während dieser Periode keinerlei Unbehagen, und das Versuchspaar laichte während der angegebenen Periode zehnmal ab. Damit dürfte erwiesen sein, daß diese Fische, ähnlich wie *Malpulutta kretseri,* nur äußerst begrenzt – wenn überhaupt – auf eine Sauerstoffaufnahme über das Labyrinth angewiesen sind. In der Natur scheinen sie vorwiegend in sauberem und fließendem Wasser vorzukommen. Ihre Nestbauweise haben sie ihrem Biotop angepaßt. Da fließende Gewässer kaum einen normalen Schaumnestbau an der Oberfläche zulassen, bauen die *Parosphromenus*-Arten ihre Nester in der Regel in Höhlen und an anderen geschützten Stellen unter dem Wasserspiegel. Die Entwicklung von Eiern und Larven geht bei den *Parosphromenus*-Arten langsamer als bei fast allen anderen Labyrinthfischen; bei 25 °C dauert es 3 Tage, bis die Larven schlüpfen. Die Larven haben noch einen großen Dottersack, und es dauert noch einmal 3–4 Tage, bis sie freischwimmen. Zu diesem Zeitpunkt sind sie etwa 5 mm lang, also verhältnismäßig groß. Nach Foersch fressen die Jungfische von *P. deissneri* sofort nach dem Freischwimmen Artemianauplien, doch können die Jungfische auch mit gereinigten Pantoffeltierchen oder feinstem Staubfutter aus dem Freiland angefüttert werden.

Foersch empfiehlt jedoch, Artemianauplien nicht über eine längere Zeit einseitig zu verfüttern, sondern baldmöglichst auf ausgesiebte Cyclops und ähnliches Naturfutter überzugehen. Bei einseitiger Fütterung mit Artemianauplien an bereits größere Jungfische kam es mehrere Male zu unerklärlichen Massensterben.

Die *Parosphromenus*-Arten erreichen ein verhältnismäßig hohes Alter und sind nachweislich auch noch im dritten Lebensjahre voll fortpflanzungsfähig.

Oben links: Schaumnest von *Betta imbellis.*
Oben rechts: Kopf eines *Betta pugnax*-Typs aus Malaysia.
Mitte links: *Betta pugnax* (Männchen) aus Süd-Thailand.
Mitte rechts: *Betta edithae* aus Banjarmasin (Borneo). Das abgebildete Exemplar lag zusammen mit dem auf der vorigen Tafel abgebildeten Männchen der Originalbeschreibung zugrunde.
Unten links: *Betta pugnax*-Typ aus Malaysia (derselbe Fisch wie das Porträt oben rechts), der durch P. Nagy 1981 gesammelt wurde.
Unten rechts: Ein sehr groß werdender *Betta pugnax*-Typ aus Zentral-Sumatra.

Parosphromenus deissneri Bleeker, 1859
Zwergprachtgurami
Synonyme: Osphromenus deissneri Bleeker, 1859; *Polyacanthus deissneri* Günther, 1861.
Länge: bis 3,5 cm.
Flossen- und Schuppenformel: D XII/7, A XIII/8–9, P 2, V I/5, C 12, mLR 30.
Vorkommen: Fundorte sind bisher von der Malaiischen Halbinsel und den Inseln Sumatra und Bangka bekannt. Schaller fand die Art etwa 80 km nordwestlich von Singapur in der Uferzone eines tiefen Grabens, wo die Fische schräg mit dem Kopf nach unten in Bodennähe zwischen Riedgräsern standen.
Schmidt (1955) fand sie auf Sumatra in der Nähe von Palembang in einem bis 1,80 m tiefen schnellfließenden Urwaldbach, wo sie sich dicht am Ufer aufhielten. Doch sind auch Funde aus flachen und verkrauteten Gewässern bekannt, so fing Tweedie sie in einem derartigen Graben in der Nähe von Singapur.
Erstmalig eingeführt in einzelnen Exemplaren bereits 1950. Spätere Importe durch Schmidt 1955 und Schaller 1970. Foersch konnte diese Art mit gutem Erfolg vermehren und fast alle in Deutschland gehaltenen Fische dieser Art stammen aus seinen Nachzuchten. Später auch durch Richter in der DDR nachgezüchtet.

Oben links: Zwergprachtgurami (*Parosphromenus deissneri*), Männchen.
Oben rechts: *Parosphromenus parvulus,* Männchen. Dieser kleinste bisher bekannt gewordene Labyrinthfisch wurde vor wenigen Jahren entdeckt.
Mitte links: *Parosphromenus paludicola,* Männchen. Am Höhlendach erkennt man einige bereits deutlich pigmentierte Jungfische.
Mitte rechts: Faden-Zwergprachtgurami (*Parosphromenus filamentosus*) unter einem Schaumnest mit Eiern am Höhlendach.
Unten links: Der gefleckte Spitzschwanzgurami (*Malpulutta kretseri*) versteht es meisterhaft, sich dicht an die Unterseite von Blättern anzuschmiegen und so in seiner Umgebung zu „verschwinden".
Unten rechts: Spitzschwanzmakropode (*Pseudosphromenus cupanus*).

Grundfärbung gelboliv bis ockerfarbig, mit zwei breiten braunen Längsbinden. Während der Balz verfärben sich diese Längsbinden beim Männchen und nehmen eine schwarze Färbung an, zu dem die sich gelb verfärbenden Zwischenräume in feinem Kontrast stehen. Das obere der dunklen Längsbänder verläuft ausgehend von der Stirn, längs der oberen Rückenhälfte, bis zur oberen Schwanzflossenbasis. Das untere beginnt an der Schnauzenspitze, läuft durch das Auge, entlang der Körpermitte, bis zum unteren Teil der Schwanzflossenbasis. Die Unterseite verfärbt sich dunkel und der Rücken hell. Rücken-, After- und Schwanzflosse haben längs ihrer Mitte einen dunklen Streifen, der oben und unten durch einen leuchtend blauen Saum begrenzt wird. In der Schwanzflosse befindet sich außerdem zwischen der dunklen Basis und dem tiefschwarzen Streifen eine rotbraune Zone. Die Bauchflossen schimmern bläulich und haben vorne einen rötlichen Saum. Das Weibchen ist wesentlich matter und zeigt das genannte Farbmuster nur andeutungsweise.
Nur für eine Haltung in einem speziell für sie angepaßten Artaquarium geeignet. Diese Fische sollten in einem mineralarmen Wasser gehalten werden, doch stellen sie dabei keine extremen Ansprüche. Die Gesamthärte sollte jedoch maximal 8–10° dH nicht übersteigen. Als Ablaichhöhle kann man im Aquarium herumgedrehte und seitlich teilweise ausgebrochene Blumentöpfchen verwenden. Da das Haftvermögen der Eier nach Foersch weitgehend von der Wasserhärte abhängig ist, sollte für Zuchtversuche sehr weiches Wasser verwendet werden, möglichst mit einer Gesamthärte, die 2° dH nicht übersteigt. Meist setzt nämlich *P. deissneri* seine Eier ohne vorherigen Schaumnestbau unter dem Höhlendach ab. Dort aber bleiben die Eier nur dann haften, wenn das Wasser genügend weich ist. Beim Laichgeschäft umschlingen sich die

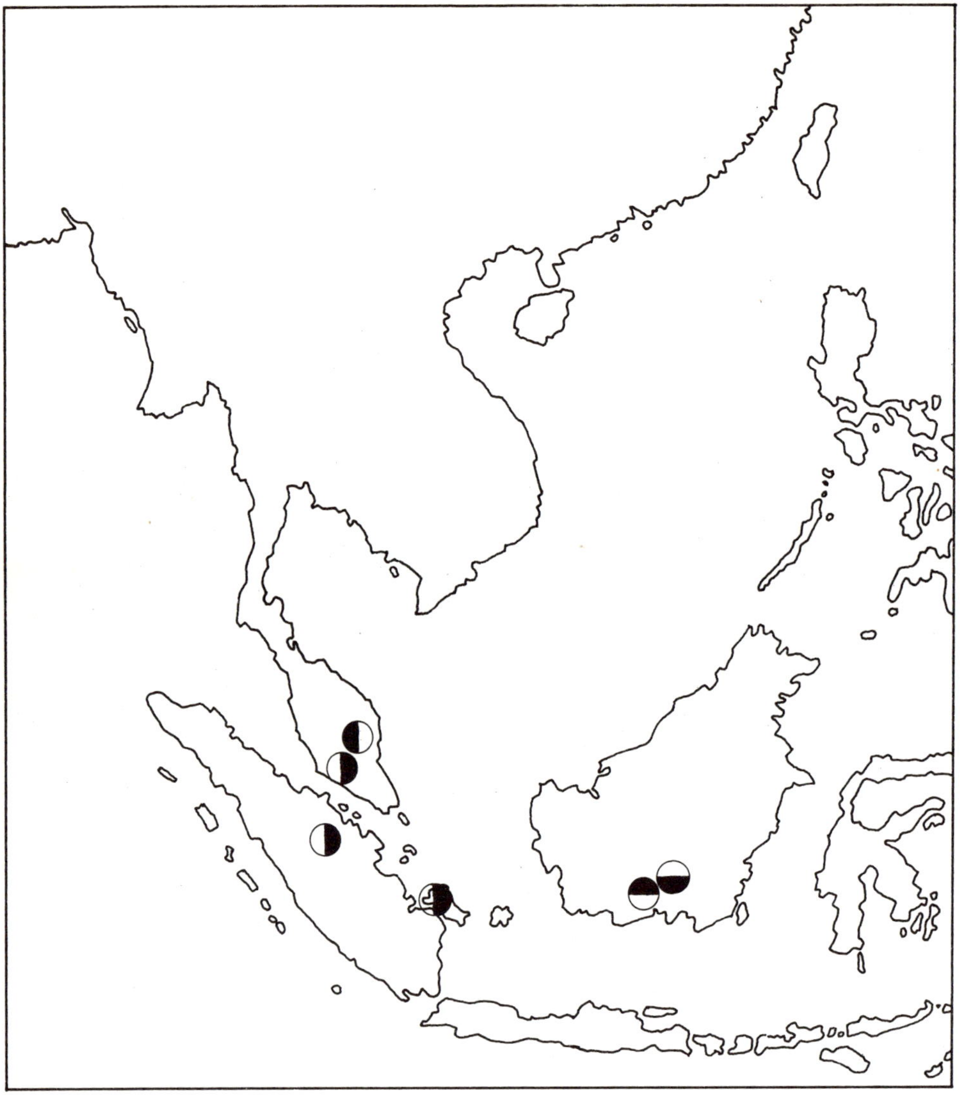

Verbreitungskarte der Gattung *Parosphronemus.*

◑ *Parosphronemus deissneri*

◓ *Parosphronemus filamentosus*

◐ *Parosphronemus paludicola*

◒ *Parosphronemus parvulus*

Fische nach vorausgegangener Balz unter dem Höhlendach. Dabei schwimmt das Weibchen an das Männchen heran und berührt mit der Schnauzenspitze die Körperseite, worauf sich das Männchen zusammenkrümmt und das Weibchen umklammert. In dieser Umklammerung wird das Weibchen nicht herumgedreht. Der Abgabe von Eiern gehen zahlreiche Scheinpaarungen voraus. Danach wird anfänglich meist nur ein einziges Ei je Paarung abgegeben, welches auf der Afterflosse des Männchens liegen bleibt. Das Männchen verbleibt nun in seiner zusammengekrümmten Haltung, bis das Weibchen das Ei mit dem Maule aufnimmt. Das Weibchen versucht anschließend, das Ei an der Höhlendecke zu befestigen. Bei den folgenden Paarungen erhöht sich die Anzahl der abgegebenen Eier, und es werden dann je Paarung 3–4 Eier abgegeben. Fallen die Eier wieder herunter, so versuchen beide Fische, sie erneut anzuheften. Foersch macht darauf aufmerksam, daß die an der Höhlendecke haftenden Eier im weiteren Verlauf der Brutpflege mit Luftblasen unterbaut werden. Luftblasen sind meist erst nach 2–3 Tagen, vom Ablaichen an gerechnet, an der Höhlendecke zu sehen. Eier, die ohne nachträglichen Schaumnestbau an der Höhlendecke hängen bleiben, können sich entwickeln, doch ist dies die Ausnahme, meist verschwinden sie nach einigen Tagen. Es ist möglich, die Eier mittels eines dünnen Schlauches aus der Höhle abzusaugen und in flachen Glasschalen zum Schlüpfen zu bringen. Die Entwicklung von Eiern, Larven und Jungfischen wurde bereits in der Zusammenfassung der Gattung *Parosphromenus* beschrieben.

Parosphromenus filamentosus Vierke, 1981
Faden-Zwergprachtgurami

Länge: bis 4 cm, wovon jedoch 4–5 mm auf den verlängerten Schwanzflossenstrahl entfallen.

Flossen- und Schuppenformel: D XII–XIII/6–7, A XI–XII/10, P 12–13, mLR 29–30.

Vorkommen: Die Art wurde bisher nur in unmittelbarer Umgebung von Banjarmasin (Süd-Borneo) gefunden.

Ähnelt stark der vorher beschriebenen Art, hat aber eine in der Mitte ausgezogene und fadenartig verlängerte Schwanzflosse. In Balzfärbung verfärben sich die dunklen Längsbänder des Männchens schwarzbraun und die Zwischenräume zwischen den Bändern hellcremefarbig bis fast weiß. Der Rücken ist gelbbraun. Rücken-, Schwanz- und Afterflosse sind an ihrer Basis bräunlich, werden nach außen heller und von einem dunkleren Rand mit bläulichem äußerem Saum abgeschlossen. Die Schwanzflosse zeigt in ihrem inneren Teil rotbräunliche Färbung. Außerhalb der Balz- und Fortpflanzung unterscheiden sich die Geschlechter farblich nur wenig. Ihre Grundfärbung ist dann hell-gelbbraun mit lediglich schwach angedeuteten Längsbändern.

Nach Foersch ist diese Art in ihrer Vermehrung weniger problematisch als *P. deissneri.* Die Männchen bauen bereits vor der Laichabgabe ein richtiges Schaumnest unter dem Höhlendach. Auch Nestbau unter gewölbten Pflanzenblättern ist schon beobachtet worden. Nach Vierke kleben die Männchen ihre Schaumblasen regelrecht an das Dach der Höhle, so daß sie auch an schrägen Unterlagen haften bleiben. Dem Ablaichen geht ein ausgedehntes Balzspiel voraus, bei dem sich die Fische, schräg mit dem Kopf nach unten im Wasser stehend, umkreisen. Dabei strahlt das Männchen in den herrlichsten Farben und spreizt alle Flossen. Das Weibchen zeigt dabei eine fast einfarbige gelbgraue Färbung. Bei diesem Balzspiel sind die Fische lebhaft und wechseln fortlaufend ihre Positionen, bis es schließlich, oft erst nach Stunden, zur Laichabgabe kommt. Diese unterscheidet sich nicht von der bei *P. deissneri* beschriebenen Art und

Weise. Bei Paarungen unter dem Nest kommt es vor, daß die Fische mit den zeitiger gelegten Eiern in Berührung kommen, so daß diese herabgewirbelt werden. Herabfallende Eier werden von beiden Elternteilen wieder zum Nest gebracht. Die Elternfische scheinen ihren angeschwommenen Jungfischen nur wenig nachzustellen. Ein Teil von ihnen wächst meist auch heran, wenn sie zusammen mit ihren Eltern im Zuchtaquarium verbleiben. Für eine rationelle Zucht empfiehlt Vierke, die Eier mit einem dünnen Schlauch abzusaugen und die Jungfische künstlich aufzuziehen. Je Laichabgabe werden zwischen 30–100 Eier abgelegt, und die Paare laichen mit kurzen Zwischenräumen hintereinander ab.

Parosphromenus paludicola Tweedie, 1952
Länge: bis fast 4 cm. Tweedie gibt in der Originalbeschreibung 29,5 mm als maximale Länge an. Es hat sich jedoch herausgestellt, daß diese Art größer werden kann.
Flossen- und Schuppenformel: D XVII–XVIII/6–7, A IV/7, mLR 28–30.
Vorkommen: Fundstellen sind nur von der Ostküste der Malaiischen Halbinsel in Malaysia bekannt.
Erstmalig eingeführt 1977 durch Nagy, Salzburg, der diese Art auch im Aquarium vermehren konnte.
Grundfärbung gelbbraun mit zwei dunkleren Längsbändern, die jedoch meist nur während der Fortplanzungszeit sichtbar sind. Die Rükkenflosse ist bei dieser Art länger und die hintere Basis derselben weiter hinten angesetzt als bei den übrigen *Parosphromenus*-Arten. Die Schwanzflosse ist rautenförmig und hinten zur Mitte zugespitzt. Die Rückenflosse weist einen nur angedeuteten Längsstreifen auf und wird durch einen bläulich-weißen Saum begrenzt. After- und Schwanzflosse sind farblos, doch hat die Afterflosse einen schmalen weißen Saum. Die Bauchflossen sind stark verlängert und haben weiße Spitzen. Je nach Stimmung können die Farben allerdings starken Veränderungen unterworfen sein.
Baut wie die vorherige Art vor der Laichabgabe Schaumnester in Höhlungen. Ei-, Larven- und Jungfischentwicklung wie bei der vorigen Art. *P. paludicola* ist jedoch erheblich empfindlicher. Zuchtversuche sollten in weichem Wasser durchgeführt werden.

Parosphromenus parvulus Vierke, 1979
Länge: unter 3 cm. Die größten bekannten Exemplare maßen 27 mm; damit ist diese Art der kleinste bisher bekannte Labyrinthfisch überhaupt.
Flossen- und Schuppenformel: D X–XI/7, A VIII–IX/10–11, mLR 27–29.
Vorkommen: Bisher bekannte Fundstellen in Bächen im Strombereich des Mentaya-Flusses (Süd-Borneo). Die Fische wurden in einem langsam fließenden Urwaldbach gefunden, dessen Wasser klar, aber bräunlich gefärbt war. Bei einer Temperatur von 24 °C hatte das Wasser eine Leitfähigkeit von 75 Mikrosiemens, der pH-Wert lag unter 4,8.
Grundfärbung braunrot, Rücken- und Afterflosse schwach pigmentiert und mit weißblauem Saum. Beim Männchen ist der hinterste Teil der Rückenflosse dunkel. Schwanzflosse farblos. Beim Weibchen sind alle Flossen farblos.
Über eine Vermehrung im Aquarium ist noch nichts bekannt geworden.

Gattung Pseudosphromenus
Für die 1831 von Cuvier und Valenciennes als *Polyacanthus cupanus* beschriebene Art stellte Bleeker 1879 eine besondere Gattung auf. Er gab dieser Gattung den Namen *Pseudosphromenus* und trennte damit die Art ‚*cupanus*' eindeutig von den anderen *Macropodus-(Polyacanthus)*-Arten. Der holländische Arzt und Naturforscher Pieter Bleeker hatte der Erfor-

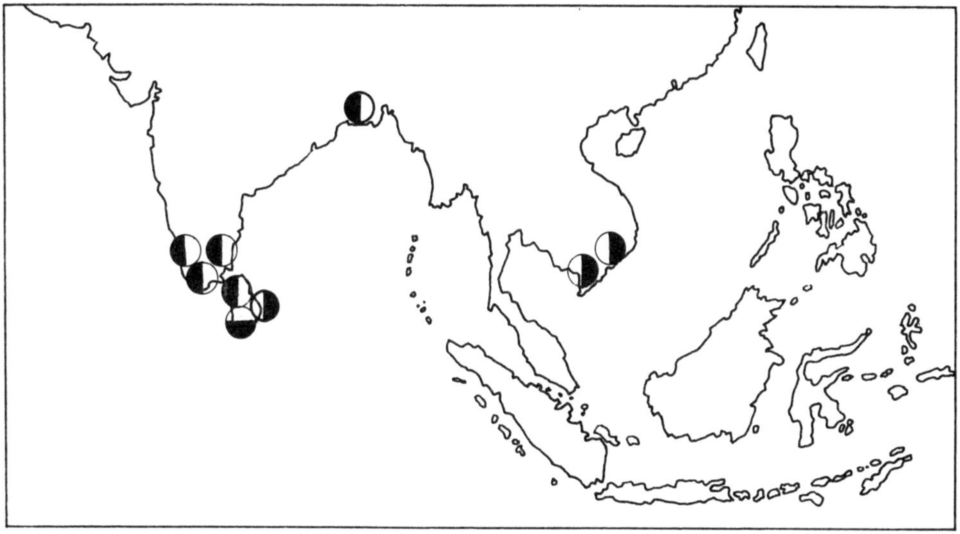

Verbreitungskarte der *Pseudosphromenus*- und *Malpuluttaarten.*

◐ *Pseudosphromenus cupanus*

◑ *Pseudosphromenus dayi*

◒ *Malpulutta kretseri*

schung der Fischfauna Südostasiens sein Leben gewidmet und eine umfassende Übersicht dieser Fische in einem neunbändigen Mammutwerk zusammengefaßt, welches in den Jahren 1862–1877 in Amsterdam erschien. Er hatte, wie wir heute wissen, triftige Gründe, diese Trennung vorzunehmen. Aus ungeklärten Gründen stellte Regan 1909 die Art ‚*cupanus*' wieder zu der Gattung *Macropodus.* Auch die zunächst von Köhler als Unterart beschriebene ‚*cupanus* var. *dayi*' wurde zur Gattung *Macropodus* gestellt.

Den züchtenden Aquarienfreunden fiel zwar auf, daß diese ‚kleinen Makropoden' – im Gegensatz zu den großen – Sinkeier legten und sich auch sonst nicht wie Makropoden verhielten. Trotz entsprechender Hinweise wurden die *Pseudosphromenus*-Arten in der Aquarienliteratur bis vor wenigen Jahren in der Gattung *Macropodus* geführt. Die Untersuchungen Liems betreffend des Skelettbaues dieser Fische (1963) wie auch die umfassenden verhaltensmäßigen Studien Vierkes (1975) zeigten jedoch, daß die Aufstellung einer besonderen Gattung für diese Fische, die Bleeker vorgenommen hatte, durchaus berechtigt war. In der Natur leben die Angehörigen der Gattung *Pseudosphromenus* ein recht verstecktes Dasein.

Im allgemeinen sind sie Fische des Tieflandes, die sowohl in stehenden und langsam fließenden Gewässern angetroffen werden. *P. cupanus* wird bisweilen sogar in Brackwasser gefunden. Die Pseudosphromenusarten sind doch äußerst anpassungsfähige Fische und haben stellenweise auch Gewässer mit extremen Lebens-

bedingungen besiedelt. So beschreibt H. Randow ein Vorkommen von *P. dayi* im Hochland von Sri Lanka, wo er Fische dieser Art in der Uferzone eines Baches bei Bandarawella in einer Höhe von 1800 m über dem Meeresspiegel fand. Über diesen Fund schreibt Randow unter anderem: „Die Wassertemperatur im Bach von Bandarawella betrugen 16 °C, und die eingehenden Untersuchungen ergaben, daß die Spitzschwanzmakropoden hier im Gebirgsbach keine Schaumnester bauten, sondern wie Cichliden am Boden, an Steinen und Wasserpflanzen (Ambulea-Art) ablaichten."
In derselben Arbeit Randows werden als Gegenstück hierzu Fundstellen im Tiefland beschrieben, wo die gemessenen Temperaturen bis 34 °C betrugen. Diese Beispiele mögen genügen, um zu zeigen, wie anpassungsfähig diese Fische sind.
Über die Verbreitung der *Pseudosphromenus*-Arten liegen eine Anzahl oft widersprüchlicher Angaben vor, auf die bei den Artbeschreibungen näher eingegangen wird.
Ihre Schaumnester legen sie häufig, besonders dort, wo sie in langsam fließendem Wasser vorkommen, in Höhlungen unter dem Wasserspiegel an. Auch unter größeren gewölbten Blättern von Wasserpflanzen wird oft das Nest angelegt, besonders wenn die Oberfläche keine Deckung durch Schwimmpflanzen aufweist. Die bei der Laichabgabe herabsinkenden Eier werden sowohl vom Weibchen als auch vom Männchen aufgesammelt und in das Nest getragen. Auch eine weitere Beteiligung des Weibchens an der Brutpflege ist nicht ungewöhnlich. Im Aquarium pflegt das Weibchen in der Regel die Brut auch dann alleine weiter, wenn man das Männchen aus dem Aquarium entfernt. Bei einer Temperatur von 25–28 °C schlüpfen die Larven nach etwa 30 Stunden, bei 22–23 °C benötigen sie fast die doppelte Zeit. Am fünften bis sechsten Tage nach dem Ablaichen schwimmen sie frei. Für das Anfüttern verwendet man entweder Pantoffeltierchen oder fein ausgesiebtes Futter aus dem Freiland. Die Jungfische haben, bis sie etwa 2–2,5 cm Länge erreichen, abgerundete Schwanzflossen; die für diese Arten typische rautenförmige Schwanzflosse bildet sich erst später aus.
Die Haltung der *Pseudosphromenus*-Arten ist unproblematisch. Sie lassen sich auch in kleinen Aquarien vermehren und stellen dabei keine Ansprüche an die chemische Wasserbeschaffenheit. Sie fressen Kunstfutter fast genau so gerne wie lebende Futtertierchen und vertragen auch niedrigere Wassertemperaturen bis herab auf 16 °C, ohne Schaden zu nehmen.

Pseudosphromenus cupanus (Cuvier u. Valenciennes, 1831)
Spitzschwanzmakropode
Synonyme: Polyacanthus cupanus Cuvier u. Valenciennes, 1831; *Pseudosphromenus cupanus* Bleeker, 1879; *Macropodus cupanus* Regan, 1909.
Länge: bis 6,5 cm.
Flossenformel: D XIV–XVII/5–7, A XVI–XIX/9–11.
Vorkommen: Das ursprüngliche Verbreitungsgebiet dieser Art scheinen die Niederungen entlang der Malabar- und Komorandelküste (Südindien) zu sein. Mit Sicherheit kommt sie auch auf Sri Lanka vor. Nach Arnold (1950) soll sie auch in Bengalen häufig sein und nach Hora (1942) auch auf Sumatra vorkommen. Chevey (1929) gibt an, daß sie auch in Tonkin, d.h. im Norden Vietnams, vorkommt. Schaller (briefl. Mitt.) hält diese Angabe wie auch nicht genauer präzisierte Angaben über Vorkommen in Burma für zweifelhaft. Eventuell liegen Verwechslungen mit anderen Arten vor. Ist stellenweise sehr häufig und wird in Gewässern verschiedenster Art angetroffen, auch im Brackwasser. Innerhalb ihres großen Verbrei-

tungsgebietes in der Färbung variabel. Grundfärbung gelbbraun bis braun, mit grünlichen oder rötlichem Schimmer. Zur Laichzeit vertieft sich ihre Färbung. Die Weibchen können dann fast schwarz werden. Beim Männchen ist die Rückenflosse gelblich, die Schwanzflosse gelblich und in ihrem unteren Teil braun oder rötlich. Bauchflosse und Afterflosse sind rötlich, und bei manchen Exemplaren haben die Bauchflossen weiße Spitzen. Es kommen auch dunkelbrauner gefärbte Männchen vor. Die Augeniris der Männchen ist rot. Außerhalb der Laichperiode kann es mitunter etwas schwer sein, die Geschlechter zu unterscheiden. Doch sind die Weibchen etwas breiter. Dieses erkennt man am besten, wenn man die Fische von oben betrachtet.
Anderen Arten gegenüber und auch untereinander sind Spitzschwanzmakropoden friedlich. Bei der Brutpflege kommt es zuweilen vor, daß das Männchen ein zweites Schaumnest baut und die Eier umbettet. Jungfische haben auf der Schwanzwurzel einen deutlich sichtbaren dunkleren Fleck, der mit zunehmendem Alter verschwindet.

Pseudosphromenus dayi (Köhler, 1909)
Synonyme: Polyacanthus cupanus var. Day, 1878; *Polyacanthus cupanus* var. *dayi* Köhler, 1909.
Länge: bis 7 cm.
Flossenformel: D XIII–XVII/5–7, A XVI–XXI/10–12.
Vorkommen: Genau wie bei der vorherigen Art ist auch bei *P. dayi* die Verbreitung unzureichend bekannt. Sichere Vorkommen gibt es auf Sri Lanka und im Süden Vietnams. Anderen Angaben zufolge soll sie auch in Südindien und auf Sumatra vorkommen. Die letztere Angabe ist doch genau wie die Angaben über Vorkommen in Burma zweifelhaft.
Von der vorherigen Art unterscheidet sie sich in der Körperform durch einen etwas schlankeren Körperbau und in der Mitte der Schwanzflosse stark verlängerte und häufig freistehende Flossenstrahlen. Die Fische, die bisher in Europa gehalten wurden, waren in Körperform und Färbung recht einheitlich. Beide Geschlechter zeigen auf gelbbraunem Grund zwei dunkle Längsstreifen. Der untere dieser Längsstreifen verläuft vom Auge in schwachem, nach unten gewölbtem Bogen, etwas unterhalb der Körpermitte, bis zum unteren Teil der Schwanzwurzel. Der andere Längsstreifen läuft darüber, etwa in der Mitte der oberen Rückenhälfte und endet zwischen dem hinteren Rückenflossenansatz und der Schwanzflossenbasis.
Zur Laichzeit werden die Männchen rotbraun, und Brust und Bauch werden rötlich. Auch die unpaaren Flossen zeigen einen rötlichen Anflug und bläulich oder grünlich schillernde Säume. Die Weibchen werden zur Laichzeit dunkler braun, doch nicht so dunkel wie die Weibchen von *P. cupanus*. Auch in der Körperform sind die Geschlechter deutlich unterschiedlich. Bei den Männchen sind sowohl Rückenflosse wie Afterflosse spitz ausgezogen. Die in der Mitte ausgezogene Schwanzflosse hat freistehende und über den Flossenrand hinausragende Strahlen von schwarzblauer Färbung. Die Brustflossen sind farblos, und die verlängerten Bauchflossenstrahlen haben meist weiße Spitzen. Beim Weibchen ist die Rückenflosse abgerundet, die verlängerten Strahlen in der Mitte der Schwanzflosse fehlen.
P. dayi scheint nicht ganz so nahe mit *P. cupanus* verwandt zu sein wie man früher annahm. Im Aquarium können jedoch beide Arten ohne größere Schwierigkeiten gekreuzt werden. Nach Schaller (briefl. Mitt.) sind auch Kreuzungstiere untereinander verpaart fruchtbar. Abgesehen vom Nestbau unterscheidet sich die Vermehrung nicht von der von *P. cupanus*.

Gattung Trichopsis

Die von Canestrini 1860 aufgestellte Gattung *Trichopsis,* die nach heutigen Kenntnissen drei Arten umfaßt, ist ein ausgezeichnetes Beispiel dafür, wie schwierig die Abgrenzung des Begriffes Art sein kann. So bewohnt *T. vittatus* ein großes Verbreitungsgebiet, welches einen erheblichen Teil des südostasiatischen Raumes umfaßt. Innerhalb dieses Verbreitungsgebietes bestehen beträchtliche Unterschiede in Zeichnung und Färbung. Eine genauere Beschreibung der verschiedenen Formen (Unterarten?) wurde bisher noch nicht vorgenommen. Dagegen ist es offenbar vorgekommen, daß deutlich abweichende Formen als Arten beschrieben worden sind (z.B. *T. harrisi* Fowler 1934). Von manchen Autoren wird auch *T. schalleri* als eine derartige Lokalform aus dem Gebiet von Korat in Thailand angesehen. Es hat sich aber gezeigt, daß das Verbreitungsgebiet dieser Art größer ist als zunächst angenommen, und daß sie stellenweise zusammen mit *T. vittatus* vorkommt.

Der Artenkomplex *Trichopsis* wird auch nicht einfacher, wenn man versucht, durch systematische Kreuzungs- und Rückkreuzungsversuche Klarheit in die verwandtschaftlichen Verhältnisse zu bringen. Bastarde zwischen *T. vittatus* und *T. schalleri* sind auch untereinander fertil, und nach Richter gilt dies auch für Bastarde zwischen *T. schalleri* und *T. pumilus.* Wir stehen bei diesen Fischen vor einem ähnlichen Phänomen wie bei den *Macropodus*-Arten *M. opercularis* und *M. concolor* oder bei den *Colisa*-Arten *C. fasciata* und *C. labiosa.* Bei diesen Fischen zeigt es sich, daß sie sich trotz gut feststellbarer Unterschiede in Form, Größe, Färbung usw. als kreuzbar erweisen und daß die Nachkommen aus diesen Kreuzungen untereinander fortpflanzungsfähig sind. Um diesen verwickelten Komplex aufzuschlüsseln, genügen im Aquarium durchgeführte Kreuzungsversuche – wie wertvoll solche auch sein mögen – keineswegs. Es müßte darüber hinaus auch Fischmaterial aus den verschiedensten Teilen des gesamten Verbreitungsgebietes zur Verfügung stehen.

Die Natur des Verbreitungsgebietes von *T. vittatus,* das große Teile Südostasiens umfaßt und von Vietnam und Kampuchea im Norden bis nach Java im Süden reicht, hat die Entstehung von Lokalformen stark begünstigt. Nicht nur daß es zahlreiche Inseln einschließt, auch in den verschiedenen Fluß-Systemen auf dem asiatischen Festland ist die Trennung von Artgruppen meist vollkommen. Eine derartige Trennung, die sich über einen entwicklungsgeschichtlich langen Zeitraum erstreckt, kann der erste Schritt auf dem Wege zur ‚Artbildung' sein. Auf diesem Wege sind Zwischenformen durchaus denkbar. Formen, deren Abgrenzung lediglich durch verhaltensmäßige (ethologische) Sperren bedingt ist. Da genetische Sperren nicht – bzw. noch nicht – vorhanden sind, können vorhandene verhaltensmäßige Sperren bei unnatürlichen Bedingungen – z. B. Aquarienhaltung – wieder durchbrochen werden.

Ob man Tiergruppen, die genetisch nicht getrennt sind, sich aber äußerlich deutlich voneinander unterscheiden und sich in der Natur nicht miteinander verpaaren, als Arten bezeichnen darf, ist eine rein akademische Frage (nach Herre-Röhrs, 1973, ist eine Art eine natürliche Fortpflanzungsgemeinschaft bei *freier Gattenwahl;* alle Individuen einer Art beziehen ihre Erbanlagen aus einem Gesamterbanlagenbestand, *ohne alle Erbanlagen* dieser Einheit besitzen zu müssen).

Die Kontrolle eventuell vorhandener genetischer Sperren setzt Kreuzungs- und Rückkreuzungsversuche voraus, die Zeit und Raum in Anspruch nehmen. Der Nachweis verhaltensmäßiger Sperren ist nur auf dem Wege langwieriger Beobachtungen festzustellen. Daher liegt es auf der Hand, daß viele diesbezügliche

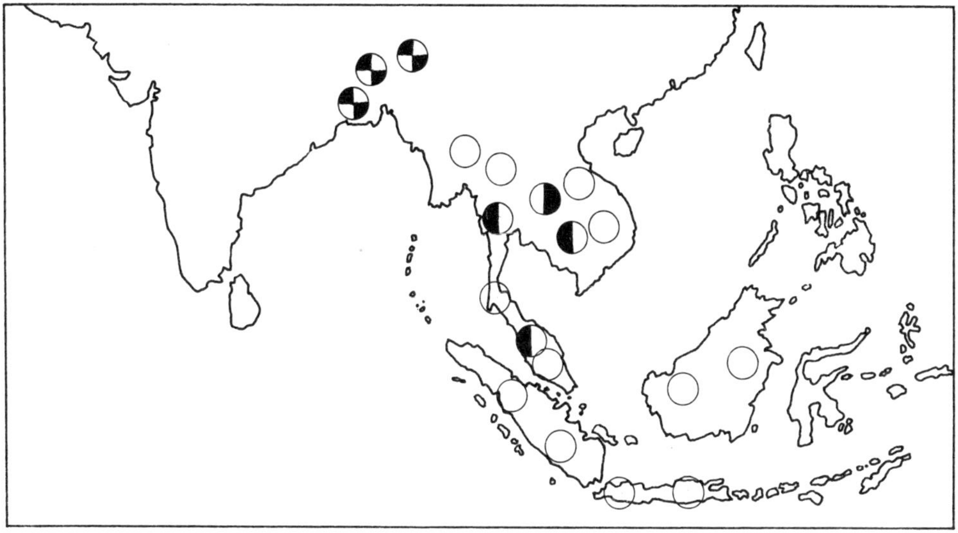

Verbreitungskarte der Ctenops- und Trichopsis-Arten

Ctenops nobilis

Trichopsis pumilus

Trichopsis schalleri

Trichopsis vittatus

Fragen bis auf weiteres offenbleiben müssen. Hier sei lediglich festgehalten, daß die Artenanzahl der Labyrinthfische sich erheblich verringern würde, wenn man alle Arten der Gattungen *Macropodus, Colisa* und *Trichopsis,* die im Aquarium gekreuzt fertile Nachzucht ergeben, zusammenführen würde. Nur, wir Aquarienfreunde sollten uns hüten, die Verhältnisse in unseren Aquarien mit denen in der Natur gleichzusetzen.

Gerade der indomalaiische Raum mit seinen zahlreichen Inseln und mit seinen oft durch hohe Bergketten voneinander getrennten Fluß-Systemen hat die Aufgliederung von Arten in zahlreiche Lokalformen, Unterarten usw. stark begünstigt. Derartige Aufteilung ist in diesem Gebiet auch bei Säugern und Vögeln häufiger als anderswo.

Trichopsis-Arten werden in Wasserläufen und Wasseransammlungen verschiedenster Art angetroffen. Auch in stark verschlammtem Wasser, in Reisfeldern und kleinsten Bewässerungsgräben findet man sie, aber auch in tieferem Wasser. Ausgewachsene Exemplare können deutlich vernehmbare Laute hervorbringen. Deshalb bezeichnet man die Gattung *Trichopsis* auch als ‚knurrende Guramis'.

Sie ziehen kleine lebende Futtertierchen jeder anderen Nahrung vor. Bei einseitiger Fütterung mit Trockenfutter neigen sie leicht zu Organverfettung, und eine erfolgreiche Nachzucht ist bei ihnen weitgehend von einer sachgemäßen Fütterung abhängig. Im übrigen sind sie anspruchslose Fische, die zu Unrecht als empfindlich beschrieben worden sind. Man sollte sie jedoch nicht mit wesentlich größeren

Fischen vergesellschaften. Die Geschlechtsbestimmung kann mitunter etwas schwierig sein. Bei starkem Gegenlicht betrachtet, läßt sich bei geschlechtsreifen Weibchen der Eierstock als ein gelbliches Gebilde unter der Schwimmblase erkennen. Alle *Trichopsis*-Arten bauen feste Schaumnester, möglichst in Deckung von Schwimmpflanzen. Auch Schaumnestbau unter dem Wasserspiegel, d.h. unter gewölbten Blättern oder in Hohlräumen, kommt vor, besonders bei *T. pumilus*. Eine besondere Eigenheit bei diesen Fischen sind die sogenannten Eipakete, die bei den Paarungen abgegeben werden. Die Eier jeder Paarung hängen jeweils in einem oder mitunter auch zwei Gebilden (Eipaketen) zusammen. Damit wird dem Männchen die Arbeit des Aufsammelns erspart, und es kann nach jeder Paarung die abgegebenen Eier geschlossen in das Nest tragen. Es kommt jedoch mitunter vor, daß ein solches Eipaket auseinanderfällt und sich dann das Weibchen am Einsammeln der verstreuten Eier beteiligt. Ein solches Eipaket enthält meist 4–6 Eier, mitunter auch mehr. Die Eier haben eine undurchsichtige weiße bis weißgelbliche Färbung. Bei einer Temperatur von 25–28°C schlüpfen die Larven nach 24–30 Stunden. Sie hängen noch etwa 3 weitere Tage mit dem Kopf nach oben unter dem Schaumnest. Nach dem Freischwimmen fressen die Jungfische von *T. vittatus* nach meinen Erfahrungen sofort Artemianauplien, die Jungfische von *T. pumilus* jedoch müssen mit Pantoffeltierchen bzw. mit feinst ausgesiebtem Futter aus dem Freiland angefüttert werden. Zumal *T. vittatus* kann mitunter recht produktiv sein und bei einer Laichabgabe 3–400 Eier legen. Aber meist ist die Anzahl der bei einer Laichabgabe gelegten Eier erheblich geringer.

Trichopsis pumilus Arnold, 1936
Knurrender Zwerggurami
Synonyme: Ctenops pumilus Arnold, 1936; *Trichopsis pumilus* Stoye, 1948.
Länge: 3,5 cm.
Flossen- und Schuppenformel: D III/7–8, A V/20–25, mLR 27–28, QR 9.
Vorkommen: Mit Sicherheit kommt diese Art in Kampuchea, Thailand und auf der Malaiischen Halbinsel vor. Angeblich soll sie auch auf Sumatra anzutreffen sein.

Erstmalig eingeführt von der Firma Scholze & Pötschke, Berlin. Arnold nannte sie zunächst *Ctenops* spec. (1914) und beschrieb sie gültig als Art erst viele Jahre später (1936).

Geschlechtsunterschiede: Die Männchen haben größere Rücken- und Afterflossen. Beim Weibchen ist der Eierstock, bei Gegenlicht betrachtet, gut erkennbar.

Grundfärbung olivgrün, auf dem Rücken dunkler und unter dem Bauch heller. Über die Körpermitte läuft, von der Schnauzenspitze durch das Auge bis zur Schwanzwurzel, ein in mehreren Flecken unterteiltes Band von brauner bis blauer Farbe. Oben und unten ist dieses Längsband von bläulich irisierenden Pünktchen gesäumt. Auf der oberen Rückenhälfte bilden deutlich abgegrenzte dunklere Flecken ein zweites Längsband. Das schönste an diesem Fischchen sind Rücken-, Schwanz- und Afterflosse, die grünlich bis bläulich gefärbt sind und auf denen zahlreiche rote Pünktchen ein entzückendes Mosaikmuster bilden. Der vordere Rand der Rückenflosse und der untere Rand der Afterflosse sind durch einen weinroten Saum geziert. Den hinteren Teil der Afterflosse schmückt ein breiteres Feld von gleicher Farbe. Die genannten Grundfarben können bei diesen Fischen von Exemplar zu Exemplar unterschiedlich sein und entweder mehr grünlich oder mehr bläulich wirken. Brustflossen farblos, die stark verlängerten Bauchflossen weiß-bläulich, Augeniris blaugrün. Baut sein Schaumnest meist unter dem Wasserspiegel. Die Paarungen kommen mitunter auch ein Stück vom Schaumnest entfernt zustande, und das Männchen trägt dann das abgelegte Eipaket zum Nest.

Trichopsis schalleri Ladiges, 1962
Schallers Knurrender Gurami
Länge: bis 6 cm.
Flossenformel: D III/6–7, A VIII–IX/19–22.
Die der Originalbeschreibung zugrunde liegenden Exemplare stammten aus Nam-Mun, im Koratgebiet, nordöstlich von Bangkok. Die Art kommt aber allem Anschein nach auch in anderen Gebieten Thailands vor. Grundfärbung rötlichbraun bis lichtgrünlichbraun. Zwei dunklere Längsbänder längs der oberen Körperhälfte und etwa entlang der Körpermitte lassen sich fast immer erkennen. Rücken-, Schwanz- und Afterflosse bläulich und mit einem Tupfenmuster, das aus bläulichen Tüpfchen besteht. Rücken- und Afterflosse mit rötlichem oder braunrötlichem Saum. Die stark verlängerten Bauchflossen rötlich. Genau wie *T. pumilus* legt auch diese Art ihr Schaumnest häufig unter dem Wasserspiegel an.

Trichopsis vittatus (Cuvier u. Valenciennes, 1831)
Knurrender Gurami
Synonyme: Osphromenus vittatus Cuvier u. Valenciennes, 1831; *Trichopus striatus* Bleeker, 1859; *Trichopsis striatus* Canestrini, 1860; *Ctenops striatus* Bleeker, 1878.
Länge: bis 7 cm.
Flossen- und Schuppenformel: D II–IV/6–8, A VI–IX/19–28, mLR 28–29.
Vorkommen: Weit verbreitet von Vietnam, Kampuchea und Thailand im Norden bis nach Java im Süden, kommt auch auf Borneo vor. Innerhalb des großen Verbreitungsgebietes sehr variabel, besonders im Zeichnungsmuster. Auch bedeutende Unterschiede in der Grundfärbung kommen vor. Der Körper ist seitlich zusammengedrückt, die obere Profillinie des Kopfes weist einen deutlichen Sattel auf. Rückenflosse kurz, spitz und weit nach hinten angesetzt. Schwanzflosse abgerundet und in der Mitte mehr oder weniger spitz ausgezogen. Afterflosse groß, besonders bei älteren Männchen. Grundfärbung rötlichbraun. Über den Körper laufen vier dunklere Längsbinden, deren Ausformung je nach Herkunft unterschiedlich sein kann. Manche Fische haben sehr gleichmäßige und klar abgegrenzte Binden, bei anderen können sie in mehr oder weniger aufgelöste Fleckenmuster zerfallen. Fische aus Thailand haben oft nur drei Längsbinden und einen schwarzen Schulterfleck. Allem Anschein nach ist es schwer, die verschiedenen Zeichnungsmuster geographisch gegeneinander abzugrenzen, und Autoren, die dies versucht haben, sind bei ihren Untersuchungen zu recht unterschiedlichen Ergebnissen gekommen. Vieles spricht dafür, daß unterschiedliche Zeichnungsmuster, zumindest in manchen Gebieten, dicht nebeneinander vorkommen. Genauso sind bei diesem Fisch exakte Angaben über die Färbung kaum möglich. Im Auflicht können sie in Farbtönen zwischen grünlich und rötlich irisieren. Die unpaaren Flossen können sowohl bläulichviolette oder auch rötliche Farbtöne aufweisen, von denen sich zahlreiche rote Pünktchen abheben. Die Flossensäume können blau bis weißblau oder auch rot sein. Die stark verlängerten Bauchflossen sind gelblich oder weiß, die Brustflossen farblos. Die Augeniris ist hellblau. Beim Männchen scheinen sowohl Rükken- wie auch Afterflosse mit zunehmendem Alter weiter auszuwachsen, und alte Männchen können sehr große Flossen haben. Bei ausgewachsenen Fischen lassen sich die Geschlechter an den größeren Flossen der Männchen und deren intensiveren Farben gut unterscheiden. Bei noch nicht ausgewachsenen Fi-

schen kann die Unterscheidung etwas schwieriger sein.

Familie Helostomatidae

Gattung Helostoma

Eine entwicklungsgeschichtlich recht alte, nur aus einer Art bestehende Gattung, die durch Cuvier und Valenciennes 1831 aufgestellt wurde. Besonders bemerkenswert sind bei diesen Fischen die Kiemen, die teilweise zu einem effektiven Sieb zum Fangen feinsten Planktons umfunktioniert sind. Das mit wohlausgebildeten Lippen versehene Maul läßt sich etwas vorstrecken, und die wulstigen Lippen sind mit mehreren Reihen beweglicher ‚Lippenzähne' versehen. Die so ausgeformten Lippen eignen sich ausgezeichnet zum Abweiden von Algen, die neben der Planktonnahrung einen wichtigen Anteil der von diesen Fischen aufgenommenen Nahrung darstellen. Abgesehen von diesen Lippenzähnen haben sie jedoch keinerlei andere Zähne und unterscheiden sich durch das Fehlen von Maul- und Schlundzähnen von allen anderen Labyrinthfischen. Sie sind unzweifelhaft die größten und einseitigsten Nahrungsspezialisten unter den Labyrinthfischen. Die Lippen spielen auch bei den Kontakten der Fische untereinander und insbesondere beim Balzverhalten eine wichtige Rolle. Das von diesen Fischen bekannte ‚Küssen' besteht darin, daß sich zwei Exemplare mit vorgestreckten Lippen gegeneinander stellen und förmlich aneinander festsaugen. Als Geschlechtsmerkmal sollte man dieses Verhalten nicht überbewerten, denn Fische, die sich küssen, brauchen nicht notwendigerweise ein Paar zu sein.

Helostoma temminckii Cuvier u. Valenciennes, 1831
Küssender Gurami
Synonyme: Bleeker beschrieb zwei Formen 1845 als *Helostoma tambakkan* und als *Helostoma oligacanthum.* Ein weiteres Synonym ist *Helostoma servus* Kaup, 1863. Eine xanthoristische Form dieser Art wurde 1968 von Bellanca als *Helostoma rudolfi* beschrieben.
Länge: bis 30 cm, bleibt jedoch meist kleiner und wird im Aquarium nur selten länger als 15 cm.
Flossenformel: D XVI–XVIII/13–16, A XIII–XV/17–19, P 9–11, V I/5, C 13.
Vorkommen: Heute findet man den küssenden Gurami weit verbreitet in ganz Hinterindien und fast im gesamten indomalaiischen Raum. Es ist nicht mehr feststellbar, inwieweit die verschiedenen Vorkommen ursprünglich oder erst durch Aussetzungen entstanden sind. Als Speisefisch ist diese Art geschätzt und in verschiedensten Gewässern ausgesetzt worden. Die ausgewachsenen Fische werden in Teichen und Seen gefunden, kommen aber auch in fließendem Wasser vor. Mit den beginnenden Regenfällen der Monsunzeit und den damit einsetzenden Überschwemmungen wandern sie in die weiten überfluteten Niederungen, um dort zu laichen. Eine Brutpflege betreiben sie nicht. Ein ausgewachsenes Weibchen kann bei einer Laichabgabe bis 10000 Eier ablegen. Stellenweise werden sie auch in Teichen gehalten und vermehrt.
Als Aquarienfisch trifft man fast ausschließlich eine gelb-rötliche (xanthoristische) Zuchtform an. Das ist schade, denn die wildfarbenen Fische sind unzweifelhaft schöner. Wildfarbene Fische haben eine grüngraue Grundfärbung, und ihre Körperseiten irisieren im auffallenden Licht grünlich oder bläulich. Den Körper zieren eine Anzahl von Längsstreifen von bräunlicher Farbe. Die xanthoristische Zuchtform ist einfarbig gelb bis rosa. Für größere Gesellschaftsaquarien ist diese Art sehr gut geeignet, man kann sie auch gefahrlos mit kleinsten Fischen zusammen halten. *H. temminckii* sind ausgezeichnete Algenvertilger

Obwohl sie in der Natur ausgesprochene Nahrungsspezialisten sind, macht ihre Ernährung im Aquarium keine Schwierigkeiten, da sie gerne Trockenfutter fressen.
Da sie knapp 10 cm lang schon geschlechtsreif werden, ist ihre Vermehrung auch in größeren Zimmeraquarien möglich. Äußere Geschlechtsunterschiede kommen bei diesen Fischen nicht vor. Das Weibchen erkennt man erst im laichreifen Zustand am Leibesumfang. Bei der Wildform zeigen die Männchen während der Laichperiode intensivere Farben und dunkle Rücken- und Afterflossen. Beim Vorspiel, welches den eigentlichen Paarungen vorausgeht, küssen sich die Fische auf den Mund und auf die Körperseiten. Bei der Umschlingung verbleibt das Weibchen in seiner gewöhnlichen Körperlage, während das Männchen im Bogen unter ihm liegt. Die Paarungen finden vorwiegend bei Dämmerlicht, ja selbst während der Nacht statt. Die Eier, die leichter als Wasser sind, steigen nach oben, bleiben aber aufgrund ihres großen Haftvermögens oft irgendwo an den Pflanzen hängen. Da die Elterntiere ihre Eier ohne weiteres verzehren, sind sie nach abgeschlossenem Laichgeschäft aus dem Aquarium herauszufangen. Bei einer Temperatur von 26–28 °C schlüpfen die Larven nach etwa 20 Stunden. Sie schwimmen 3 Tage später frei und müssen mit Pantoffeltierchen oder feinstem Futter aus dem Freiland angefüttert werden. Ihre Aufzucht erfordert sehr große Futtermengen, und selbst in sehr großen Aquarien kann lediglich ein Teil der Brut aufgezogen werden. An etwas größere Jungfische kann auch auf die Oberfläche gestäubtes Hafermehl verfüttert werden.
Für Zuchtversuche sollten nur Aquarien von etwa 200 Liter Inhalt an aufwärts verwendet werden. Um die Zuchttiere in Laichverfassung zu bringen, füttert man reichlich mit Daphnien, gequollenen Haferflocken, Pflanzenflocken und aufgetautem, tiefgefrorenem Spinat.

Familie Osphronemidae

Gattung Osphronemus

Genau wie bei der Gattung *Helostoma* ist auch die Gattung *Osphronemus* entwicklungsgeschichtlich sehr alt und steht isoliert von den wesentlich jüngeren Gattungen. In älteren systematischen Arbeiten wurde sie oft mit *Trichogaster*- und *Colisa*-Arten zusammengeführt, mit denen sie jedoch nicht näher verwandt ist. Bei *Osphronemus* und den an diesen Gattungsnamen angelehnten Gattungsbezeichnungen *Parosphromenus* und *Pseudosphromenus* sind in der Literatur sowohl die Endformen *-nemus* als auch *-menus* verwendet worden. Korrekt ist wahrscheinlich die Endung *-nemus*. Da aber in der modernen Aquarienliteratur für *Osphronemus* die Endung *-nemus*, für *Parosphromenus* und *Pseudosphromenus* die Endung *-menus* allgemein angewendet werden, wurde die Schreibweise beibehalten. Diese Gattung besteht nur aus einer einzigen Art.

Osphronemus goramy Lacépède, 1802
Gurami oder Riesengurami
Synonyme: Osphroneme goramy Lacépède, 1802; *Osphronemus olfax* Cuvier, 1817; *Osphronemus satyrus* Bleeker, 1845; *Osphronemus gourami* Regan, 1909.
Länge: 60 cm, einzelne Exemplare sollen bis 70 cm Länge erreichen können. Bereits mit einer Länge von 12–14 cm zuchtfähig.
Flossenformel: D XI–XIII/11–13, A IX–XII/16–22, V I/5, C 12–13. Der Gurami hat eine zusammenhängende Seitenlinie.
Vorkommen: Nach Rachow kam diese Art ursprünglich auf Java und möglicherweise auf Sumatra und Borneo vor. Heute ist sie in ganz Südostasien weit verbreitet und kommt auch anderweitig auf der Erde in warmen Ländern vor. Von allen Süßwasserfischen dürften lediglich der Karpfen und in moderner Zeit die kalifornische Regenbogenforelle eine ähnliche

Ausbreitung mit menschlicher Hilfe erfahren haben.
Lebende Fische dieser Art wurden erstmalig 1837 nach Frankreich eingeführt und zunächst dort vermehrt. Auch in Deutschland gelang Matte 1877 die Nachtzucht. Später ist dieser Fisch einige Male in großen Aquarienanlagen, Schauaquarien u. ä. vermehrt worden. Eine Vermehrung in einem großen Zimmeraquarium ist ebensogut möglich, wenn als Zuchtpaar gerade geschlechtsreif gewordene Jungfische verwendet werden.
Kleine, nur wenige Zentimeter lange Jungfische werden mitunter importiert und im Handel angeboten. Solche Jungfische haben einen langgestreckten, spitzen Kopf mit einer sattelartigen Vertiefung der Stirnlinie. Ihre Grundfärbung ist grüngrau mit einer Anzahl von Querbinden über dem Körper und einem dunklen, hellgelb umrandeten, Fleck auf dem Schwanzstiel. Diese Jugendzeichnung verschwindet nach und nach, und die Färbung wird einfarbig grau. Auf dem grauen Grund bilden dann die dunkel umrandeten Schuppen ein Netzmuster. Wenn die Fische etwa 12 cm lang geworden sind, verfärben sich die Flossen blaugrünlich. Auch ihre Körperform verändert sich; der Körper wird höher und der langgestreckte Kopf im Verhältnis zum Körper immer kürzer. Die Stirnlinie, die zunächst nach innen ausgebuchtet war, wölbt sich nach außen und verwandelt sich mehr und mehr in einen Stirnbuckel; besonders ältere Männchen besitzen oft einen großen Stirnbuckel. Für alle Schauaquarien sind diese großen Guramis ausgezeichnete Schaustücke, für das Zimmeraquarium ist der Riesengurami nur als Jungfisch geeignet.
Bei geschlechtsreifen Fischen ist es nicht schwer, die Geschlechter zu unterscheiden. Bei den Männchen sind Rücken- und Afterflosse spitz ausgezogen, bei den Weibchen sind die Spitzen dieser Flossen abgerundet. Man hat beim Gurami unterschiedliche Nestbauweisen, sowohl an der Oberfläche wie auch unter dem Wasserspiegel, beobachten können (s. Seite 39).
Ausgewachsene Weibchen können mehrere tausend Eier legen, die etwas oval sind und einen Durchmesser von 2,5–3 mm haben. Bei einer Temperatur von 25–28 °C schlüpfen die Larven nach etwa 48 Stunden, bei niedrigerer Temperatur verzögert sich ihre Entwicklung. Die Jungfische, die je nach Temperatur 3–5 Tage später zu schwimmen beginnen, sind sehr raschwüchsig. Schon nach 6–7 Monaten können sie eine Länge von 12–15 cm haben und bereits fortpflanzungsfähig sein. Die brutpflegenden Männchen bewachen ihre Jungfische noch längere Zeit; dies kommt bei anderen Labyrinthfischen kaum vor.
Guramis sind äußerst starke Fresser, die außer animalischer Nahrung auch viel Pflanzenkost zu sich nehmen. Größere Fische fressen nicht nur Algen, sondern auch höhere Wasserpflanzen (als Ersatz wird auch Kopfsalat angenommen).

Familie Anabantidae

Asiatische Art:
Zur Familie der Anabantidae zählt man sowohl die asiatische Gattung *Anabas* und die afrikanischen Gattungen *Ctenopoma* und *Sandelia.*

Gattung Anabas

Die einzige Art der asiatischen Gattung ist:

Anabas testudineus (Bloch, 1795)
Kletterfisch
Synonyme: Anthias testudineus Bloch, 1792; *Lutianus testudo* Lacépède, 1803; *Cojus cobojius* Hamilton u. Buchanan, 1822; *Anabas scandens* Cuvier u. Valenciennes, 1831; *Anabas oliogolepis* Bleeker, 1854.

Länge: bis 25 cm.
Flossenformel: D XVI–XIX/7–10, A IX–XI/8–11, P 13, C 13.
Vorkommen: Von allen Labyrinthfischen hat diese Art das größte Verbreitungsgebiet. Von einer Linie, die sich von Pakistan im Nordwesten bis zum südlichen China im Osten erstreckt, lebt dieser Fisch über den ganzen indischen Subkontinent und die gesamten Inseln des malaiischen Archipels. Sie kommt auch auf den Molukken, den Philippinen und auf Taiwan vor.
Etliche Vorkommen dürften jedoch auf Aussetzungen zurückgehen. Als sicher kann dies für die Vorkommen auf Celebes, den Philippinen, den Molukken und auf Taiwan angenommen werden, ist aber auch bei manchen anderen Vorkommen wahrscheinlich.
Der asiatische Kletterfisch lebt in jedem Gewässertyp und kommt auch im Brackwasser vor. Er verfügt über ein sehr gut ausgebildetes Labyrinthorgan, so daß er unter ungünstigen Bedingungen das Wasser für etliche Stunden verlassen kann. So kann er notfalls auf dem Landwege andere Gewässer aufsuchen. Versuche haben gezeigt, daß Kletterfische auf dem Lande ein recht gutes Orientierungsvermögen haben. Es stimmt aber nicht, daß sie während ihrer Landwanderungen auch Würmer und Schnecken fressen. Soweit bisher beobachtet werden konnte, nehmen sie ihre Nahrung ausschließlich im Wasser auf. In ihrer Heimat wird ihnen nachgesagt, daß sie in die überfluteten Reisfelder wandern, um dort die ausgesäten Reiskörner zu verzehren; Versuche im Aquarium haben gezeigt, daß sie tatsächlich Reiskörner fressen. Sie sind Allesfresser im echten Sinne dieses Wortes und verschmähen pflanzliche Kost keineswegs. Ihr Benehmen erinnert jedoch mehr an das von Raubfischen.
Als Speisefische haben Kletterfische überall in Südostasien große Bedeutung. Dank ihrer Zählebigkeit können sie lebend auf den Markt gebracht werden; das ist bei tropischem Klima ein wichtiger Vorteil. Sie werden mit Netzen und Reusen gefangen, geangelt und aus dem feuchten Bodenschlamm von ausgetrockneten Gewässern ausgegraben.
Charakteristisch für die Gattung Anabas sind die mit zahlreichen Zacken versehenen Kiemendeckel, die ihnen bei ihren Landwanderungen dienlich sind. Auch als Defensivwaffe haben diese Zacken Bedeutung. Fängt man sie mit dem Netz, so bleiben sie oft mit diesen Zacken am Netz hängen.
Ihr Körper ist langgestreckt und seitlich nur mäßig zusammengedrückt. Die Grundfärbung ist olivfarben bis grau, es kommen aber auch blaugraue Fische vor. In manchen Gebieten haben sie auch mehr oder weniger deutliche Querbänder, besonders jüngere Fische. Die Jungfische haben meist auch einen dunklen Fleck auf der Schwanzwurzel, der mit zunehmendem Alter verschwindet. Farbliche Geschlechtsunterschiede sind nicht vorhanden, doch kann das Geschlecht leicht an der Körperform bestimmt werden. Die Weibchen sind gedrungener und zeigen besonders zur Laichzeit einen größeren Bauchumfang als die Männchen.
Erstmalig eingeführt wurde diese Art allem Anschein nach 1891 und schon kurz danach von dem Zierfischzüchter Paul Matte nachgezüchtet. Auch einem Aquarienfreund in Berlin, R. Herrmann, gelang die Nachzucht, und von ihm stammt der erste Zuchtbericht über diesen Fisch. Aus diesem Bericht geht hervor, daß die Fische ohne Schaumnest ablaichten und keinerlei Brutpflege betrieben. Diese Angaben haben sich als richtig erwiesen.
Aufgrund ihres ruppigen Benehmens und ihrer räuberischen Natur sind sie für eine Vergesellschaftung kaum geeignet. Allenfalls können sie mit entsprechend großen *Ctenopoma*-Arten oder mit etwa gleichgroßen Cichliden zu-

sammen gehalten werden. Als Aquarienfisch wird der Kletterfisch lediglich von ausgeprägten Spezialisten gehalten. Aufgrund seiner Eigenheiten ist er jedoch als Schaustück für öffentliche Aquarien gut geeignet. Seine Vermehrung ist in einem größeren Aquarium nicht schwierig. Ohne Revierbildung oder Nestbau laichen die Fische meist in Bodennähe. Bei der Umschlingung wird das Weibchen meist nur teilweise herumgedreht. Die bei der Paarung abgegebenen glasklaren Eier steigen zur Oberfläche empor. Sie sind recht klein und haben lediglich einen Durchmesser von etwa 0,5 mm. Erwachsene Weibchen können 2–4000 Eier legen. Bei einer Temperatur von 25–28 °C schlüpfen die Larven nach 24 Stunden, und nach weiteren 3 Tagen schwimmen die winzigen Jungfische frei. Man muß sie mit Pantoffeltierchen oder entsprechend feinem Futter aus dem Freiland anfüttern.
Bei ihrer Haltung ist zu beachten, daß diese Fische dämmerungs- bzw. nachtaktiv sind. Auch zur Fortpflanzung schreiten sie oft während der Nacht.

Afrikanische Labyrinthfische

Familie Anabantidae

Gattung Ctenopoma

Die von Peters 1844 aufgestellte Gattung *Ctenopoma* zählt rund 25 Arten, von denen aber wahrscheinlich einige Doppelbeschreibungen abzuziehen sind; die wirkliche Artenanzahl dürfte somit etwas geringer sein. Ihre Verbreitung ist auf das tropische Afrika beschränkt. Einige von ihnen weisen gewisse gemeinsame Züge mit dem asiatischen Kletterfisch (*Anabas testudineus*) auf, und alle Arten haben wie dieser gezahnte Kiemendeckel. Manche von ihnen sind in der Lage, ähnlich wie ihr asiatischer Verwandter, sich über Land fortzubewegen. In der Literatur werden die *Ctenopoma*-Arten meist als Buschfische bezeichnet.
Buschfische kommen in allen größeren Fluß-Systemen südlich der Sahara vor. Nur im äußersten Süden des afrikanischen Kontinents fehlen sie. Man findet sie in ruhigen Abschnitten und Buchten der großen Ströme, wie Niger, Kongo, Sambesi usw., wie auch in deren Zuflüssen. Sie kommen aber auch in kleineren Wasseransammlungen und sumpfigen Seen vor. Gewisse Arten leben während der Regenperioden zeitweilig in Überschwemmungsgebieten. Die größeren Arten haben auch wirtschaftliche Bedeutung und spielen als Speisefische eine ähnliche Rolle wie ihre Verwandten in Südostasien. Als Aquarienfische trifft man sie seltener an. Dies hat mehrere Ursachen. Teils wurden – und werden auch heute noch – aus Afrika bedeutend weniger Fische importiert als aus Südostasien, teils sind die afrikanischen Buschfische meist unscheinbarer gefärbt als südostasiatische Labyrinthfische. Hinzu kommt, daß sie im Aquarium häufig ausgesprochen scheu und nicht selten nachtaktiv sind. Manche von ihnen haben auch ausgesprochenen Raubfischcharakter und lassen sich nur in besonders angepaßten Spezialaquarien halten. Einige der kleineren Arten eignen sich jedoch gut für das Aquarium und lassen sich auch vermehren.
Als Gattung gesehen sind die Buschfische eine recht schwierige und uneinheitliche Gruppe.

Oben links: Männchen von *Pseudosphromenus dayi* mit Schaumnest am Höhlendach (Blumentopf).
Oben rechts: Nach dem Ablaichen im oberen Teil des Blumentopfes sinkt das Paar nach unten. Das Männchen hat das Weibchen noch fest umklammert.
Unten links: Das Paar ist zu Boden gesunken. Das Männchen löst die Umklammerung, aus der das Weibchen herauszuschwimmen beginnt.
Unten rechts: Nun richten sich beide Fische auf und nehmen die Eier ins Maul, um sie in das Nest am Höhlendach zu bringen.

Eine durchgreifende systematische Überarbeitung dieser Gattung wäre wünschenswert. Unsere Kenntnisse über diese Fische sind doch recht lückenhaft und eine Überarbeitung in absehbarer Zeit ist kaum zu erwarten. Besonders ihr Fortpflanzungsverhalten konnte bisher nur teilweise genauer untersucht werden, was auch die Beantwortung systematischer Fragestellungen erschwert.

So gibt es einige Arten, die keinerlei Brutpflege betreiben. Nicht einmal Reviere werden gebildet, und im Aquarium sind diese Arten sogar ausgesprochen verträglich untereinander. Bei den Männchen dieser Arten findet man sogenannte ‚Dornenfelder'. Diese Dornenfelder bestehen aus einer Anzahl speziell ausgeformter, mit Dornen versehener Schuppen, die sich in Form von zwei geschlossenen Feldern hinter dem Auge und auf der Schwanzwurzel befinden. Über den Zweck dieser Dornenfelder herrschte lange Unklarheit. Durch genaue Beobachtungen des Paarungsverhaltens dieser Fische (s. bei der Artbeschreibung von *C. muriei*) konnte festgestellt werden, daß die Aufgabe der Dornenfelder darin besteht, das Weibchen bei einer schnellen Umschlingung sicher festzuhalten. Die Dornenfelder haben also eine ähnliche Aufgabe wie die unter Aquarienfreunden weit besser bekannten Widerhaken an den Afterflossen gewisser Salmlermännchen. Das Paarungsspiel dieser freilaichenden *Ctenopoma*-Arten erinnert in der Tat mehr an das von Salmlern oder Karpfenfischen. Vor der Paarung treiben die Männchen recht stürmisch, und nicht selten beteiligt sich eine größere Anzahl Fische gleichzeitig am Laichgeschäft. Die Umschlingung erfolgt blitzschnell aus dem Treiben heraus. Die bei der Paarung abgegebenen Eier steigen zur Oberfläche. Aus ihnen schlüpfen typische Schwimmlarven, die bis zur fertigen Entwicklung des Jungfisches an der Oberfläche treiben.

Neben Arten mit zwei Dornenfeldern gibt es noch einige Arten mit lediglich einem derartigen Feld hinter dem Auge. Es handelt sich bei diesen Arten um schlanke, lebhafte und – zumindest im Aquarium – recht unverträgliche Fische. Über die Vermehrung dieser Arten weiß man bisher nichts Genaueres. Es ist aber anzunehmen, daß auch sie nicht brutpflegend sind. Von den bekannteren Arten haben z. B. *C. acutiroste, C. kingsleyae, C. muriei* und *C. oxyrhynchus* zwei Dornenfelder. Nur ein Dornenfeld haben *C. multispinnis* und *C. pellegrini.* Bei allen Arten, deren Männchen Dornenfelder haben, sind diese ein zuverlässiger Geschlechtsmerkmal. Es sei jedoch darauf aufmerksam gemacht, daß sehr alte Weibchen häufig Ansätze einer Dornenfeldbildung zeigen; diese hat möglicherweise hormonell bedingte Ursachen. Besonders die größeren dieser *Ctenopoma*-Arten erreichen nämlich ein erstaunlich hohes Alter. Daß überjährige und wahrscheinlich auch nicht länger fertile Weibchen Ansätze zu sekundären männlichen Geschlechtsmerkmalen entwickeln, ist in der Tierwelt nicht ungewöhnlich und kommt auch bei Fischen vor, so z. B. der Stirnbuckel bei alten Weibchen von *Haplochromis moorii.*

Eine Anzahl von *Ctenopoma*-Arten sind brutpflegende Schaumnestbauer, deren Brutpflegeverhalten dem der schaumnestbauenden asiatischen Labyrinthfische ähnlich ist. Bisher sind zwar nur einige von ihnen regelmäßiger im Aquarium vermehrt worden, aber die wich-

Oben: *Ctenopoma kingsleyae,* eine in Afrika weit verbreitete Art. Das abgebildete Exemplar ist halbwüchsig; erwachsene Fische dieser Art haben ein etwas massiveres Aussehen und eine mehr gerundete Kopfform.
Unten links: Ein erwachsenes, 15 cm langes Männchen von *Ctenopoma acutirostre.*
Unten rechts: Die Jungfische von *Ctenopoma acutirostre* sind entzückend gezeichnet. Das Auge ist beim Jungfisch sehr groß und deutet seine Raubfischnatur an.

tigsten Einzelheiten ihres Paarungs- und Brutpflegeverhaltens sind bekannt. Abweichend von den asiatischen Schaumnestbauern ist die Haltung des Weibchens bei der Umschlingung. Es behält seine normale Lage in der Umschlingung meist bei. Bei zumindest einer Art begnügen sich die Männchen nach erfolgter Laichabgabe damit, ihr Nest aus einer gewissen Entfernung zu beobachten. Ob eventuell auch ein Brutpflegemodell ohne – oder mit unbedeutendem – Schaumnestbau vorkommt, ist noch nicht genauer untersucht worden.

Systematisch stellen von den Arten, deren Männchen zwei Dornenfelder haben, die Arten *C.petherici, C.kingsleyae* und *C.argentoventer* einen Komplex äußerst nahe verwandter ‚Arten' dar. Möglicherweise können auch noch weitere ‚Arten' zu diesem Komplex gehören. Bei diesen Fischen handelt es sich wahrscheinlich um eine Art, die mit verschiedenen Unterarten über große Teile Afrikas verbreitet ist. Da bisher noch keine ausführlichere Untersuchung der verwandtschaftlichen Zusammenhänge zwischen diesen Arten durchgeführt worden ist, werden bei den Artbeschreibungen die bisher in der Aquarienliteratur für diese Fische gebräuchlichen Namen verwendet. Sollten jedoch nähere Untersuchungen ergeben, daß wir es bei diesen Fischen mit einer einzigen Art zu tun haben, würde der Name *Ctenopoma petherici* entsprechend der Prioritätsregel gültig sein.

In einigen älteren Veröffentlichungen ist angegeben, daß es unter den *Ctenopoma*-Arten auch Maulbrüter gäbe. Ursprünglich geht diese Angabe auf eine Notiz Boulengers zurück, daß er in der Kiemenhöhle von einem *C. multispinis*-Weibchen eine Anzahl von Eiern gefunden habe. Eine nachträgliche Untersuchung durch Peters (1971) ergab, daß Boulengers Spiritusexemplar dieses Fisches keine Eier, sondern die Zysten eines Parasiten (*Myxobolus* spec.) in seinen Kiemenhöhlen hatte.

Im Aquarium sollte man größere Buschfische nicht mit kleineren Arten vergesellschaften. Untereinander sind Arten, die keine Brutpflege treiben, meist verträglich. Bei räuberischer veranlagten Arten wie z.B. *C.acutirostre* oder *C.ocellatum* ist zu beachten, daß sie Fische bis zu einer Länge von etwa 3 cm ohne weiteres verspeisen. Fische, die so groß sind, daß sie als Futter nicht mehr in Frage kommen, bleiben unbehelligt. Anzuraten ist jedoch, diese räuberischen Arten alleine in einem Spezialaquarium zu halten. Auch einige der kleinsten und scheuesten Arten wie *C. nanum* und *C. damasi* pflegt man am besten für sich, besonders dann, wenn man sie vermehren möchte. Auf Arten, deren Vermehrung möglicherweise mineralarmes Wasser voraussetzt, wird bei den Artbeschreibungen aufmerksam gemacht.

Alle *Ctenopoma*-Arten sind starke Fresser, die kräftige Nahrung benötigen. Außer Daphnien und Mückenlarven füttert man die größeren Arten auch mit Laubregenwürmern, kleinen Futterfischen und Fischfleisch. Auch käufliches Trockenfutter in Flockenform wird von den meisten Exemplaren angenommen.

Fängt man Buschfische mit einem Netz, so bleiben sie häufig mit den zackenartigen Fortsätzen ihrer Kiemendeckel am Netzgewebe haften. Oft muß das Netz zerschnitten werden, um den Fisch zu befreien. Liebhabern, die Buschfische pflegen, ist anzuraten, sich eine große Fangglocke aus Glas anzuschaffen.

Bei den Artbeschreibungen erfolgt eine Unterteilung in brutpflegende und nicht brutpflegende Arten.

a) Brutpflegende Ctenopoma-Arten

Ctenopoma ansorgii (Boulenger, 1912)
Orange-Buschfisch
Synonym: Anabas ansorgii Boulenger, 1912.
Länge: Männchen bis 8 cm, Weibchen kleiner.
Flossen- und Schuppenformel: D XVII –

XVIII/7, A X–XI/7, P 7, V I/5, C 12, mLR 28–30, QR 2–8/0–5.
Vorkommen: Sichere Vorkommen sind bisher in Kamerun und im Stromgebiet des unteren Kongo, einschließlich des Stanley Pools, festgestellt worden. Hauptsächlich scheinen sie in kleineren Nebengewässern größerer Flüsse vorzukommen. Linke fand diese Fische bei Kribi in Süd-Kamerun in fließendem Wasser an versteckreichen Uferböschungen. Das Wasser an der Fundstelle war sauer, und die Karbonathärte betrug weniger als 1°.
In Europa tauchte diese Art 1957 in Holland auf. Ihr Importeur ist nicht bekannt. Seit 1958 wurden Nachzuchten dieser Fische auch in Deutschland angeboten.
Körperform langgestreckt, Kopf mit gleichmäßig gewölbter Stirnlinie. Einer der wenigen farbenprächtigen Buschfische. Normalerweise zeigen sie eine hell braungelbe Grundfärbung, über die 6 dunklere Querbinden laufen. Zur Laichzeit verfärben sich besonders die Männchen; ihre Querbinden verblassen und machen einem grünlich irisierenden Schimmer Platz. Rücken- und Afterflosse orangefarben mit schrägen dunkelbraunen bis fast schwarzen Binden. Diese Zeichnung in Rücken- und Afterflosse stellt eine Fortsetzung der über den Körper laufenden Querbinden dar. Beim Weibchen sind diese Farben blasser. Ausgewachsene Männchen haben häufig am hinteren Ende von Rücken- und Afterflosse verlängerte Weichstrahlen. Die Schwanzflosse ist braun bis rotbraun, die verlängerten Bauchflossen sind vorne weiß und an der Basis orangefarben.
Am besten in einem speziell für sie eingerichteten Artaquarium zu halten. Sie sind zwar anderen Fischen gegenüber friedlich, kommen aber wegen ihrer Scheu in Gesellschaft anderer Fische kaum zu ihrem Recht. Für Zuchtversuche sollte man weiches Wasser verwenden. Das Zuchtpaar ist gut mit lebenden Futtertierchen zu versorgen, möglichst mit Mückenlarven. Diese Art ist Schaumnestbauer, ihr Paarungsverhalten ähnelt dem schaumnestbauender asiatischer Labyrinthfische. Das Weibchen wird aber bei der Umschlingung meist nicht herumgedreht. Nach Richter kann die Anzahl der Eier einer Laichabgabe bis 600 betragen. Bei 25–26 °C schlüpfen die Larven nach 24 Stunden, und 3–4 Tage später schwimmen die Jungfische frei. Sie müssen mit feinstem Futter wie Pantoffeltierchen oder Rädertierchen angefüttert werden. Die Jungfische sind raschwüchsig und zeigen schon im Alter von drei Wochen Ansätze ihrer späteren Färbung.

Ctenopoma congicum Boulenger, 1887
Kongo-Buschfisch
Synonym: Anabas congicus Boulenger, 1899.
Länge: Männchen bis 8 cm, Weibchen kleiner.
Flossen- und Schuppenformel: D XVI–XVII/8–9, A IX-XI/9–11, mLR 26–28, QR 13–16/7–11.
Vorkommen: Gabun und das untere Stromgebiet des Kongo.
Erstmalig eingeführt 1975 durch die Firma A. Werner, München.
Ähnelt in der Körperform *C. ansorgii,* doch ist ihre Kopfform zugespitzter. Grundfarbe gelbbraun bis rotbraun. Zeitweise lassen sich 7–8 dunklere Querbinden erkennen. In der Rückenflosse befindet sich eine Anzahl dunklerer Flecken, und in der Afterflosse findet man 6–7 dunkle Querbänder. Beim ausgewachsenen Männchen haben Rücken- und Afterflosse ausgezogene Spitzen, beim Weibchen sind diese gerundet. Dieses Merkmal läßt sich allerdings nicht bei allen Fischen erkennen, insbesondere nicht bei jüngeren Exemplaren. Meist ist es einfacher, die Geschlechter an der Körperform zu unterscheiden.
Diese Art sollte möglichst in einem mineralarmen Wasser gehalten werden. Bei Zucht-

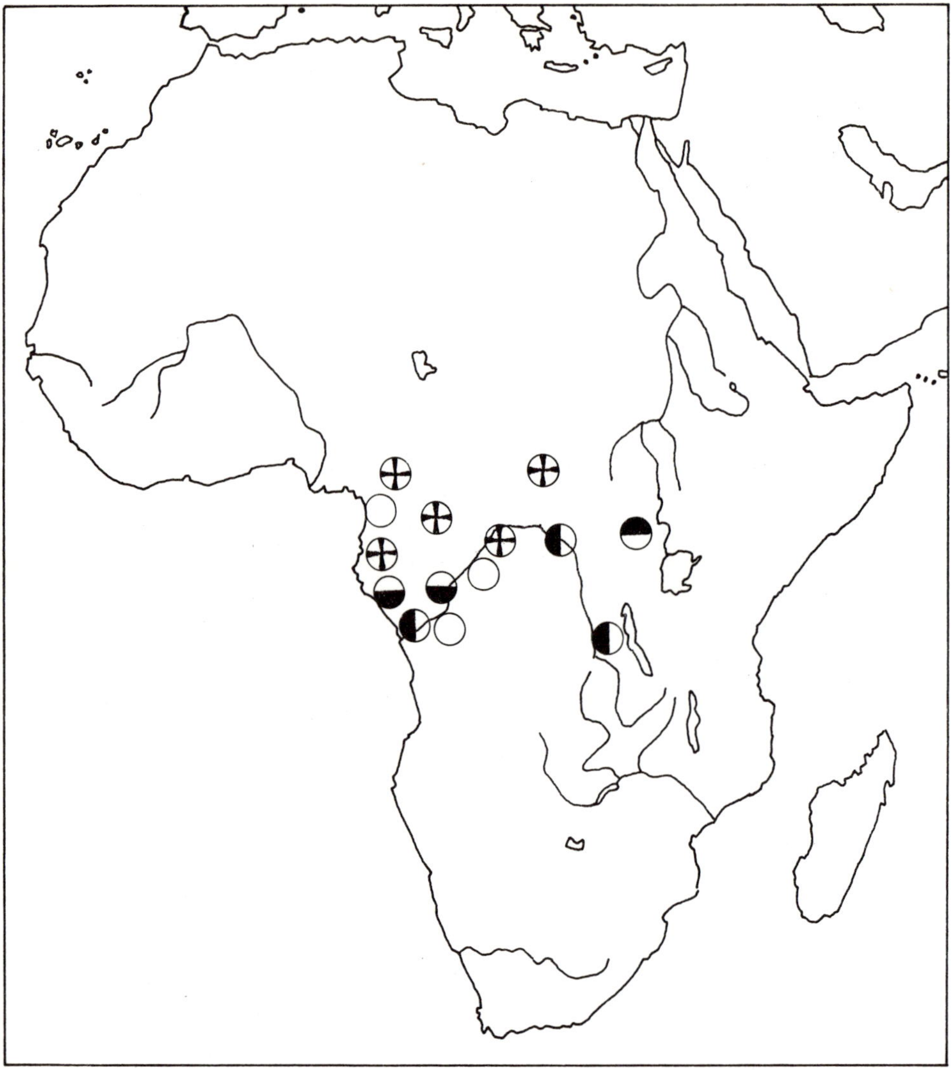

Verbreitungskarte der brutpflegenden Arten der Gattung *Ctenopoma.*

○ *Ctenopoma ansorgii*

◒ *Ctenopoma congicum*

◓ *Ctenopoma damasi*

◐ *Ctenopoma fasciolatum*

⊕ *Ctenopoma nanum*

versuchen ist zu beachten, daß diese Fische Dämmerungstiere sind. Die Männchen bauen vorzugsweise ihre Schaumnester an den dunkelsten Stellen des Aquariums, möglichst unter einem dicken Polster von Schwimmpflanzen, wenn ihnen die Möglichkeit dazu gegeben wird. Die Entwicklung von Eiern und Larven unterscheidet sich nicht von *C. ansorgii.*

Ctenopoma damasi (Poll, 1939)
Perl-Buschfisch
Synonym: Anabas damasi Poll, 1939.
Länge: Männchen bis 7 cm, Weibchen bis 6 cm.
Flossen- und Schuppenformel: D XIV–XIX/6–9, A IX-XII/6–9, mLR 26–30, QR 13–19/8–13.
Vorkommen: Uganda und an Uganda grenzende Teile Zaires. Nach Greenwood (1958) und Poll (1939) in kleineren Gewässern und Sümpfen im Einzugsgebiet des Eduardsees.
Ersteinfuhr: 1968 durch Berns und Peters, Zoophysiologisches Institut der Universität Tübingen.
Körper langgestreckt, Kopf groß, Grundfärbung beim Männchen matt schwarzgrau. Zur Fortpflanzungszeit verändert sich diese Farbe und wird leuchtend schwarzblau, wobei die dunkle Grundfärbung von zahlreichen leuchtend blaugrünen Flecken geziert wird. Besonders brutpflegende Männchen zeigen eine intensive Färbung. Die Weibchen sind heller graublau und ihre Flecken nur angedeutet.
Nach Berns und Peters bauen die Männchen kleine feste Schaumnester, und das Paarungsverhalten unterscheidet sich nicht von dem bei *C. ansorgei* beschriebenen. Nach abgeschlossenem Laichgeschäft begnügen sich jedoch die Männchen bald damit, am Boden liegend, das Nest aus einiger Entfernung zu überwachen; ein bei schaumnestbauenden Labyrinthfischen etwas ungewöhnliches Verhalten. Bei 27 °C schlüpfen die Larven nach 36 Stunden, und 3–4 Tage später schwimmen die Jungfische frei. Sie sind nur etwa 2 mm lang und müssen mit Pantoffeltierchen angefüttert werden, haben jedoch eine sehr große Maulspalte und bewältigen schon 4–5 Tage später Artemianauplien.
Nach Richter kommt es bei dieser Art vor, daß bei mehreren nestbauenden Männchen im gleichen Aquarium die Weibchen während des Ablaichens die Partner wechseln können. Ein Verhalten, das auch bei manchen anderen schaumnestbauenden Labyrinthfischen vorkommt, aber meist nur in sehr großen Aquarien beobachtet werden kann.

Ctenopoma fasciolatum (Boulenger, 1899)
Gebänderter Buschfisch
Synonyme: Anabas fasciolatus Boulenger, 1899; *Ctenopoma fasciolatus* Myers, 1926.
Länge: Männchen bis 8,5 cm, Weibchen bis 7 cm.
Flosssen- und Schuppenformel: D XVI/9–11, A X/9–11, mLR 27–28, QR 14–15/9–11.
Vorkommen: Wird im gesamten Stromgebiet des Kongo gefunden. Lebt vorzugsweise im tieferen, klaren Wasser. Innerhalb seines großen Verbreitungsgebietes kommen mehrere Farbtypen vor. Grundfärbung graublau bis gelbbraun. Über den Körper ziehen sich 8–9 hellere Querbänder, die jedoch nicht immer sichtbar sind.
Von allen *Ctenopoma*-Arten paßt diese Art noch am ehesten in ein Gesellschaftsaquarium. Gegenüber anderen Fischen wie auch untereinander sind sie friedlich, sie stellen keine besonderen Ansprüche an die Wasserverhältnisse und nehmen fast jedes Futter an. Auch ihre Vermehrung ist verhältnismäßig leicht.
Ersteinfuhr 1912 durch die Firma Siggelkow, Hamburg.
Körperform mäßig hoch und seitlich zusammengedrückt. Grundfarbe gelb bis gelbbraun mit 8–10 dunkelbraunen Querbinden. Diese Binden können, wenn sich die Fische wohlfüh-

len, fast schwarz werden, können aber auch verblassen, wenn die Fische verunsichert sind, die Temperatur absinkt oder etwas anderes geschieht, was ihr Wohlbefinden beeinträchtigt. Die Männchen haben auf den Kiemendeckeln einen blauirisierenden Fleck und lang ausgezogene Rücken- und Afterflossen. Die paarigen Flossen zeigen auf hell-gelbbraunem Grund ein feines Muster aus Strichen und Flecken. Im Aquarium sind sie lebhaft und nicht so scheu wie die meisten anderen Buschfische und auch eher Tagtiere als die meisten ihrer Verwandten.

Das Männchen baut sein Schaumnest gerne unter einem dichten Polster von Schwimmfarn oder ähnlichen Schwimmpflanzen. Da sie recht produktiv sind, sollte man große Zuchtaquarien verwenden. Auch bei dieser Art erfolgt bei der Paarung die Umschlingung so, daß das Männchen bogenförmig unter dem Weibchen zu liegen kommt, während dieses seine normale Körperlage beibehält. Bei einer Temperatur von 24–26 °C schlüpfen die Larven nach etwa 35 Stunden. Die 3–4 Tage später freischwimmenden Jungfische müssen zunächst mit feinstem Staubfutter aus dem Freiland oder mit Pantoffeltierchen angefüttert werden. Brutpflegende Männchen dieser Art können sehr aggressiv sein. In kleineren Zuchtaquarien ist das Weibchen unmittelbar nach dem Ablaichen zu entfernen. Auch wenn ein im Gesellschaftsaquarium gehaltenes Männchen mit dem Nestbau beginnt, ist Vorsicht angebracht.

Ctenopoma nanum Günther, 1896
Zergbuschfisch
Synonyme: Anbas maculatus Boulenger, 1882; *Anabas nanus* Boulenger, 1916.
Länge: Männchen bis 7 cm, Weibchen bis 6 cm.
Flossen- und Schuppenformel: D XV–XVII/7–10, A VII–IX/9–11, C 12, mLR 25–30, QR 11–18/4–10.

Vorkommen: Fundstellen dieser Art sind aus dem südlichen Kamerun, aus Gabun und aus Zaire bekannt, wo *C. nanum* in den Zuflüssen von Kongo, Ubangi, Uere (Uele) und dem Stanley-Pool gefunden wird.

Im Aussehen ähnelt *C. nanum* der vorherigen Art, ist aber schlanker als diese. Grundfarbe bräunlich-gelb mit 7–8 dunkleren Querbändern, die bis in die Rückenflosse hineinreichen. Diese Querbänder sind besonders bei Jungfischen und bei den Weibchen meist gut sichtbar, während sie beim ausgewachsenen Männchen weniger hervortreten. Zur Laichzeit verfärben sich die Männchen und werden dunkelgrau bis blaugrau und mitunter fast schwarz. Rücken- und Afterflosse nehmen eine bläuliche Tönung an, von der sich die Querbänder, die am Körper vollständig verschwunden sind, deutlich abheben. Bei den Weibchen werden zur Laichzeit die gut sichtbaren Querbänder durch ein breites gelbgraues Längsband unterbrochen, das vom Kiemendeckel bis zur Schwanzwurzel läuft. Die Weibchen lassen sich auch außerhalb der Laichzeit gut von den Männchen unterscheiden. Sie sind kleiner und haben hinten abgerundete Rücken- und Afterflossen. Beim Männchen sind diese zugespitzt und bei älteren Exemplaren auch etwas ausgezogen.

Bei guter Fütterung mit lebenden Futtertierchen, insbesondere mit Mückenlarven, und bei einer Haltung in einem mineralarmen, torfgefilterten Wasser sind Zwergbuschfische verhältnismäßig leicht zu vermehren. Sie sind zwar in bezug auf die Wasserverhältnisse keineswegs empfindlich, in weichem Wasser gehalten jedoch laichwilliger. Das Schaumnest bauen die Männchen am liebsten unter einem Lager von Schwimmpflanzen, unter einem größeren Schwimmblatt oder einer ähnlichen Deckungsmöglichkeit. Meist beginnen die Paarungen, bevor das Nest fertig ist. In der Regel wird die Paarung durch spontanes Heranschwimmen des Weibchens an das Männchen eingeleitet. Seine Laichbereitschaft zeigt das Weibchen an, indem es das Männchen mit dem Maul in die Körperseite stößt. Das ist weitgehend dasselbe Verhalten, wie wir es von den meisten der asiatischen Labyrinthfischen her kennen. Bei der darauf folgenden Umschlingung liegt jedoch das Männchen im Bogen unter dem Weibchen. Die Eier werden meist auch erst dann ausgestoßen, wenn das umschlungene Paar langsam herabsinkend den Boden erreicht. Die je Paarung abgegebenen 30–50 Eier steigen zum Nest empor, wo sie vom Männchen mit neuen Blasen unterbaut werden. Bevor das Männchen mit dieser Arbeit beginnt, verjagt es zunächst das Weibchen. Überhaupt verhalten sich die Männchen der Zwergbuschfische ihren Weibchen gegenüber recht ruppig. Bei einer Laichabgabe werden etwa 300–500 Eier gelegt. Nach Richter kann die Eianzahl bei einer Laichabgabe bis 1000 betragen. Bei einer Temperatur von 25–26 °C schlüpfen die Larven nach 24 Stunden. Ihre Entwicklung unterscheidet sich nicht von der bei *C. ansorgei* beschriebenen.

Aufgrund ihres recht scheuen Verhaltens sind sie für eine Haltung in Gesellschaftsaquarien weniger geeignet.

b) Nicht-brutpflegende Ctenopoma-Arten

Ctenopoma acutirostre Pellegrin, 1899
Leopardbuschfisch

Synonyme: Ctenopoma petherici Schilthuis, 1891; *Anabas weeksii* Boulenger, 1905.

Länge: bis 20 cm, im Aquarium erreicht er jedoch diese Größe kaum.

Flossen- und Schuppenformel: D XIV–XVIII/9–12, A IX-X/10–12, P 14, V I/5, C 14, mLR 26–28.

Vorkommen: Das untere und mittlere Stromgebiet des Kongo.

Ein typischer Raubfisch mit dämmerungs- bzw. nachtaktiver Lebensweise. In geeigneter Dekkung stehend lauert er vollständig regungslos auf Beute, die er mit schnellem kurzen Stoß erfaßt. Nur jüngere Exemplare versuchen mitunter kleinere Fische schwimmend zu erjagen.

Erstmalig lebend nach Europa eingeführt im Jahr 1956 durch die Firma A. Werner, München.

Der Körper ist hoch und seitlich zusammengedrückt. Da Rücken- und Afterflosse dasselbe Zeichnungsmuster wie die Körperseiten aufweisen und in ihrem basalen Teil mit kleinen Schuppen besetzt sind, wirkt ihr Körper höher als er wirklich ist. Der Hinterkörper geht ohne Schwanzstiel direkt in die Schwanzflosse über, die ebenfalls in ihrem basalen Teil beschuppt ist. So stoßen die weichen Teile von Rücken- und Afterflosse mit der Schwanzflosse aneinander und wirken für das Auge wie eine zusammenhängende Flosse. Kopf im Verhältnis zur Körperlänge groß und zugespitzt. Maul tief gespalten und vorstülpbar. Auffallend große Augen. Die Geschlechter lassen sich nur an den Dornenfeldern der Männchen erkennen.

Grundfärbung hell-gelbbraun mit einem unregelmäßigen ‚Leopardenmuster', das aus einer Anzahl dunkelbrauner Flecken besteht. Besonders bei älteren Fischen können diese Flecken zeitweilig verschwinden und einer gleichmäßig dunkelbraunen Färbung Platz machen.

Über ihre Fortpflanzung ist nichts näheres bekannt. Aufgrund der bei den Männchen vorhandenen Dornenfelder kann davon ausgegangen werden, daß diese Art keine Brutpflege ausübt.

In öffentlichen Schauaquarien hat sich dieser Fisch jedoch schon vermehrt. Die Jungfische zeigen eine ganz entzückende, markante Flekkenzeichnung.

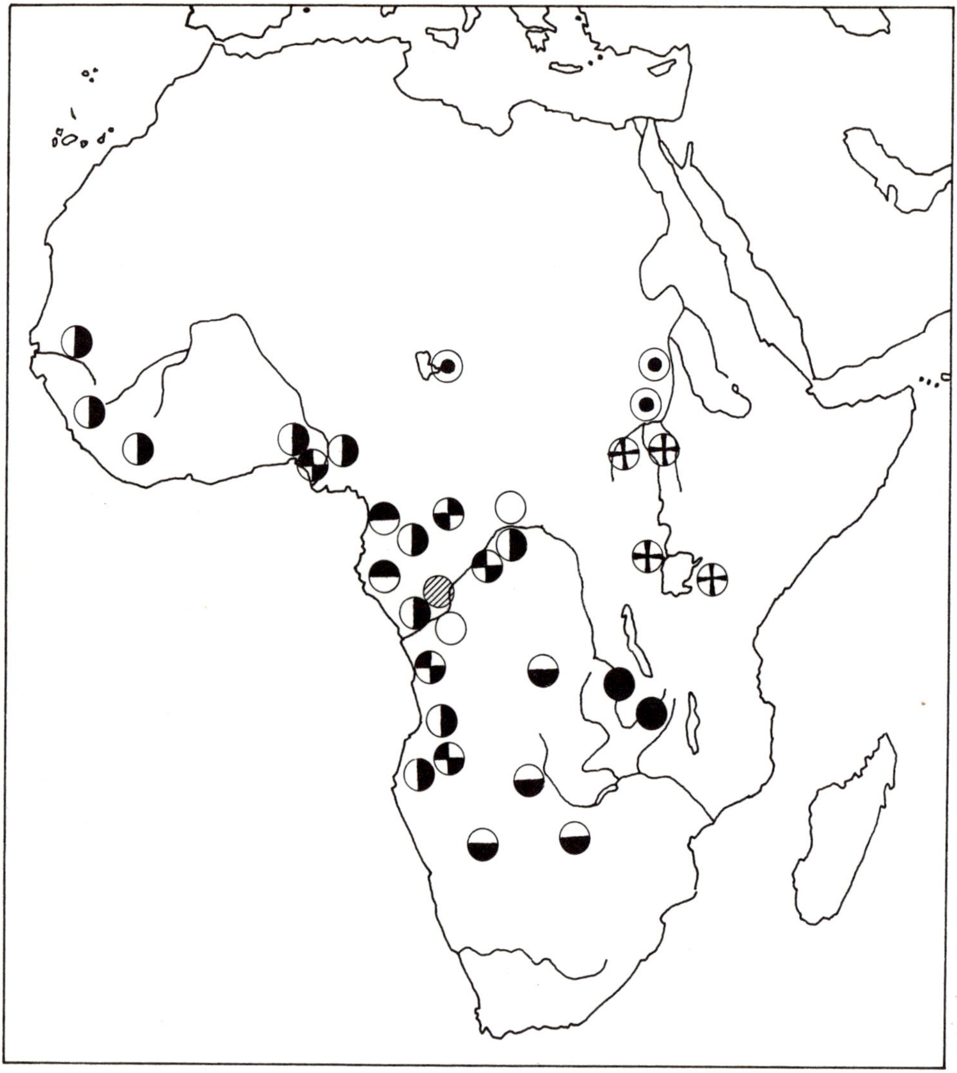

Verbreitungskarte der nicht-brutpflegenden Arten der Gattung *Ctenopoma*.

- ○ *Ctenopoma acutirostre*
- *Ctenopoma argentoventer*
- *Ctenopoma kingsleyae*
- *Ctenopoma maculatum*
- *Ctenopoma multispinis*
- *Ctenopoma muriei*
- *Ctenopoma oxyrhynchum*
- *Ctenopoma nigropannosum*
- ● *Ctenopoma ocellatum*
- *Ctenopoma pellegrini*
- ⊙ *Ctenopoma petherici*

Ctenopoma argentoventer (Ahl, 1922)
Synonyme: Anabas argentoventer Ahl, 1922; *Ctenopoma argentoventer* Myers, 1924.
Länge: bis 15 cm.
Flossen- und Schuppenformel: D XVI/10, A IX/10, mLR 26.
Vorkommen: Das Nigerdelta und der Unterlauf des Niger (nach Ahl).
Erstmalig eingeführt 1912 durch Kuntzschmann, Hamburg. Arnold stellte ihn als *Anabas* spec. in den ‚Blättern' vor. Später sind Fische dieser Art noch mehrere Male zusammen mit anderen westafrikanischen Fischen importiert worden.
Körper langgestreckt, Profillinie des Kopfes oben und unten gleichmäßig gewölbt. Färbung sehr variabel und von der Stimmung abhängig, von gelbgrau bis fast schwarz. Unterseite heller grau bis silberfarben. Vom Auge ausgehend läuft eine gelbliche Binde im Bogen bis zum Vorderrücken. Eine zweite Binde befindet sich auf der Körpermitte, etwa in der Höhe des vorderen Afterflossenansatzes. Angaben, nach denen diese beiden Binden ein Geschlechtsmerkmal sind und nur bei den Männchen vorkommen, sind unsicher. Bei der belgischen Importfirma van de Weyer sah ich 1956 etwa 40 Jungfische, die wahrscheinlich dieser Art angehörten und die alle diese Binden zeigten. Leider ließ sich die exakte Herkunft dieser Fische nicht feststellen. Mit zunehmendem Alter verschwinden die genannten Binden. Dagegen behalten auch ältere Fische einen hell umrandeten, dunklen Fleck auf der Schwanzwurzel.
In früheren Jahren ist dieser Fisch einige Male im Aquarium vermehrt worden. Die Zucht unterscheidet sich nicht von der bei *C. kingsleyae* beschriebenen. In ihrem Buch ‚Fremdländische Süßwasserfische' (1936) geben Arnold und Ahl eine Angabe Schreitmüllers wieder, nach der 1919 am Aquarium des Zoologischen Gartens in Frankfurt/M. eine Kreuzung zwischen *C. argentoventer* × *Anabas testudineus* gelungen sein soll. Diese Angabe wurde jedoch nie auf ihre Richtigkeit überprüft und muß als zweifelhaft angesehen werden.
Der Artstatus von *C. argentoventer* ist unsicher (vgl. Anmerkung bei *C. kingsleyae*).

Ctenopoma kingsleyae Günther, 1896
Synonym: Anabas kingsleyae Boulenger, 1899.
Länge: bis 20 cm.
Flossen- und Schuppenformel: D XVI–XVII/8–10, A IX–X/9–11, mLR 25–29, QR 15–16/8–14.
Vorkommen: In ganz Westafrika weit verbreitet, von Gambia im Norden bis Angola im Süden. Auch im Stromgebiet des Kongo bis zum Stanley-Pool häufig vorkommend. *C. kingsleyae* werden in unterschiedlichsten Gewässertypen angetroffen, vor allem aber in fließendem Wasser. Im nördlichen Teil ihres Verbreitungsgebietes suchen sie nicht selten während der Regenzeit weite Überschwemmungsgebiete auf, um dort zu laichen. Bei fallendem Wasserstand bleiben danach nicht selten Fische in kleinen und mehr und mehr zusammenschrumpfenden Tümpeln zurück. Trocknen die Tümpel aus, so versuchen sie über Land wandernd Wasser zu erreichen. Kürzere Trokkenperioden können sie auch im feuchten Bodenschlamm überleben.
Körper langgestreckt und von fast gleichmäßig ovalem Querschnitt. Die Profillinien des Kopfes sind oben und unten gleichmäßig gewölbt. Ihre Färbung ist stark von der Stimmung abhängig, aber auch innerhalb ihres großen Verbreitungsgebietes sehr variabel. Die Farbskala ihrer Grundfärbung bewegt sich von hell-gelbgrau, über blaugrau und braun, bis fast schwarz. Die Schuppen haben dunkle Ränder, die besonders bei ausgewachsenen Exemplaren deutlich hervortreten. Laichreife Weibchen fallen durch ihre Leibesfülle auf. Ein sicheres

Geschlechtsmerkmal der Männchen sind ihre Dornenfelder, die allerdings bei dieser Art nicht bei jedem Lichteinfall sichtbar sind. Am besten erkennt man sie, wenn man den Fisch in einen kleinen Glasbehälter setzt und ihn bei etwas schräg auffallendem Licht betrachtet.

C. kingsleyae ist ein äußerst anspruchsloser und unempfindlicher Buschfisch. Für eine Vergesellschaftung ist er aufgrund seiner Größe nicht zu empfehlen. In sehr geräumigen Aquarien kann man ihn jedoch mit gleichgroßen Fischen gut zusammen halten. Untereinander sind sie friedlich. Wie auch andere größere *Ctenopoma*-Arten entwickeln sich diese Fische langsam und werden nicht vor ihrem zweiten – mit Sicherheit oft erst in ihrem dritten – Lebensjahr geschlechtsreif. Anderseits können sie auch ein recht hohes Alter erreichen. Von öffentlichen Aquarien sind Fische dieser Art bekannt, die über 20 Jahre alt geworden sind.

Möchte man diesen Fisch zur Vermehrung bringen, so muß er zunächst sachgemäß gefüttert werden. Diese Fische sind in ihrer Kost nicht wählerisch, setzen jedoch nur dann Laich an, wenn man sie entsprechend füttert. Futter, welches die Bildung von Geschlechtsprodukten fördert, sind Mückenlarven, Laubregenwürmer und Fischfleisch, oder noch besser, kleine Futterfische. *C. kingsleyae* treiben keinerlei Brutpflege, ja die Elternfische verzehren nicht selten unmittelbar nach der Laichabgabe ihre Eier. Den Paarungen geht ein lebhaftes Treiben voraus, und die Umschlingungen erfolgen blitzschnell. Die bei einer Laichabgabe zu mehreren Tausend abgelegten Eier steigen zur Oberfläche empor und verbleiben dort treibend bis zum Schlüpfen der Larven. Das Tempo der Embryonalentwicklung im Ei, wie auch die Entwicklung von Larven und Jungfischen ist stark von der Temperatur abhängig. Bei einer Temperatur von 30 °C schlüpfen die Larven nach 24 Stunden, bei 24 °C nach 48 Stunden und bei 20 °C nach ganzen 96 Stunden. Für die große Anpassungsfähigkeit dieses Fisches spricht, daß die Eier auch noch bei der so niedrigen Temperatur von 20 °C zur Entwicklung kommen. Die genannten Zeitangaben sind das Resultat eines Experimentes, bei dem die Eier eines Geleges bei verschiedenen Temperaturen zur Entwicklung gebracht wurden. Bei einer Temperatur von 18 °C entwickelten sich die Eier jedoch nicht mehr. Interessanterweise verzögerte sich die Embryonalentwicklung sowie die Entwicklung von der Larve zum Jungfisch auch bei Temperaturen über 30 °C. Damit dürfte das Temperaturoptimum für die Entwicklung von Eiern und Larven bei etwa 28–30 °C liegen.

Die je nach Temperatur nach 2–5 Tagen freischwimmenden Jungfische können direkt mit Artemianauplien gefüttert werden. Anfänglich wachsen die Jungfische rasch, aber nachdem sie eine Länge von etwa 4 cm erreicht haben, verlangsamt sich das Wachstum.

Anmerkung: Von den nahe verwandten Arten *C. kingsleyae* und *C. petherici* hat die erstere das weitaus größte Verbreitungsgebiet. Sollte sich herausstellen, daß beide einer Art angehören, ist *C. petherici* als Nominatform zu betrachten.

Ctenopoma maculatum Thominot, 1886

Synonyme: Ctenopoma weeksii Boulenger, 1896; *Anabas oxyrhynchus* Steindachner, 1913.

Länge: bis 20 cm.

Flossen- und Schuppenformel: D XIV–XVI/9–11, A VII–IX/9–11, mLR 26–29, QR 14–19/9–13.

Vorkommen: Südliches Kamerun und Kongo (Brazzaville).

Ähnelt in der Körperform *C. kingsleyae,* wirkt aber kompakter als dieser. Obere Profillinie des Kopfes stärker gewölbt als die untere. Grundfärbung gelbbraun bis braun. Etwa in der Körpermitte, direkt unter der Mittellinie, ein dunkler, schwarzer Fleck. Jungfische zeigen eine Anzahl dunkler Querbänder, die zeitweilig auch bei älteren Fischen sichtbar sind. Bisher nur in Einzelstücken eingeführt. Über Nachzucht im Aquarium ist nichts bekannt. Ihrem Typ nach dürfte diese Art zu den nicht brutpflegenden *Ctenopoma*-Arten gehören.

Ctenopoma multispinis Peters, 1844
Synonyme: Ctenopoma multispine Günther, 1861; *Anabas multispinis* Boulenger, 1905; *Spirobranchus multispines* Woosnam, 1910.
Länge: bis 15 cm.
Flossen- und Schuppenformel: D XVII–XVIII/8–9, A VIII–X/8–9, mLR 31–35.
Vorkommen: Vom südlichen Zaire bis nach Botswana und dem nördlichen Namibia, kommt auch in Zimbabwe und Mocambique vor. Lebt zeitweise in Überschwemmungsniederungen, Sümpfen und ähnlichen Biotopen und kann im Bodenschlamm eingegraben auch längere Trockenperioden überleben.
Wann die Ersteinfuhr dieser Art erfolgte, ist nicht genau bekannt. Einzelexemplare dieser Art sind bereits in den dreißiger Jahren in einigen öffentlichen Aquarien gezeigt worden. Schaller konnte 1973 eine größere Anzahl einführen, und Foersch konnte sie im Aquarium vermehren. Gehört zu den schlanken Arten mit lediglich vorderen Dornenfeldern. Hat eine starke feste Haut und robuste Schuppen, eine Anpassung an extreme Lebensbedingungen, die auch Landwanderungen umfaßt.
Grundfärbung olivgelb bis braun, besonders bei älteren Exemplaren kann sich die Färbung zeitweilig stark verdunkeln. In Normalfärbung zeigen sie auf gelbbraunem Grunde eine braune Tupfenzeichnung. Die Geschlechtsbestimmung erfolgt am sichersten anhand der Dornenfelder des Männchens. Ihr Fortpflanzungsverhalten stimmt weitgehend mit dem der folgenden Art überein.
Als Aquarienfisch nur für eine Haltung zusammen mit anderen robusten Arten oder für eine Haltung im Artaquarium geeignet. Benötigt wie alle größeren *Ctenopoma*-Arten kräftiges Futter. Nimmt neben Laubregenwürmern und Mückenlarven auch gerne Fischfleisch an.

Ctenopoma muriei (Boulenger, 1906)
Nilbuschfisch
Synonyme: Anabas muriei Boulenger, 1906; *Anabas houyi* Ahl, 1927.
Länge: bis 8,5 cm.
Flossen- und Schuppenformel: D XIV–XV/7–10, A VIII–X/7–10, mLR 24–28, QR 13–17/9–14.
Vorkommen: Oberer weißer Nil. Kommt auch in zahlreichen ostafrikanischen Seen bzw. deren Einzugsgebieten vor, so im Bereich des Ukerewe-Sees (Victoriasee), des Albert-Sees, des Edward-Sees und des Tanganyika-Sees. Sie bewohnen auch sumpfige, zeitweise überschwemmte Gebiete und werden während der trockenen Perioden auch in kleinsten Wasseransammlungen gefunden.
Erstmalig 1968 eingeführt durch Berns und Peters, Zoophysiologisches Institut der Universität Tübingen.
Trotz bedeutendem Größenunterschied bestehen gewisse Ähnlichkeiten zwischen dieser Art und *C. kingleyae*. Doch hat *C. muriei* eine mehr braune Grundfärbung und auf der Oberseite zahlreiche dunkle Flecken. Der Fleck auf der Schwanzwurzel ist weniger markant als bei *C. kingsleyae,* doch meist gut zu erkennen. Außer an den Dornenfeldern sollen sich die Weibchen außerhalb der Laichzeit auch durch mattere Färbung von den Männchen unterscheiden lassen. Recht lebhaft und möglichst im Artaquarium zu halten.
Nach Mörike (1977) betreibt diese Art keinerlei Brutpflege. Das Laichgeschäft findet nach einem starken Treiben während der Nacht oder bei Dämmerlicht statt. Die Umklammerung

erfolgt, wenn das Weibchen seine Bewegungen verlangsamt. Dabei behält das Weibchen seine normale Körperlage bei. Die Paarung dauert lediglich 2–3 Sekunden, dabei werden zwischen 10–30 Eier ausgestoßen. Da sie im Schwarm ablaichen, ist anzunehmen, daß während des Laichgeschäftes die Partner mitunter wechseln. Es werden pro Weibchen 200–2000 Eier abgegeben. Die Eier haben einen Durchmesser von 0,85 mm. Die Larven schlüpften bei einer Temperatur von 27 °C nach 22–26 Stunden.

Ctenopoma nigropannosum Reichenow, 1875
Synonyme: Ctenopoma gabonese Günther, 1896; *Anabas nigropannosus,* Boulenger, 1899.
Länge: bis 17 cm.
Flossen- und Schuppenformel: D XIX–XX/9–10, A IX–XI/9–10, mLR 30–33, QR 15–17/12–16.
Vorkommen: Vom Nigerdelta bis nach Angola. Kommt auch im unteren Kongo und dem Stanley-Pool vor.
Körperform langgestreckt mit spitzem Kopf. Grundfärbung braungelb bis gelbgrau. Jungfische haben dunklere unregelmäßige Querbänder, die bei älteren Fischen mehr oder weniger verschwinden. Auf dem Kiemendeckel und auf der Schwanzwurzel jeweils ein dunkler Fleck.
Diese Art gehört zu den schlanken und lebhaften Formen, deren Männchen nur vordere Dornenfelder haben. Steht in dem Ruf, bissig und unverträglich zu sein. Haltung nur im Artaquarium möglich. Aquariennachzuchten sind nicht bekannt. Nur selten und meist in Einzelstücken eingeführt.

Ctenopoma ocellatum Pellegrin, 1899
Augenfleck-Buschfisch
Synonym: Anabas ocellatus Boulenger, 1905.
Länge: Die Originalbeschreibung gibt 14 cm an, doch sind erheblich größere Exemplare bekannt geworden.
Flossen- und Schuppenformel: D XVI–XVIII/9–12, A IX–X/10–12, P 14–15, V I/5, C 17, mLR 26–28, QR 13–17/7–13.
Vorkommen: Die Zuflüsse des oberen Kongo.
Im Aussehen stark an *C. acutirostre* erinnernd, doch lediglich als Jungfisch mit einem ähnlich spitzen Kopf. Ältere Exemplare haben eine eindeutig gedrungenere Kopfform als *C. acutirostre.* Grundfärbung gelbbraun mit unregelmäßigen Querbinden, die sich auf dem Vorderkörper mitunter in einzelne Flecke auflösen. Die Anordnung von Rücken-, Schwanz- und Afterflosse erinnert ebenfalls an *C. acutirostre;* flüchtig betrachtet erscheinen diese Flossen wie ein geschlossener Flossensaum. Auf der Schwanzwurzel ein hell umrandeter dunkler Fleck. Gehört mit größter Wahrscheinlichkeit zu den nicht brutpflegenden Arten; die Männchen haben Dornenfelder. Über eine Vermehrung im Aquarium ist nichts bekannt.

Ctenopoma oxyrhynchus (Boulenger, 1902)
Pfauenaugen-Buschfisch
Synonym: Anabas oxyrhynchus Boulenger, 1902.
Länge: bis 11 cm.
Flossen- und Schuppenformel: D XV/10, A VIII/10, mLR 28, QR 14–16/9–12.
Vorkommen: Unterer Kongo, Stanley-Pool und Ubangi.
Erstmalig 1951 eingeführt durch die belgische Importfirma Aquarium Antwerpen.
Eine hochrückige und seitlich zusammengedrückte Art. Untere Profillinie des Kopfes fast gerade, obere stark gewölbt. Jüngere Exemplare haben eine spitzere Kopfform. Grundfärbung gelbbraun mit einem größeren dunkleren Fleck etwa auf der Körpermitte. After- und Schwanzflosse dunkel gesäumt. Zur Laichzeit nehmen sie eine marmorierte Zeich-

nung an, die aus unregelmäßigen schwarzen Feldern auf hellbraunem Grund besteht. Die Männchen erkennt man außer an ihren Dornenfeldern auch an ihrem schlankeren Körperbau.

Da die Männchen stark treiben, empfehlen sich für Zuchtversuche größere Aquarien. Die Umschlingung erfolgt, wenn das Weibchen während des Treibens stoppt. Danach umkreisen sich die Fische, und kurz darauf folgt die nur wenige Sekunden dauernde Umschlingung. Nach Richter erfolgt diese meist in Bodennähe. Die dabei abgegebenen Eier steigen direkt zur Oberfläche auf. Die Larven schlüpfen nach 24 Stunden, und nach weiteren 3 Tagen schwimmen die Jungfische frei. Sie sind entweder mit Pantoffeltierchen oder mit feinstem Staubfutter aus dem Freiland anzufüttern. Die Jungfische sind lichtscheu und halten sich vorwiegend an dunklen Stellen im Aquarium bzw. unter Pflanzenblättern auf, wobei sie mitunter auf engstem Raum eine förmliche Traube bilden.

Ctenopoma pellegrini (Boulenger, 1902)
Synonym: Anabas pellegrini, 1909.
Länge: bis 10,5 cm.
Flossen- und Schuppenformel: D XVIII–XIX/10–11, A VII/10, mLR 33–34, QR 16–18/14–15.
Vorkommen: Mit Sicherheit sind Vorkommen bisher nur aus dem Flußgebiet des Ubangi nachgewiesen.
Gehört zusammen mit *C. multispinnis* und *C. nigropannosum* zu den schlanken Formen, deren Männchen vordere Dornenfelder haben. Bisher wahrscheinlich noch nicht lebend eingeführt. Über Aquarienhaltung liegen keine Beobachtungen vor.

Ctenopoma petherici Günther, 1864
Synonym: Anabas petherici Boulenger, 1899.
Länge: bis 16 cm.
Flossen- und Schuppenformel: D XVII–XIX/8–10, A X/10, mLR 28–30, QR 14–17/10–12.
Vorkommen: Sudan, wo sie im Bereich der Zuflüsse des weißen Nil, Jur und Bahr el Djebel vorkommen. Weitere Vorkommen sind aus dem Tschad-See und dessen unmittelbarer Umgebung bekannt.
Systematisch steht diese Art *C. kingsleyae* äußerst nahe. Möglicherweise sind beide lediglich geographische Formen (Unterarten) derselben Art. Bisher nur selten eingeführt. In seinen Pflegebedingungen und seiner Fortpflanzung dürfte sich diese Art kaum von *C. kingsleyae* unterscheiden.

Gattung Sandelia

Diese von Castelnau 1861 aufgestellte Gattung enthält nur zwei Arten, die auch als Kap-Buschfische bezeichnet werden. Wie schon der Name andeutet, sind sie in ihrer Verbreitung auf die Kap-Provinz im äußersten Süden des afrikanischen Kontinents begrenzt. Zwischen ihnen und den *Ctenopoma*-Arten besteht kein geographischer Zusammenhang. Die am nächsten gelegenen *Ctenopoma*-Vorkommen in Botswana und dem nördlichen Namibia sind weit über 1000 km von den Vorkommen der *Sandelia*-Arten entfernt. Es handelt sich um Fische von gestrecktem Körperbau und fast gleichmäßig ovalem Körperquerschnitt. Der Kopf ist groß und das Maul tief gespalten. Rückenflosse lang und mit zahlreichen Hartstrahlen, die Afterflosse hat etwa die halbe Länge der Rückenflosse. Schwanzflosse gerundet und Brustflossen tief im unteren Körperdrittel angesetzt. Die Kiemendeckel sind beschuppt und haben, abgesehen von zwei kleinen Zacken, glatte Ränder. Die Seitenlinie ist unterbrochen und setzt im hinteren Körperteil zwei Schuppenreihen tiefer fort. Ihr Labyrinth ist klein und wenig gefaltet.
In ihrem Fortpflanzungsverhalten scheinen sie

von allen übrigen Labyrinthfischen abzuweichen. Im Aquarium haben sich, soweit bekannt, zwar die Kap-Buschfische noch nicht vermehrt, aber es liegen Freilandbeobachtungen über das Fortpflanzungsverhalten von *S. capensis* vor (Jubb 1967). Danach wird die Art bereits im ersten Lebensjahr geschlechtsreif. Die Fische laichen im Frühjahr und zeitigen Sommer an seichten, strömungsarmen Stellen ohne Nestbau ab. Bei ihren Eiern scheint es sich um Sinkeier zu handeln, die nach den vorliegenden Angaben nach der Paarung zu Boden sinken und an Pflanzen und anderen Gegenständen hängenbleiben sollen. Nach dem Ablaichen verbleibt das Männchen am Ort der Laichabgabe und bewacht die Eier. Die Eier haben einen Durchmesser von etwa 1 mm. Bei einer Temperatur von 24 °C schlüpfen die Larven nach 35 Stunden, die Jungfische schwimmen 3 Tage später frei.
In manchen Aufstellungen wird noch eine dritte *Sandelia*-Art unter dem Namen *Sandelia vicina* (Boulenger, 1916) geführt. Der Status dieser Art ist zweifelhaft, möglicherweise ist sie lediglich eine Lokalform von *S. capensis*.

Sandelia bainsii Castelnau, 1861
Synonyme: Ctenopoma microlepidotum Günther, 1861; *Spirobranchus bainsii* Günther, 1861; *Anabas bainsii* Boulenger, 1905.
Länge: bis 18 cm.
Flossenformel: D XV–XVII/9–10, A VII–VIII/9–10.
Vorkommen: Lediglich in einem kleinen Gebiet etwa 700 km östlich von Kapstadt im Küstenbereich etwa zwischen den Städten Port Elizabeth und East London. Hauptsächlich leben die Fische dort in kleineren Flüssen.
Ausgewachsene Fische haben eine graublaue Grundfärbung, die an den Körperseiten heller grau ist. Jüngere Exemplare haben eine mehr gelbgraue Grundfarbe und 9–10 dunklere Querbänder. Über Geschlechtsmerkmale und Haltungsbedingungen liegen keine Angaben vor. Vereinzelt sind lebende Fische während der letzten Jahre nach Europa gekommen.

Sandelia capensis (Cuvier u. Valenciennes, 1831)
Kap-Buschfisch
Synonyme: Spirobranchus capensis Cuvier u. Valenciennes, 1831; *Anabas capensis* Boulenger, 1905.
Länge: bis 21 cm, meist jedoch kleiner.
Flossenformel: D XII–XIV/8–10, A VI–VII/8–11.
Vorkommen: Die Verbreitung dieser Art ist auf den westlichen Teil der Kap-Provinz begrenzt, wo sie in den Flüssen Langevlei River, Elands-River, Camtoos-River und Coega-River vorkommen.
Erstmalig lebend 1958 nach Europa eingeführt in zwei Exemplaren nach Holland, 1973 erneut durch Schaller eingeführt.

Diese Art ist nicht ganz so schlank wie *S. bainsii*. Maulspalte sehr tief. Die Grundfarbe ist olivbraun, nach unten heller werdend und ins Gelbliche übergehend. Es kommen bedeutende Unterschiede im Farbton je nach der Art des Gewässers vor.
Jüngere Exemplare haben eine aus diffusen braunen Flecken bestehende Streifen- und Fleckenzeichnung.
Ein räuberischer Fisch, der nur für eine Haltung im Artaquarium geeignet ist.

Hechtköpfe (Luciocephalidae)

Die monotypische Gattung der Hechtköpfe (*Luciocephalus*) weicht stark von den am nächsten mit ihnen verwandten Arten ab, so daß sie als eigene Unterordnung der barschartigen Fische geführt werden. Da sie mit einem Labyrinthorgan ausgerüstet sind, wurden sie in der älteren Aquarienliteratur häufig zu den Labyrinthfischen gerechnet. Das Labyrinthorgan der Hechtköpfe ist jedoch in seinem Aufbau einfacher als das der Labyrinthfische. Es ist weniger gefaltet, die inneren Lamellen fehlen und das Kapillarsystem ist weniger stark ausgebildet. Wenn auch das Labyrinthorgan bei den Hechtköpfen seine wichtigste Rolle als Ergänzung des Innenohres in Form eines Lautverstärkers haben dürfte – und Hechtköpfe hören ausgezeichnet –, so können sie es unzweifelhaft auch zur Luftaufnahme

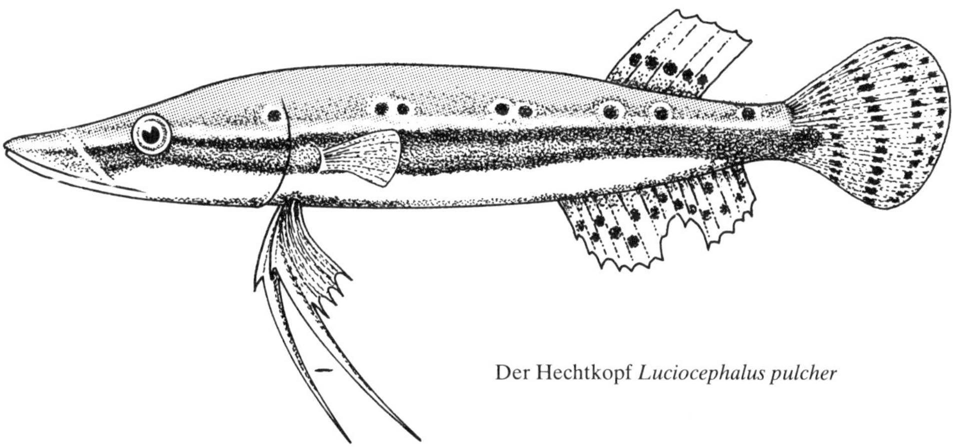

Der Hechtkopf *Luciocephalus pulcher*

benutzen. Über das Labyrinth scheinen sie allerdings nur unter besonderen Bedingungen Sauerstoff aufzunehmen, z. B. unter Streßzuständen (z.B. Transport) oder bei sehr hohen Wassertemperaturen bzw. in sauerstoffarmem Wasser. Auch anatomisch bestehen vor allem im Aufbau des Skelettes bedeutende Unterschiede zu den Labyrinthfischen. In den Flossen der Hechtköpfe findet man lediglich einen einzigen Hartstrahl in der Bauchflosse, alle übrigen Flossenstrahlen sind Weichstrahlen. Selbst in modernen Aquarienbüchern ist angegeben, Hechtköpfe hätten keine Schwimmblase. Dies stimmt jedoch nicht. Aus Liems Untersuchungen geht eindeutig hervor, daß auch die Hechtköpfe eine Schwimmblase haben, die sogar in ihrer Form derjenigen der Labyrinthfische ähnlich ist.

Hechtköpfe kommen auf der Malaiischen Halbinsel, Sumatra, Bangka, Belitung und Borneo vor. Sie sollen auch auf einigen Inseln des südlich der Malaiischen Halbinsel gelegenen Riouw-Archipels anzutreffen sein.

Die einzige Art dieser Gattung ist:

Luciocephalus pulcher (Gray, 1830/34)
Synonym: Diploterus pulcher Gray, 1830.
Länge: bis 18 cm.
Flossen- und Schuppenformel: D 9–12, A 18–19, P 15–16, V I/5, mLR 40–42, QR 12–13.

Der Körper ist langgestreckt und hat einen nur schwach hochovalen Querschnitt. Kopf sehr groß und zugespitzt, mit tiefgespaltenem Maul. Die Kiefer haben einen äußerst speziellen Aufbau. Mehrere miteinander verbundene, vorstreckbare Kieferknochen ermöglichen ein trichterartiges Vorstülpen des Maules. Der Unterkiefer ragt über den Oberkiefer hinaus.

Die Rückenflosse ist klein und weit hinten auf dem Rücken angesetzt. Die Afterflosse ist in der Mitte tief gespalten, so daß bei einem flüchtigen Hinsehen der Eindruck entseht, es handele sich um zwei Flossen. Die Schwanzflosse ist klein und abgerundet. Der vordere Hartstrahl der Bauchflossen ist fadenartig verlängert.

Grundfärbung gelbbraun bis braun. Längs der Körpermitte zieht sich eine Binde, die an der Schnauze beginnt und durch das Auge bis zur Schwanzwurzel verläuft. Parallel zu dieser Binde läuft eine zweite unterhalb, die nur aus voneinander getrennten Pünktchen besteht. Der Rücken ist dunkelbraun, der Bauch heller gelblich bis cremefarbig. Es kommen jedoch bei Hechtköpfen, je nach Herkunft, beträchtliche Farbunterschiede vor.

In seinem Körperbau repräsentiert der Hechtkopf einen Raubfischtyp, der in Deckung lauernd seine Beute mit blitzschnellem Stoß erfaßt. Im übrigen ist er ein schlechter und wenig ausdauernder Schwimmer.

In der älteren Literatur kann man die Angabe finden, daß diese Art lebende Junge zur Welt bringt. Diese Angabe geht noch auf den Erstimporteur des Hechtkopfes, Reichelt, zurück, der im Transportwasser kleine Jungfische gefunden hatte. Sicher dürfte auch die geteilte Afterflosse, die ja ein Kopulationsorgan hätte sein können, Reichelts Phantasie beflügelt haben. Heute kann mit Sicherheit davon ausgegangen werden, daß der Hechtkopf ein Maulbrüter ist.

Erstmalig wurde der Hechtkopf bereits 1905 importiert. Seitdem sind immer wieder Hechtköpfe von Zeit zu Zeit eingeführt worden, wenn auch immer nur in geringer Anzahl. Trotzdem kann bisher nicht davon die Rede sein, daß die Probleme seiner Haltung gelöst wären. Der Hechtkopf muß auch heute noch als ein sehr heikler Pflegling angesehen werden. Am zweckmäßigsten pflegt man ihn in einem speziell eingerichteten Artaquarium, in einem weichen und etwas sauren Wasser. Eine gute Filterung ist angebracht, am besten mit einem Kreiselpumpenfilter, der gleichzeitig eine Wasserströmung erzeugt. Hechtköpfe lieben kein grelles Licht, und Aquarien für sie sollten lediglich gedämpftes Licht erhalten. Versteckplätze dürfen im Aquarium nicht fehlen. Als echte Raubfische nehmen Hechtköpfe nur lebendes Futter an, doch sind sie bei der Futterwahl nicht kleinlich; alles, was sich bewegt, wird gefressen: große Daphnien, Mückenlarven, Libellenlarven, kleinere Futterfische und Fluginsekten, die auf die Oberfläche geworfen werden. Mitunter gelingt es auch, sie an Laubregenwürmer zu gewöhnen. Aber selbst bei sorgfältigster Pflege leben Hechtköpfe im Aquarium nur selten eine längere Zeit. Die Ursachen des meist allzu zeitigen Sterbens sind wahrscheinlich bei der Ernährung zu suchen. Möglicherweise leben diese Fische in der Natur hauptsächlich von Fluginsekten, die sie an oder direkt über der Oberfläche erbeuten. Die besten Hälterungserfolge wurden bisher bei einer Fütterung mit kleinen Grillen und 1–2 cm langen Futterfischchen erzielt.

Oben links: Knurrender Zwerggurami (*Trichopsis pumilus*)
Oben rechts: Schallers Knurrender Gurami (*Trichopsis schalleri*).
Mitte links: Knurrender Gurami (*Trichopsis vittatus*), Männchen.
Mitte rechts: Kletterfisch (*Anabas testudineus*).
Unten links: Der Orange-Buschfisch (*Ctenopoma ansorgii*) gehört zu den kleineren Arten der Gattung. Die Art ist brutpflegend und baut ein Schaumnest.
Unten rechts: Kongo-Buschfisch (*Ctenopoma congicum*), Männchen. Auch diese Art ist Brutpfleger.

Schlangenkopffische

Familie Channidae

Die bisher behandelten Fische werden zur Ordnung der Barschartigen (Perciformes) gezählt. Die ebenfalls mit einem zusätzlichen Atmungsorgan ausgerüsteten Schlangenkopffische (Channidae) stellen eine eigene Ordnung (Channiformes) dar. Häufig werden sie auch als Ophiocephaliformes bezeichnet. Man teilte früher die Schlangenkopffische in zwei Gattungen, *Channa* und *Ophiocephalus*. Heute werden alle Schlangenkopffische zur Gattung *Channa* gerechnet. Fossile Funde dieser Fischformen sind bereits aus den oberen Tertiärschichten (Pliozän) bekannt.
Die Körperform der Schlangenkopffische ist langgestreckt und der Körperquerschnitt im vorderen und mittleren Teil des Körpers fast rund. Zum Schwanzstiel hin ist der Körper seitlich etwas zusammengedrückt. Die Beschuppung des Körpers besteht aus kleinen Rund- und Kammschuppen. Der Kopf ist groß und sein Aussehen erinnert an den Kopf einer Schlange. Unterstützt wird dieser schlangenartige Eindruck durch die sehr großen Schuppen auf der Oberseite des Kopfes, die bei manchen Arten ein guter Indikator bei der Artbestimmung sind. Das Maul ist tiefgespalten, weist eine vollständige Bezahnung auf und kann sehr weit gedehnt werden. Die vorderen Nasenöffnungen sind röhrenartig verlängert. Hartstrahlen (Flossenstacheln) fehlen, und die Flossen haben ausschließlich Weichstrahlen. Rücken- und Afterflosse sehr lang, Schwanzflosse gerundet, Brustflossen tief in der unteren Körperhälfte angesetzt, die Bauchflossenbasis liegt deutlich hinter dem Brustflossenansatz. Bei der Art *Channa asiatica* fehlen die Bauchflossen, doch kommen auch bei manchen anderen Arten Einzeltiere – und auch ganze Populationen – ohne Bauchflossen vor. Vorhandensein bzw. das Fehlen von Bauchflossen ist also kein Gattungsmerkmal, daher werden auch entsprechend der neueren Systematik, die nach diesem Kennzeichen getrennten Gattungen *Channa* und *Ophiocephalus* in der älteren Gattung *Channa* zusammengeführt, die bereits 1777 von Soopoli aufgestellt wurde.
Das dem Labyrinth der Labyrinthfische und Hechtköpfe entsprechende Luftatmungsorgan befindet sich bei den Schlangenkopffischen in einem Hohlraum über der Kiemenhöhle. Dieses Organ ist verhältnismäßig groß, reich gefaltet und in seiner Funktion sehr effektiv. Es ermöglicht den Fischen, auch noch in äußerst sauerstoffarmem Wasser zu leben. Tropische Arten vertragen Temperaturen bis zu 40°C, ohne Schaden zu nehmen. Der aus der gemäßigten Klimazone stammende Amur-Schlangenkopffisch, der stellenweise auch in Südosteuropa ausgesetzt wurde, kann auch noch in Gewässern leben, in denen nicht einmal mehr Schleien und Karauschen Lebensbedingungen vorfinden. Auch über Land bewegen sich diese Fische sehr geschickt fort, wobei sie ähnlich wie eine Schlange kriechen und dabei ihre Fortbewegung mit den Brustflossen unterstützen. Manche von ihnen überleben auch, eingegraben im feuchten Bodenschlamm, kürzere Trockenperioden.
Ihre Verbreitung erstreckt sich in Asien vom Amurgebiet über Korea und China bis zum äußersten Süden Asiens, einschließlich des Malaiischen Archipels und der Philippinen. Weitere Arten kommen in Afrika vor. Da sie

Oben: Ein gelbrötliches (xanthoristisches) Exemplar des Küssenden Guramis (*Helostoma temminckii*). Als Aquarienfisch trifft man fast ausschließlich diese Zuchtform an.
Unten links: Die Wildform des Küssenden Guramis (*Helostoma temminckii*).
Unten rechts: Männchen von *Ctenopoma multispinis,* mit gut sichtbarem Dornenfeld hinter dem Auge.

eine erhebliche Bedeutung als Speisefische haben, wurden sie schon vor längerer Zeit häufig in Gewässern außerhalb ihrer ursprünglichen Verbreitungsgebiete ausgesetzt. Bei vielen Arten läßt sich daher heute die Ausdehnung der ursprünglichen Verbreitung nicht mehr feststellen.

Ihrer Natur nach sind Schlangenkopffische echte Raubfische, die alles verzehren, was sie irgendwie bewältigen können. Sie fressen auch Fische bis zu einer Größe von etwa 2/3 ihrer eigenen Körperlänge. Während sie kleinere Fische ziemlich wahllos jagen, lauern sie den größeren sehr umsichtig auf. Vor dem zugreifenden Stoß krümmen sie ihren Körper S-förmig zusammen. Größere Fische werden nach dem Ergreifen herumgedreht und mit dem Kopf voran verschlungen. Sie fressen auch anderes Wassergetier und selbst Lurche. Größere Exemplare können sogar an der Oberfläche kleinere Wasservögel erbeuten.

Während des Laichgeschäftes umschlingen sich Schlangenkopffische bei den Paarungen ähnlich wie die Labyrinthfische. Bei der Paarung legt sich das Männchen mit seinem Körper ringförmig um das Weibchen, so daß die Genitalöffnungen unmittelbar beieinander liegen. Die mit einem großen Öltropfen versehenen Schwimmeier steigen zur Oberfläche auf und werden dort im allgemeinen noch einige Zeit vom Männchen bewacht. Ein regelrechter Nestbau ist bisher nur beim Amur-Schlangenkopffisch (*Channa argus warpachowskii*) beobachtet worden, der ein Nest aus Pflanzenteilen baut. Große Arten sollen bei einer Laichabgabe bis zu 50000 Eier legen können. Die Larven schlüpfen nach 35–40 Stunden und treiben zunächst mit dem Bauch nach oben an der Oberfläche. Nach weiteren 3–5 Tagen beginnen sie zu schwimmen, oft schon bevor ihr Dottersack vollständig aufgezehrt ist. Nach neuesten Erkenntnissen gibt es jedoch auch unter den Schlangenkopffischen Maulbrüter. Bei wiederholten Nachzuchten von *Channa orientalis* konnte einwandfrei festgestellt werden, daß diese Art maulbrutpflegend ist. Die Eier werden vom Männchen mit dem Maule aufgenommen und verbleiben dort, bis ihre Entwicklung abgeschlossen ist. Das Weibchen beteiligt sich durch Revierverteidigung aktiv an der Brutpflege, scheint jedoch keine Eier aufzunehmen. Die Jungen werden nach den vorliegenden Beobachtungen nicht über die Mundöffnung, sondern über die Kiemenspalten ins Wasser entlassen. Es ist zu vermuten, daß die Maulbrutpflege bei dieser Art eine Anpassung an ihr Vorkommen in schnellströmendem Wasser darstellt.

Unter der Voraussetzung, daß sie alleine oder zusammen mit entsprechend großen und robusten Fischen gehalten werden, lassen sich kleinere Schlangenkopffische gut im Aquarium halten und auch vermehren. Zusammen mit etwa gleichgroßen Artgenossen sind sie untereinander sogar friedlich und Beißereien kommen nur selten vor. Sie sind lebhaft, lernen schnell ihren Pfleger kennen, und manche von ihnen nehmen nach einiger Zeit auch Futterstückchen direkt aus der Hand. Keineswegs notwendig ist es, sie über eine längere Zeit mit lebenden Futterfischen zu füttern; Importfische lernen meist schnell, auch tote Futterstoffe wie Fischfleisch, Rinderherz und Leber zu fressen. Auch Futtertiere wie Mückenlarven, Regenwürmer, Kaulquappen, Mehlwürmer und Grillen werden gerne angenommen. Da sie große Fresser sind und einen dementsprechenden Stoffwechsel haben, sind häufiger teilweiser Wasserwechsel und eine gute Filterung angebracht. Auf sorgfältiges Abdecken des Aquariums ist zu achten, da alle Arten als gute Springer bekannt sind. Wenn sich dennoch einmal ein Schlangenkopffisch halb eingetrocknet auf dem Fußboden findet, legt man ihn in eine ganz flache Schale mit Wasser; in den meisten Fällen überlebt er dann diesen Zwischenfall. Die kleineren Arten können auch in großen Zimmeraquarien vermehrt werden. Die Geschlechter erkennt man während der Laichzeit an den satteren Farben des Männchens und am Bauchumfang der Weibchen. Für Zuchtversuche sind Aquarien von mindestens 200 Liter Inhalt anzuraten. Bei einer Temperatur von 25–30°C laichen die Fische meist nach einem mengenmäßig großen Wasserwechsel. Die Jungfische können, wenn sie am 6. bis 7. Tage nach dem Ablaichen zu schwimmen beginnen, sofort mit Artemianauplien oder Mikro angefüttert werden. Schlangenkopffische sind zwar äußerst produktiv, da aber die Jungfische – ebenso wie die Eltern – kanibalisch veranlagt sind und sofort ihre kleineren Geschwister fressen, ist die Überproduktion nur selten ein Problem. Die heranwachsenden Jungfische zeigen oft typisches Schwarmverhalten.

Von den bisher über dreißig beschriebenen Arten sind bei den folgenden Artbeschreibungen nur die Arten berücksichtigt, die schon häufiger eingeführt worden sind.

a) Asiatische Arten

Channa lucia (Cuvier u. Valenciennes, 1831)
Länge: bis 40 cm, meist jedoch kleiner.
Flossen- und Schuppenformel: R 39–43, A 27–30, mLR 58–65.
Vorkommen: Thailand, Kampuchea, Vietnam, Sumatra, Borneo und Java. Wird in allen Gewässertypen angetroffen, stellenweise sehr häufig.

Grundfärbung bräunlich, auf dem Rücken dunkler und zum Bauch hin in Gelb übergehend. Entlang der Körpermitte laufen zwei schmale Längsbänder, die durch eine unregelmäßige Fleckenzeichnung verbunden sind. Wurde schon einige Male lebend nach Europa eingeführt.

Channa marulia (Hamilton & Buchanan, 1822)
Indischer Schlangenkopffisch
Synonyme: Ophiocephalus marulius Hamilton & Buchanan, 1822; *Ophicephalus leucopunctatus* Sykes, 1841.
Länge: bis 120 cm und damit der größte aller Schlangenkopffische.
Flossen- und Schuppenformel: D 49–55, A 28–36, mLR 60–70, QR 4–5/12–13.
Vorkommen: Vom südlichen China über den größten Teil des vorder- und hinterindischen Festlandes bis zu den Inseln Sumatra, Borneo und Java im Sunda-Archipel. Jungtiere haben zwei dunkle Längsbänder entlang der Körpermitte und zwischen diesen einen orangefarbigen Streifen. Später verblaßt diese Zeichnung und macht einer dunkelbraunen Grundfärbung Platz, von der sich drei Reihen dunkler Flecken deutlich abheben. Auch die Rücken- und Afterflossen haben eine aus kleineren bräunlichen Flecken bestehende Zeichnung. Nur als kleiner Jungfisch vorübergehend im Zimmeraquarium haltbar. Erwachsene Exemplare sind gute Schauobjekte für öffentliche Aquarien.

Channa melasoma (Bleeker, 1851)
Schwarzer Schlangenkopffisch
Synonym: Ophicephalus melasoma Bleeker, 1851.
Länge: bis 35 cm.
Flossen- und Schuppenformel: D 37–40, A 22–25, mLR 50–55.
Vorkommen: Vietnam, Thailand, Malaiische Halbinsel, Sumatra und Borneo.

Grundfärbung bräunlichgrün bis grünblau, mit einem roten Längsband entlang der Körpermitte. Der irreführende Name ‚Schwarzer Schlangenkopffisch‘ ist damit zu erklären, daß in Spiritus konservierte Exemplare eine sehr dunkle Färbung annehmen. Leider werden nur selten Jungfische dieser Art importiert, was schade ist, da sie bereits gut halbwüchsig geschlechtsreif werden und sich auch für Zuchtversuche im Zimmeraquarium eignen würden.

Channa micropeltes (Cuvier u. Valenciennes, 1831)
Synonym: Ophiocephalus micropeltes Cuvier u. Valenciennes, 1831.
Länge: bis 95 cm.
Flossen- und Schuppenformel: D 43–46, A 27–30, mLR 82–110.
Vorkommen: Indien, Burma, Thailand, Kampuchea, Vietnam, Malaiische Halbinsel, Borneo, Sumatra und Java.
In der Natur ein ausgesprochener Fischfresser. Die ziemlich häufig importierten Jungfische sind entzückend gezeichnet. Längs ihrer Körpermitte laufen auf orangefarbigem Grund zwei dunkle Längsstreifen. Das obere von der Schnauzenspitze durch das Auge bis in den oberen Teil der Schwanzflosse, das zweite darunter, etwa von der Kehle ausgehend, bis in den unteren Teil der Schwanzflosse. Erwachsene Fische haben eine grüngraue Grundfärbung mit hellgrauer Fleckenzeichnung und eine hellgraue Bauchfärbung. Leider wachsen die hübsch gefärbten Jungfische sehr schnell, so daß sie sich nur kurze Zeit im Zimmeraquarium halten lassen.

Channa orientalis Bloch u. Schneider, 1801
Synonym: Ophicephalus gachua Hamilton & Buchanan, 1822.
Länge: bis 30 cm, meist jedoch kleiner bleibend. Es sind auch förmliche Zwergpopulationen aus Gebirgsbächen bekannt geworden.
Flossen- und Schuppenformel: D 34–37, A 21–23, mLR 41–45, QR 3–4/8.
Vorkommen: Von Afghanistan über den ganzen indischen Subkontinent, einschließlich der Sundainseln, verbreitet. Kommt auch auf Sri Lanka vor.
Grundfärbung gelbbraun bis dunkelbraun. Jüngere Fische häufig auch grünbraun. Innerhalb des riesigen Verbreitungsgebietes und den sehr unterschiedlichen Biotopen, in denen diese Art vorkommt, kommt es zu erheblichen Variationen in Färbung und Zeichnung. Soweit bekannt, scheinen jedoch die meisten Populationen rot gesäumte unpaarige Flossen zu haben. Einer der häufigsten Schlangenkopffische. Auf Sri Lanka kommt eine Population ohne Bauchflossen vor. Schon häufiger importiert und auch im Aquarium nachgezüchtet.
Bei der Vermehrung stellte sich heraus, daß diese Fische Maulbrüter waren, mit dem Männchen als brutpflegenden Elternteil. Ob diese Art generell maulbrütend ist oder ob dieses nur für Populationen aus gewissen extremen Biotopen gilt, ist bisher noch nicht untersucht worden.

Channa pleurophthalma (Bleeker, 1850)
Gefleckter Schlangenkopffisch
Synonym: Ophiocephalus pleurophthalmus Bleeker, 1850.
Länge: bis 35 cm.
Flossen- und Schuppenformel: D 40–43, A 28–31, mLR 57–58.
Vorkommen: Sumatra und Borneo.
Grundfärbung in der oberen Körperhälfte braun, zum Bauch hin in Gelb übergehend. Auf der Körperseite 6 hell umrandete, dunkle Flecken. Der vorderste dieser Flecken befindet sich auf dem Kiemendeckel, der hinterste auf der Schwanzwurzel. Dabei ist der Abstand zwischen den ersten 5 dieser Flecken gleichmäßig, zwischen fünftem und sechstem Fleck folgt ein größerer Zwischenraum. Rücken- und Bauchflosse haben in ihrem hinteren Teil eine aus dunkelbraunen, halbmondförmigen Streifen bestehende Zeichnung. Schon häufiger importiert und auch bereits im Aquarium nachgezüchtet.

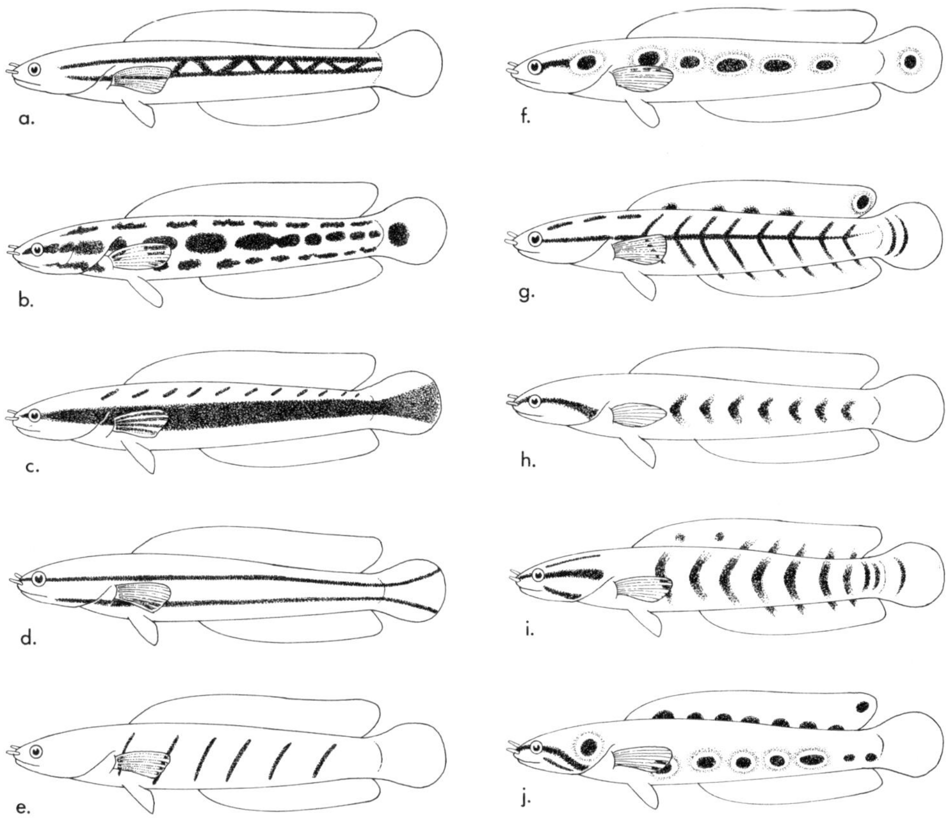

Schematische Darstellung des Zeichnungsmusters von Schlangenkopffischen. Die im Jugendstadium meist recht markanten Zeichnungsmuster verblassen bei älteren Exemplaren. a = *Channa lucia;* b = *Channa marulia;* c = *Channa melasoma;* d = *Channa micropeltes;* e = *Channa orientalis;* f = *Channa pleuropthalma;* g = *Channa punctata;* h = *Channa striata;* i = *Channa africana;* j = *Channa obscura.*

Channa punctata (Bloch 1793)
Punktierter Schlangenkopffisch
Länge: bis 35 cm.
Flossen- und Schuppenformel: D 29–32, A 20–23, mLR 37–40.
Vorkommen: Indien und Sri Lanka.
Grundfärbung oberseits hellbraun, auf dem Rücken mit grünlichem Schimmer. Die Körperseiten sind mehr gelbbraun bis gelbbläulich und der Bauch hellgrau bis fast weiß. Jüngere Exemplare haben eine schwarze Längsbinde entlang der Körpermitte, die bei ausgewachsenen Exemplaren meist nur andeutungsweise zu sehen ist. Erwachsene Fische zeigen eine aus Flecken und schräggestellten Streifen bestehende Fleckenzeichnung. Am hinteren Ende der Rückenflosse befindet sich häufig ein deutlich abgegrenzter, dunkler Fleck. In seiner Heimat spielt er als Speisefisch eine bedeutende Rolle. Wurde bereits 1893 erstmals

importiert. Auch diese Art ist schon im Aquarium nachgezüchtet worden.

Channa striata (Bloch 1793)
Quergestreifter Schlangenkopffisch
Länge: bis 90 cm, jedoch sind Fische dieser Größe in freien Gewässern selten.
Flossen- und Schuppenformel: D 38–43, A 23–27, mLR 52–57, QR 4–5/8–10.
Vorkommen: Vom südlichen China, über den gesamten indischen Subkontinent bis zu den Sundainseln. Kommt auch auf den Philippinen vor; die dortigen Vorkommen gehen jedoch wahrscheinlich auf Aussetzungen zurück.
Grundfärbung der oberen Körperhälfte braungrau bis grüngrau, die der unteren Körperhälfte gelblichgrau. Junge Exemplare zeigen entlang der Körpermitte ein dunkles Längsband. Mit diesem bilden schräggestellte Querstreifen ein Fischgrätenmuster. Bei älteren Exemplaren verblaßt diese Zeichnung, und sie zeigen meist nur einige dunklere Flecken entlang der Basis der Rückenflosse. Auch diese Art wurde schon vor der Jahrhundertwende erstmalig lebend nach Europa eingeführt. Sie kommt für eine Aquarienhaltung lediglich als Jungfisch in Betracht.

b) Afrikanische Arten

Channa africana (Steindachner, 1879)
Afrikanischer Schlangenkopffisch
Synonym: Ophicephalus africanus Steindachner, 1879.
Länge: bis 32 cm.
Flossen- und Schuppenformel: D 42–49, A 30–34, mLR 74–82.
Vorkommen: Westafrika, von Nigeria bis Kamerun.
Grundfärbung lehmbraun bis hellgrau. Erwachsene Exemplare zeigen nur mitunter ein Muster von zur Mitte hin nach hinten beiderseitig abgewinkelten Querbändern. Auf dem Kiemendeckel befindet sich ein dunkler Fleck, von dem eine kurze Binde zum Auge läuft. Die Flossen sind licht-graubraun und Rücken- und Afterflosse mit kleinen Tupfen und Strichen geziert. Nur selten importiert, auch über Aquariennachzuchten ist nichts bekannt.

Channa obscura (Günther, 1861)
Synonym: Ophicephalus obscurus Günther, 1861.
Länge: bis 35 cm.
Flossen- und Schuppenformel: D 40–45, A 26–31, mLR 62–76.
Vorkommen: In weiten Gebieten Afrikas verbreitet, vom Stromgebiet des weißen Nils über das Tschadbecken bis zum Senegal. Kommt nach Süden bis zum Stromgebiet des Kongo vor.
Mit seiner hübschen Zeichnung ist er der wohl am häufigsten gehaltenen Schlangenkopffisch. Rücken olivbraun und nach den Körperseiten hin heller braun. Längs der Körpermitte bilden eine Reihe von länglichen Flecken ein Längsband, das von der Schnauzenspitze bis zur Schwanzwurzel reicht. Ober- und unterhalb des Längsbandes bilden zahlreiche dunkelbraune bis schwarze Striche und Punkte ein Muster, welches nach oben und unten in die Rücken- und Afterflosse reicht. Während der Laichzeit verdunkeln sich alle braunen Flekken und heben sich dann scharf von dem helleren Untergrund ab. Gut im Aquarium haltbar. Da er bereits mit 15 cm Körperlänge geschlechtsreif wird, ist er auch gut für Zuchtversuche geeignet und schon häufiger im Aquarium nachgezogen worden.

Literaturverzeichnis

Bei Arbeiten aus Aquarienzeitschriften werden folgende Abkürzungen angewandt: **AM** = Aquarien Magazin, Kosmos Verlag, Stuttgart, **DA** = Das Aquarium, Engelbert Pfriem Verlag, Wuppertal, **DATZ** = Die Aquarien- und Terrarienzeitschrift, Alfred Kernen Verlag, Stuttgart, **AT** = Aquarien-Terrarien, Urania Verlag, Leipzig.

Ansorge, S.: Untersuchungen zur Beieinflußbarkeit der Frequenz der Labyrinthatmung bei Macropoden. AT, 1971, S. 136 137.

Armbrust, W.: Zucht des Schlangenkopfes *Ophicephalus obscurus*. DATZ, 1963, S. 298–301.

– Nachzucht beim Schlangenkopf (*Ophicephalus africanus*). DATZ, 1967, S. 367–368.

– *Ctenopoma kingsleyae*, seine Pflege und Zucht. DATZ, 1979, S. 332–333.

– *Betta taeniata*, ein maulbrütender Kampffisch. DATZ, 1970, S. 262–264.

Arnold, J. P.: Die Gattung *Colisa* (Cuv. u. Val.) = (*Trichogaster* Bloch u. Schneider, 1801). Wochenschrift für Aquarien- und Terrarienkunde, 1950, S. 9–12.

Arnold, J. P., und Ahl, E.: Fremdländische Süßwasserfische. Braunschweig 1936.

Axelrod, H. R.: The Brunei Beauty, *Betta macrostoma*. Tropical Fish Hobbyist, 30th Year, S. 68 bis 78, 80–82.

Bader, R.: Bau, Entwicklung und Funktion des akzessorischen Atmungsorgans der Labyrinthfische. Z. wiss. Zool., 1936, 149, S. 323–401.

Beavan, R.: Handbook of the Freshwater Fishes of India. London 1877.

Bech, R.: Friedliche Kampffische *Betta imbellis*. AT, 1977, S. 384–388.

Benl, G., und Foersch, W.: Beitrag zur Kenntnis des *Ctenopoma multispinis* W. Peters, 1844. Spixiana 1–3/287–299, München 1978.

Benl, G., und Terofal, F.: Beiträge zur Kenntnis der Belontiinae (Pisces, Perciformes, Anabantoidei, Belontiidae). Veröff. Zool. Staatssamml. München 17, 1974, S. 139–165; 18, 1975, S. 227–250.

Bhimachar, B. S., David, A., und Muniappa: Observations on the acclimatisation, nesting habits and early development of *Osphronemus goramy*. Proc. Ind. Acad. Sci., 20, S. 88–101, Bangalore 1944.

Bleeker, P.: Memoire sur les poissons a pharyngiens labyrinthiformes de l'Inde archipelagique. Verhand. Koninkl. Akad. Wetensch, 1–56, Amsterdam 1879.

Boulenger, G. A.: Catalogue of the Freshwater Fishes of Africa. London 1916.

Canestrini, J.: Zur Systematik und Charakteristik der Anabantiden. Verhand. zool. bot. Ges. Wien, X, 1860.

Chevey, P.: Inventaire de la faune ichthyologique de l'Indochine. Inst. oceonographique de l'Indochine. Paris 1929.

Day, F.: The fishes of India, Burma and Ceylon. London 1878.

Deraniyagala, P. E. P.: A colored atlas fo some vertebrates from Ceylon, Vol. I, Fishes. Ceylon National Mus. Publ. 1952.

Dunker, G.: Die Fische der Malayischen Halbinsel. Mitteilungen Naturhist. Mus. Hamburg 21, S. 133 bis 207, 1904.

Elias, J.: Albino-Paradiesfisch, *Macropodus opercularis*. DATZ, 1974, S. 233–235.

– Der Zwergbuschfisch, *Ctenopoma nanum* (Günther, 1896). DATZ, 1975, S. 88–91.

Ewald, W.: Fische, die ‚reden' können: Pflege und Zucht von *Trichopsis schalleri*. AM, 1972, S. 358.

Foersch, W.: Beobachtungen bei der Zucht von *Parosphromenus deissneri*. DATZ, 1974, S. 338 bis 343 u. 372–374.

– Ein Labyrinthfisch mit Überraschungen. AM, 1977, S. 113–118.

– Künstliche Aufzucht von *Parospromenus deissneri*. AM, 1978, S. 8–10.

– Erste Erfahrungen mit *Parospromenus filamentosus*. DA, 1982, S. 126–127.

– Erste Erfahrungen mit *Parospromenus filamentosus* (II), Beobachtungen bei der Zucht. DA, 1982, S. 175–180.
– Ein maulbrütender Kampffisch (spec. affin.) aus Süd-Borneo. DA, 1979, S. 206–209.
– Spitzmäuliger Schokoladengurami, *Shaerichthys acrostoma.* Beobachtungen im Biotop und Aquarium. DA, 1979, S. 378–381.
– Erfahrungen bei der Aquariumpflege von *Betta anabatoides* und *Betta foerschi* spec. nov. DA, 1979, S. 447–449.
Foersch, W., und Korthaus, E.: Bemerkungen zum Biotop und zur Pflege von *Parosphromenus parvulus* nov. spec. DA, 1979, S. 250–251.
Forselius, S.: Studies of Anabantid Fishes. Zool. Bidrag Uppsala, 1957.
Frank, S.: Was passiert mit den Eiern des Kampffisches *Betta splendens* im Schaumnest. DATZ, 1976, S. 13–15.
– Frühentwicklung der Kampffische *Betta splendens* und *Betta imbellis.* DATZ, 1976, S. 156–158.
Frey, H.: Das Aquarium von A bis Z. Radebeul 1967.
Geisler, R.: Erfahrungen mit dem ‚Schokoladengurami' *Sphaerichthys osphromenoides.* DATZ, 1954, S. 53–55.
– Wasserkunde für die aquaristische Praxis. Stuttgart 1964.
Gilch, G.: Vergleichende Untersuchungen eines hydrostatischen Apparates larvaler Labyrinthfische. Zool. Jahrb. 1957, Anat. 1–62.
Godfrey, D. W.: Ein Maulvoll Schokoladenguramis. DATZ, 1976, S. 231–233.
Goldstein, R. J.: Anabantoids, Guramis und Related Fishes. Neptune City 1971.
Herre, A. W. C. T.: Additions to the fish fauna of Malaya and notes on rare or little known Malayan and Bornean fishes. Bulletin Raffles Museum, Vol. 16, S. 27–61, 1940.
Hirschmann, H., und Partsch, K.: Der ‚Colisa-Parasit' – ein Dinoflagellat aus der *Oodinium*-Gruppe. DATZ, 1953, S. 229–231.
Hoedeman, J. J.: Elseviers Aquariumvissen Encyclopedie 5, Labyrinthvissen. Amsterdam/Brüssel 1969.
Holly, M., Meinken, H., und Rachow, A.: Die Aquarienfische in Wort und Bild. Stuttgart, fortlaufend seit 1932.
Inger, R. F., und Chin Phui Kong: The Freshwater Fishes of North Borneo. Fieldiana Zool. Chicago Nat. Hist. Mus. 1962.
Innes, W. T.: Exotic Aquarium Fishes, Jersey City 1969.
Jayaram, K. C., und Singh, K. P.: On a collection of fish from North Bengal. Rec. Zool. Surv. India, 72, S. 243–275, 1977.
Jubb, R. A.: Freshwater fishes of southern Africa. Cape Town/Amsterdam 1967.
Klausewitz, W.: *Parosphromenus deissneri* – zum ersten Male in Deutschland, DATZ, 1955, S. 257.
– See- und Süßwasserfische von Sumatra und Java. Senck. biol. 36, S. 309–323, 1955.
– Neue Süßwasserfische aus Thailand. Senck. biol. 38, S. 193–204, 1957.
Konz, E.: Über die Bedeutung des Schaumnestes der Labyrinthfische. DATZ, 1968, S. 358–360.
Krause, J.: Beobachtungen zur Schaumnestfunktion in der Heimat von *Colisa lalia* und *Colisa chuna.* AT, 1976, S. 387.
Kühme, W.: Verhaltensstudien am maulbrütenden (*Betta anabatoides* Bleeker) und am nestbauenden Kampffisch (*Betta splendens* Regan). Z. Tierpsych. 18, S. 33–55, 1961.
Kuenzer, P.: Die Maulbrutpflege von *Betta taeniata.* DATZ, 1958, S. 324–326.
Kulkarni, C. V.: Breeding habits and early stages of the gourami (*Osphronemus goramy* Lacépède). Bombay Nat. Hist. Soc. 44, S. 233–243.
Ladiges, W.: Der Malaiische Gurami *Sphaerichthys osphromenoides* Canestrini. DATZ, 1958, S. 3–7.
– *Ctenops nobilis* McClelland, 1844, DATZ, 1962, S. 74–76.
– Nachtrag zu *Ctenops nobilis* McClelland, 1844. DATZ, 1962, S. 190.
– Die Gattung *Betta* in Thailand. DATZ, 1972, S. 155–157.
– *Betta smaragdina* nov. spec. DATZ, 1972. S. 190.
– *Trichopsis schalleri* spec. nov., ein neuer Gurami aus Thailand, DATZ, 1974, S. 101–103.
– *Betta imbellis* nov. spec., der friedliche Kampffisch. DATZ, 1975, S. 262–264.
Liem, K. F.: The comperative osteology and phylogeny of the Anabantoidei. III. Biol. Monogr. 30, S. 1–149. Univ. III. Press, Urbana 1963.
Linke, H.: Seltener Labyrinthfisch *Malpulutta kretseri.* DA, 1975, S. 388–389.
Meinken, H.: Labyrinthfische. Grzimeks Tierleben 5, S. 135–136, Zürich 1970.
Mörike, D.: Vergleichende Untersuchungen zur Ethologie zweier Labyrinthfischarten, *Ctenopoma murieri* und *Ctenopoma damasi.* Dissertation, Tübingen 1977.

Myers, G. S.: Die Nomenklatur der Labyrinthfische. Blätter für Aquarien- und Terrarienkunde, 1926, S. 190–193.
Nagel, M.: Beobachtungen an *Trichopsis pumilus* und *Trichopsis vittatus*. AT, 1972, S. 424.
Nieuwenhuizen, A. v. d.: Betrachtungen zu *Colisa lalia* und ihren Zuchtformen. DATZ, 1981, S. 1–5.
– *Betta pugnax* in der Natur und im Aquarium (I). DATZ, 1981, S. 418–422.
– *Betta pugnax* (II). Spielerei mit dem Ei. DATZ, 1982, S. 10–13.
– *Betta pugnax* (III). Spielerei mit dem Ei, 2. Teil. DATZ, 1982, S. 57–59.
Neupert, D.: Zum Problem der Systematik von *Colisa labiosa* (?). Day. AT, 1965, S. 76–79.
Ostermöller, W.: Der Schwanzfleckbuschfisch (*Ctenopoma kingsleyae*), seine Pflege und Zucht. DATZ, 1971, S. 44–47 u. 80–82.
– Labyrinthfische im Aquarium. Stuttgart 1976.
Paepke, H.-J.: Ein Zierfisch mit hundertjähriger Geschichte. AT, 1969, S. 150–153.
Pederzani, H. A.: Über Farbvererbung bei Kampffischen. AT, 1968, S. 424.
Peters, H. M.: Sporozoon Cysts the Basis of purported ‚Mouth-Brooding' in the african labyrinthine Fish, *Ctenopoma multispinis*. Copeia, 1971, S. 185.
Petzold, H.-G.: Über ethologische Domestikationsmerkmale beim Makropoden. AT, 1971, S. 242 bis 243.
Pfeiffer, P.: Haltung und Zucht von Belontia hasselti. AT, 1973, S. 102.
Pinter, H.: Handbuch der Aquarienfischzucht. Stuttgart 1966.
– Kritische Betrachtung zur Systematik einiger *Colisa*-Arten. DATZ, 1960, S. 198–201.
– Noch einmal die Namensfrage ‚Colisa labiosa'. AT, 1965, S. 195–197.
– Ein Labyrinthfisch baut ein Pflanzennest. AT, 1967, S. 372–373.
Proewig, F.: Schwarze Kampffische und schwarze Skalare. DATZ, 1968, S. 32.
Quitschau, K.: Warum spuckt *Colisa chuna?* AT, 1970, S. 112–115.
Randow, H.: *Belontia signata* Günther und *Macropodus cupanus dayi* Köhler. Wochenschrift für Aquarien- und Terrarienkunde, 1950, S. 317–318.
Regan, T.: The Asiatic fishes of the family Anabantidae. Proc. Zool. Soc. London, 1909, S. 767–787.
Richter, H. J.: Haltung und Zucht des ‚Küssenden Gurami' *Helostoma temminckii*. AT, 1968, S. 6–9.
– *Ctenopoma oxyrhynchus* Boulenger 1902. Der Pfauenaugenbuschfisch. AT, 1971, S. 184–186.
– Der Schokoladengurami *Sphaerichthys osphromenoides* Canestrini 1860 – Betrachtungen zum Paarungsverhalten. AT, 1972, S. 150–154.
– Der Orange-Buschfisch, *Ctenopoma ansorgei*. AT, 1976, S. 364–368.
– *Parosphomenus deissneri*. Der Zwerggurami, ein seltener Labyrinthfisch. AT, 1977, S. 92–94.
– Das Buch der Labyrinthfische. Melsungen 1979.
Roloff, E.: *Malpulutta kretseri* Deraniyagala, 1937. DATZ, 1971, S. 260–261.
– Pflege und Zucht von *Betta smaragdina* Ladiges, 1972. DATZ, 1972, S. 192–193.
– Haltung und Zucht von *Betta imbellis* Ladiges, 1975. DATZ, 1975, S. 265–266.
Schneider, F.: Rätselhafter *Sphaerichthys osphromenoides* Canestrini. Vivarium, 1972, S. 21–25.
Schwier, H.: Geschlechtsbestimmung und -differenzierung bei *Macropodus opercularis, concolor, chinensis* und deren Artbastarden. Z. Indukt. Abstammungs- und Vererbungslehre, 1939. S. 291 bis 335.
Seleutner, J.: *Macropodus cupanus dayi,* Köhler 1907. Wochenschrift für Aquarien- und Terrarienkunde, 1950, S. 165–166.
Sterba, G.: Süßwasserfische aus aller Welt II. Leipzig/Jena/Berlin 1959.
– Lexikon der Aquaristik und Ichthyologie. Leipzig 1978.
Tweedie, M. W. F.: Notes on Malayan fresh-water-fishes. Bull Raffles Mus. Singapore, S. 63–95.
Vierke, J.: Zielstrebige Spuckbehandlung eines Zwergfadenfisches (*Colisa lalia*). Bonn. Zool. Beitr. 20, S. 408–415.
– Das Spucken der Labyrinthfische. AT, 1970, S. 224–227.
– Verbotene Liebschaften. Zwergfadenfisch-Mann paart sich mit Weibchen des gestreiften Fadenfisches. AM, 1971, S. 476–483.
– Beobachtungen zum Paarungsverhalten des Knurrenden Zwergguramis (*Trichopsis pumilus* Arnold, 1936). Aquaterra, 1971, S. 49–54.
– Halb *lalia,* halb *fasciata*. Das Ergebnis einer Artkreuzung. AM, 1972, S. 156–160.
– Kampffische – ihr Laich- und Brutpflegeverhalten. AM, 1972, S. 346–351.
– Beobachtungen an ‚Wilden' Punktierten Fadenfischen. AM, 1974, S. 386–391.
– Beiträge zur Ethologie und Phylogenie der Fa-

milie Belontiidae (Anabantoidei), Pisces. Z. Tierpsychologie, 1975 (38), S. 163–199.
- Rasse oder Art? *Trichopis schalleri* oder *T. vittatus schalleri?* AM, 1975, S. 78–83.
- Das Ablaichverhalten von *Malpulutta kretseri.* AM, 1977, S. 504–508.
- Schweb- und Haftorgane bei Labyrinthfischlarven. DA, 1977, S. 282–286.
- Labyrinthfische und verwandte Arten. Wuppertal-Elberfeld, 1978.
- Zur Systematik maulbrütender Kampffisch-Arten *Betta* spec. affin. *taeniata* (Mentaya) von Borneo. DA, 1979, S. 210–212.
- Ein neuer Labyrinthfisch von Borneo – *Parosphromenus parvulus* nov. spec. DA, 1979, S. 247 bis 251.
- Beschreibung einer neuen Art und einer neuen Unterart aus der Gattung *Sphaerichthys* aus Borneo. DA, 1979, S. 339–343.
- *Betta coccina* nov. spec., ein neuer Kampffisch von Sumatra. DA, 1979, S. 288–289.
- *Betta anabatoides* und *Betta foerschi* spec. nov., zwei Kampffische aus Borneo. DA, 1979, S. 386 bis 390.
- Wieder ein neuer Prachtzwerggurami von Borneo. DA, 1982, S. 122–126.
- Der Regenbogen-Lalia, eine neue Zuchtform von *Colisa lalia.* AM, 1982, S. 150–153.
- Das Schlangenkopffisch-Männchen entpuppt sich als Maulbrüter. Erkenntnisse bei der Zucht von *Channa orientalis.* AM, 1982, S. 651–653.

Volz, W.: Catalogue of the Fishes of Sumatra. Natuurkundig Tijdschrift v. Nederland. Indie, 1906, 35–250.

Weber, M., und de Beaufort, L. F.: The fishes of the Indo-Australian Archipelago. Leiden 1922.

Wheeler, A.: Das Große Buch der Fische. Stuttgart 1977.

Bildnachweis

Dr. Walter Foersch, München: S. 88 Mitte und unten, 106, 123, 124 oben, Mitte und unten rechts, 141, 142 unten links, 159 oben, Mitte links und unten, 160 unten rechts.

Jörg Hess, Basel: S. 142 unten rechts.

Sune Holm, Märsta/Schweden: S. 33, 34 oben und unten, 51.

Lothar Seegers, Köln: S. 105 unten.

Alle übrigen Aufnahmen vom Autor.

Zeichnungen von Helmut Poeschel, Filderstadt 1.
Verbreitungskarten von Eva Hohrath, Esslingen.

Register

Sternchen * verweisen auf Farbfotos